全国高等职业教育“十三五”规划教材

电子技术

主　编　高喜玲　张　丽　张翠云
副主编　韩　静　许　波　魏　琳

中国矿业大学出版社

内 容 提 要

本书共12个项目，分上、下两篇。上篇为模拟电子技术，下篇为数字电子技术。本书以工作任务为导向，由任务入手引入理论知识，通过技能训练将相应的理论知识和技能实训融为一体。通过项目实施完成电路设计、制作与调试，可有效提升知识、技能的综合应用能力。

本书可作为高职高专院校电子技术课程的教材，也可作为从事电子技术的工程技术人员的参考用书。

图书在版编目(CIP)数据

电子技术/高喜玲，张丽，张翠云主编. —徐州：中国矿业大学出版社，2018.9

ISBN 978-7-5646-3859-7

Ⅰ. ①电… Ⅱ. ①高… ②张… ③张… Ⅲ. ①电子技术 Ⅳ. ①TN

中国版本图书馆CIP数据核字(2017)第323918号

书　　名 电子技术

主　　编 高喜玲　张　丽　张翠云

责任编辑 何晓明

出版发行 中国矿业大学出版社有限责任公司

(江苏省徐州市解放南路　邮编221008)

营销热线 (0516)83885307　83884995

出版服务 (0516)83885767　83884920

网　　址 http://www.cumtp.com　**E-mail**:cumtpvip@cumtp.com

印　　刷 江苏淮阴新华印刷厂

开　　本 787×1092　1/16　**印张** 14.75　**字数** 370千字

版次印次 2018年9月第1版　2018年9月第1次印刷

定　　价 29.80元

前　言

本书是在多年高等职业教育教学改革与实践的基础上，结合高职高专的办学定位、岗位需求、生源的具体情况，专门为电类专业编写的基于工作过程导向的电子技术课教材。在编写过程中，对教材的内容编排进行了全新的尝试，打破了传统教材的编写框架。讲解的内容由任务分析导入，然后开展理论描述，更符合教师的教学要求，也方便学生透彻地理解理论知识及其在实际中的运用。

为了符合目前高职教育“项目导向、任务驱动”的课改方向，坚持理论系统性、实践性的原则，本书侧重技能传授，弱化理论，强化实践内容。在内容安排上以培养学生的工作能力为目的，将项目制作、知识讲授、作业及技能训练有机地结合在一起，使能力培养贯穿于整个教学过程。

本书共分为12个项目，其理论和实践内容主要围绕项目开展，项目的制作已包含了电子技术的绝大部分知识点，且教学内容遵循由易到难、由简单到复杂、理论结合实践的原则。本书删繁就简、重点突出、实用性强。

本书由河南工业和信息化职业学院高喜玲、重庆工程职业技术学院张丽、河南工业和信息化职业学院张翠云担任主编，高喜玲负责全书统稿。山西煤炭职业技术学院韩静、河南工业和信息化职业学院许波和魏琳参加了本书的编写工作。具体分工如下：项目一、项目二、项目三由高喜玲编写，项目四由魏琳编写，项目五、项目六由张丽编写，项目七、项目九、项目十一由张翠云编写，项目八由许波编写，项目十、项目十二由韩静编写。

由于编者水平有限，时间仓促，书中难免有疏漏和不足之处，恳请读者批评指正。

编　者

2018年6月

目　录

上篇　模拟电子技术

下篇 数字电子技术

上　篇

模拟电子技术

项目一　整流滤波电路的制作

【知识要点】 半导体的基本知识;半导体二极管的结构和种类;半导体二极管的测试。整流电路的组成及其工作原理;滤波电路的基本形式。

【技能目标】 能用万用表检测元器件;可在万能电路板上设计安装线路;会用示波器观察变压器次级波形、整流后的波形以及滤波后的波形。

任务导入

在工业或民用电子产品中,其控制电路通常采用直流电源供电。对于直流电源的获取,除了直接采用蓄电池、干电池或直流发电机外,还可以将电网的380/220 V交流电通过电路转换的方式转换成直流电获取,这就是直流稳压电源。而整流滤波电路是直流稳压电源的主要组成部分。

本项目从整流滤波电路制作入手,分析交流电转换为直流电的方法,为后续各项目所需直流电源的设计打下基础。

任务分析

整流滤波电路如图1-1所示,试分析其工作原理并制作该电路。

1. 电源变压器

电网提供的交流电一般为220 V(或380 V),而各种电子设备所需要直流电压的幅值却各不相同,因此,常常需要将电网电压先经过电源变压器,然后将变换以后的副边电压再进行整流、滤波和稳压,最后得到所需的直流电压幅值。本项目中,电源变压器要选择降压变压器,原边电压为交流220 V,副边电压为交流12 V。

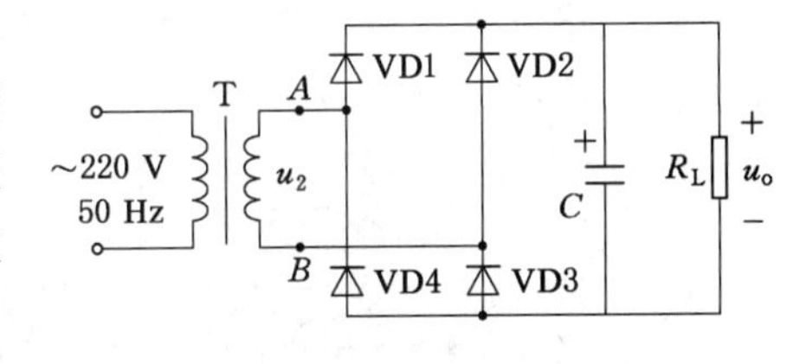

图1-1　整流滤波电路

2. 整流电路

在图1-1所示电路中,利用4个二极管1N4007的单向导电性将正负交替的12 V正弦交流电整流成单向的脉动电压。1N4007整流二极管的参数为$I_F=1$ A,$U_{RM}=1\ 000$ V,$I_R\leqslant 5$ μA,$f_M=3$ kHz,因而完全可满足需要。

3. 滤波电路

利用储能元件C的充放电性质,即可将单向脉动电压中的脉动成分过滤掉,使输出电压成为比较平滑的电压。在选择滤波电容时,一是要考虑容量值,二是要考虑耐压值。滤波电容的容量越大,滤波效果越好,但电容器的价格也越高,体积也越大,因此使用时应综合考虑。电容器的耐压值应大于$1.1\sqrt{2}U_2$，且要留有一定的余量。

要完成整流滤波电路的制作以及电路的分析，必须掌握如下知识：

(1) 认识二极管。

(2) 认识整流电路。

(3) 认识滤波电路。

相关知识

任务一　认识二极管

二极管是电子产品生产中最重要的器件之一。学习过程中要面向具体的应用来学习二极管的基本知识，并且动手制作应用产品来训练自己的实践能力，同时应了解二极管相关的产业与上下游企业，为将来的工作做准备。

一、半导体的基本知识

自1947年第一个晶体管问世以来，半导体技术有了飞跃式的发展。由于半导体器件具有质量轻、体积小、耗电少、寿命长、工作可靠等突出优点，在现代生产与科学技术的各个领域中都得到了广泛应用。半导体器件是构成电子电路的基本元件，它们所用的材料是经过特殊加工且性能可控的半导体材料。

物体根据导电能力的强弱可分为导体、半导体和绝缘体三大类。凡容易导电的物质(如金、银、铜、铝、铁等金属物质)称为导体；不容易导电的物质(如玻璃、橡胶、塑料、陶瓷等)称为绝缘体；导电能力介于导体和绝缘体之间的物质(如硅、锗、硒等)称为半导体。半导体之所以得到广泛的应用，是因为它具有热敏性、光敏性、掺杂性等特殊性能。

(一) 本征半导体

常用的半导体材料是单晶硅(Si)和单晶锗(Ge)。半导体的原子外层电子为4个，图1-2所示为硅和锗的原子结构。

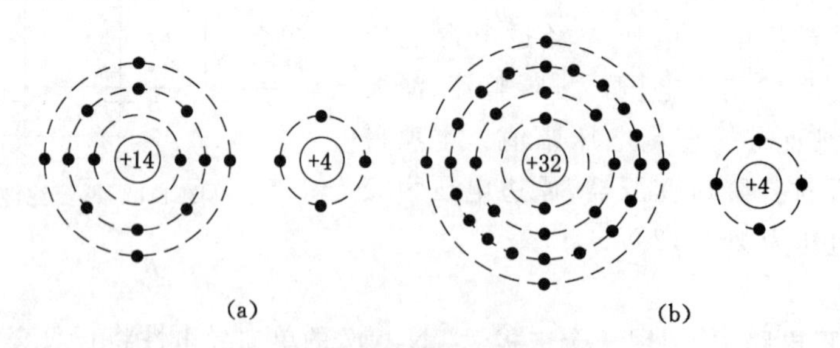

图1-2　硅和锗的原子结构

(a) 硅；(b) 锗

纯净无杂质的半导体称为本征半导体。本征半导体晶体结构如图1-3所示。由图可见，各原子间整齐而有规则地排列着，使每个原子的4个价电子不仅受所属原子核的吸引，而且还受相邻4个原子核的吸引，每一个价电子都为相邻原子核所共用，形成了稳定的共价键结构。每个原子核最外层等效有8个价电子，由于价电子不易挣脱原子核束缚而成为自由电子，因此，本征半导体导电能力较差。

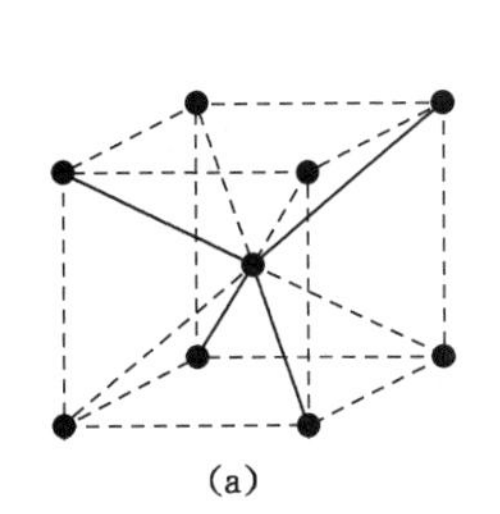
(a)

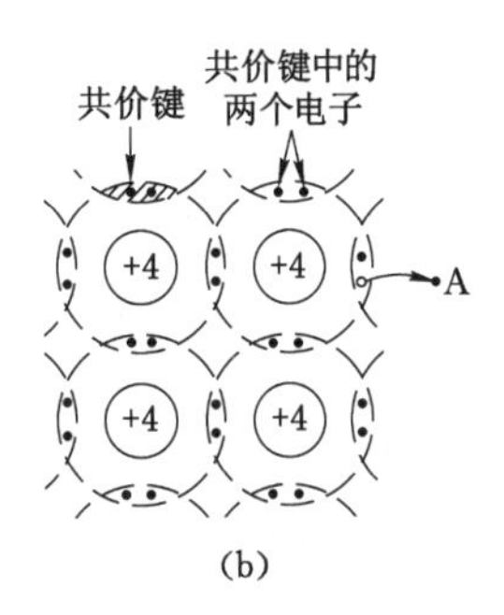

(b)

图 1-3 硅晶体结构和共价键结构

本征半导体内，处于共价键上的某些价电子，接受外界能量后，可以脱离共价键的束缚成为自由电子；这时在该电子所在位置处就会出现一个空位，称为空穴，如图 1-3(b)中 A 处所示。出现一个空穴，表示原子少了一个电子，丢失电子的原子显正电，分析时可认为空穴是一个带正电的粒子。在本征半导体中，自由电子与空穴是成对出现的，称为电子-空穴对。自由电子带负电，空穴带正电，二者电量相等、符号相反。在半导体中，自由电子和空穴都是载运电荷的粒子，称为载流子。本征半导体在温度升高时产生电子-空穴对的现象称为本征激发。温度越高，产生的电子-空穴对数目就越多，这就是半导体的热敏性。

在半导体中存在着自由电子和空穴两种载流子，而导体中只有自由电子这一种载流子，这是半导体与导体的不同之处。

（二）杂质半导体

为增强半导体的导电性能，可在本征半导体中掺入微量的杂质元素，掺入杂质的半导体叫作杂质半导体。根据掺入杂质的不同，杂质半导体可分为 P 型半导体和 N 型半导体两大类。

1. P 型半导体

P 型半导体是在本征半导体硅（或锗）中掺入微量的 3 价元素（如硼、铟等）而形成的。因杂质原子只有 3 个价电子，它与周围硅原子组成共价键时，缺少 1 个电子，因此在晶体中便产生一个空穴，当相邻共价键上的电子受热激发获得能量时，就有可能填补这个空穴，使硼原子成为不能移动的负离子，而原来硅原子的共价键因缺少了一个电子，便形成了空穴，如图 1-4 所示。

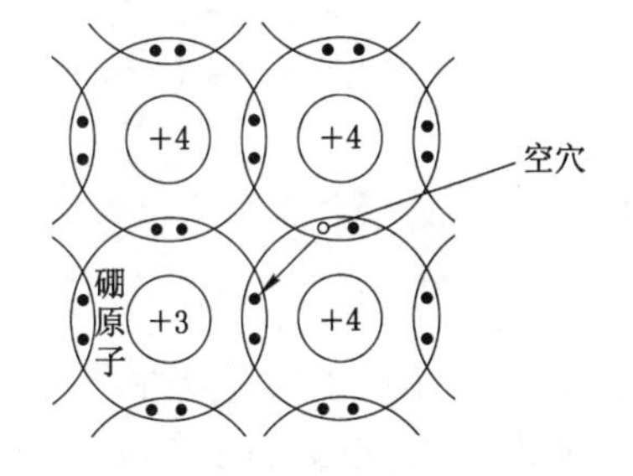

图 1-4 P 型半导体的共价键结构

在 P 型半导体中，由于杂质的掺入，使得空穴数目远大于自由电子数目，空穴成为多数载流子（简称多子），而自由电子则为少数载流子（简称少子）。这种以空穴导电为主的半导体叫作空穴型半导体或 P 型半导体。

2. N 型半导体

N 型半导体是在本征半导体硅中掺入微量的 5 价元素（如磷、砷、镓等）而形成的，杂质原子有 5 个价电子与周围硅原子结合成共价键时，多出 1 个价电子，这个多余的价电子易成为自由电子，如图 1-5 所示。掺入 5 价元素的半导体，自由电子的数目较空穴数目多，载流子中自由电子占多数，空穴占少数，故称其为电子型半导体或N型半导体。

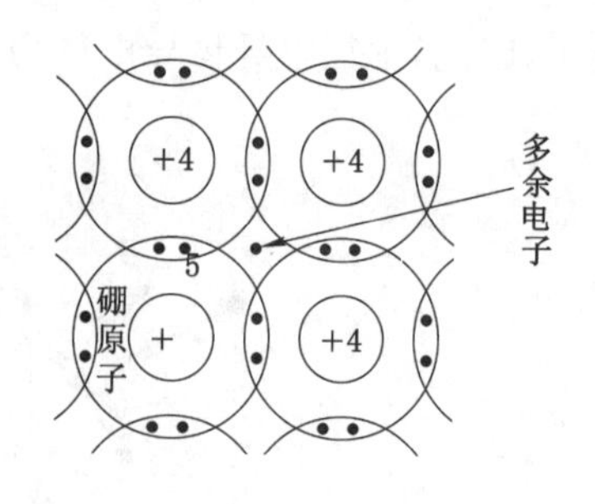

图 1-5 N型半导体的共价键结构

3. PN结的形成及特性

一块P型半导体或N型半导体虽然已有较强的导电能力，但若将它接入电路中，则只能起电阻作用，无多大实用价值。如果把一块P型半导体和一块N型半导体结合在一起，在它们的结合处就会形成一个特殊的接触面，称为PN结。PN结是构成各种半导体器件的基础，PN结的作用使半导体获得了广泛的应用。

(1) PN结的形成

在一整块单晶体中，采取一定的工艺措施，使其两边掺入不同的杂质，一边形成P型区，另一边形成N型区。由于两侧载流子在浓度上存在差异，电子和空穴都要从浓度高的地方向浓度低的地方扩散，如图1-6(a)所示。扩散的结果是在分界处附近的P区薄层内留下一些负离子，N区薄层内留下一些正离子。于是，分界处两侧就出现了一个空间电荷区：P型侧的薄层带负电，N型侧的薄层带正电，形成了一个方向由N区指向P区的内电场，如图1-6(b)所示。内电场的作用是阻碍多子的扩散，故也把空间电荷区称为阻挡层。但内电场却有助于少子的漂移运动。为区别由浓度差造成的多子扩散运动，把内电场作用下的少子的定向运动称作漂移运动。因此，N区空穴向P区漂移，P区的电子向N区漂移，其结果使空间电荷区变窄，内电场削弱，这又将引起多子扩散以增强内电场。当达到动态平衡时，即多子的扩散电流等于少子的漂移电流，且二者方向相反，空间电荷区就相对稳定，形成PN结。此时，PN结中的电流为零，故又称其为耗尽层。

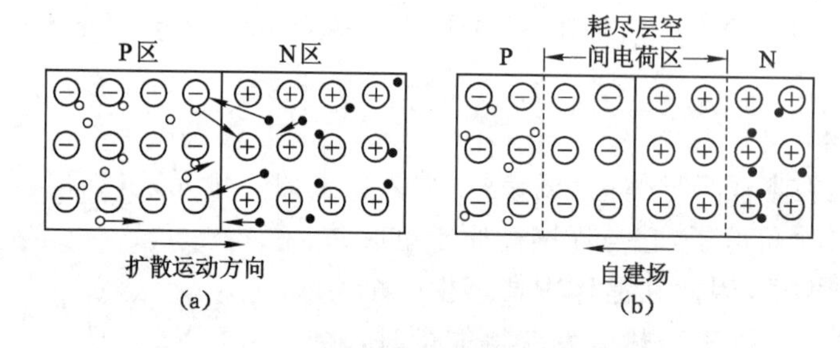

图 1-6 PN结的形成
(a) 多子扩散示意图；(b) PN结的形成

(2) PN结的单向导电性

如果在PN结上加正向电压(也称正向偏置)，即P区接电源正极，N区接电源负极，如图1-7(a)所示，则这时电源E产生的外电场与PN结的内电场方向相反，内电场被削弱，使阻挡层变薄，于是多子的扩散运动增加，漂移运动减弱，多子在外电场的作用下顺利通过阻挡层，形成较大的扩散电流——正向电流。此时PN结的正向电阻很小，处于正向导通时，外部电源不断向半导体供给电荷，使电流得以维持。

如果给PN结加反向电压(又称反向偏置)，即N区接电源正极，P区接电源负极，如图1-7(b)所示，则这时外电场与PN结内电场方向一致，增强了内电场，使阻挡层变厚，削弱了多子的扩散运动，增强了少子的漂移运动，从而形成微小的漂移电流——反向电流。此

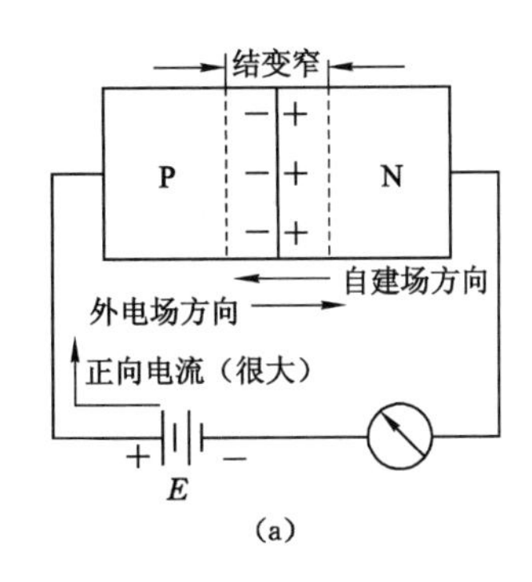

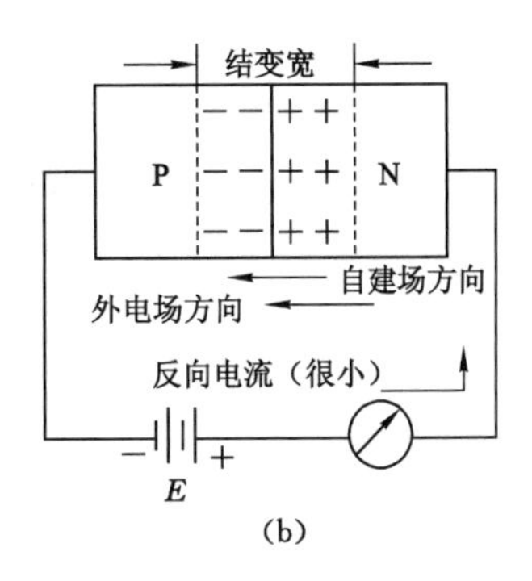

图 1-7　PN 结的单向导电性

(a) 正向连接；(b) 反向连接

时，PN 结呈现很大的电阻，处于反向截止状态。

综上所述，PN 结正向偏置时，处于导通状态；反向偏置时，处于截止状态。这就是 PN 结的单向导电性。

二、半导体二极管

半导体二极管能把一个正弦交流电变成直流电。这正是半导体二极管的神奇之处。电阻、电感、电容、变压器等只会改变正弦波的幅值和相位，不能改变波形。

(一) 半导体二极管的结构和种类

将半导体材料硅制成的 PN 结用玻璃或塑料外壳封装起来，并加上电极引线就构成了半导体二极管，简称二极管。常用二极管的外形和符号如图 1-8 所示。符号中的三角形所指方向表示允许电流通过的方向。二极管的两极分为正极和负极。圆柱形塑封二极管的白(红)色环表示负极。

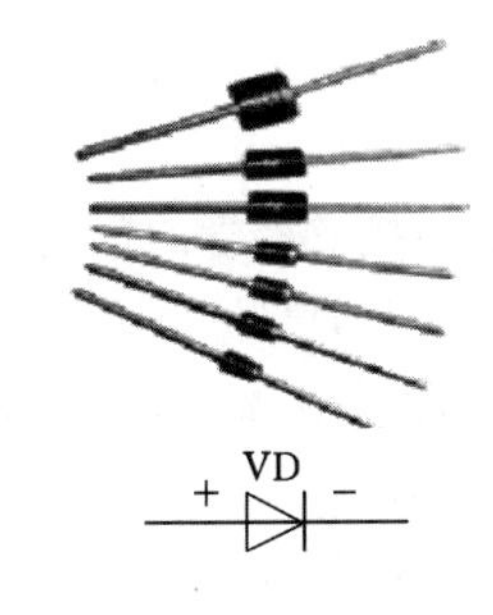

图 1-8　二极管外形和符号

二极管有多种类型，各种类型的用途不同。常用的二极管有整流二极管、稳压二极管、发光二极管、变容二极管、开关二极管等。

(二) 半导体二极管的单向导电性

用万用表测试二极管的电阻，一个方向很大，一个方向很小，这是为什么呢？这是由二极管的单向导电性造成的。

如图 1-9(a)所示，当二极管的正极与电源正极相连、负极与电源负极相连，二极管的电阻很小，呈现导通状态，称为正向导通。正向导通时二极管两端的正向电压降只有 0.7 V 左右。这时负载(灯泡)上得到约等于 E 的电压，有电流通过灯泡，灯泡亮了。

如图 1-9(b)所示，当二极管的正极与电源负极相连、负极与电源正极相连，二极管的电阻很大，几乎没有电流通过，呈现断开状态，称为反向截止。反向截止时二极管两端的电压等于电源电压。这时负载(灯泡)上的电压为零，没有电流通过灯泡，灯泡不亮。

二极管只在一个方向导电，电流只能从正极流向负极。这是二极管最主要的特性，称为单向导电性。

(三) 半导体二极管的简易测试

如图 1-10 所示，将指针式万用表置于 $R\times100$ 或 $R\times1\text{k}$ 挡。当黑表棒接二极管的正

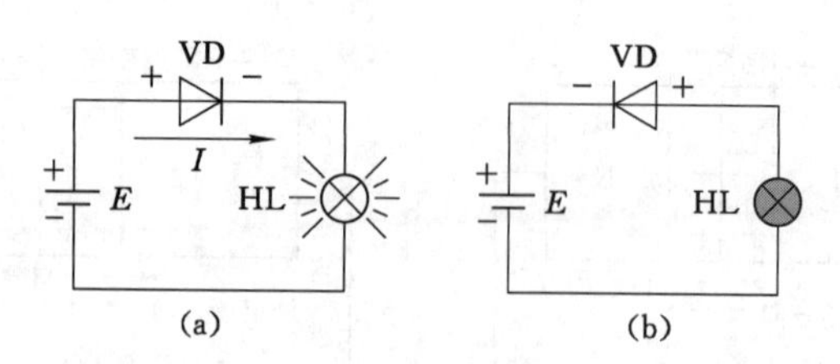

图 1-9 半导体二极管的单向导电性：
(a) 正向导通；(b) 反向截止

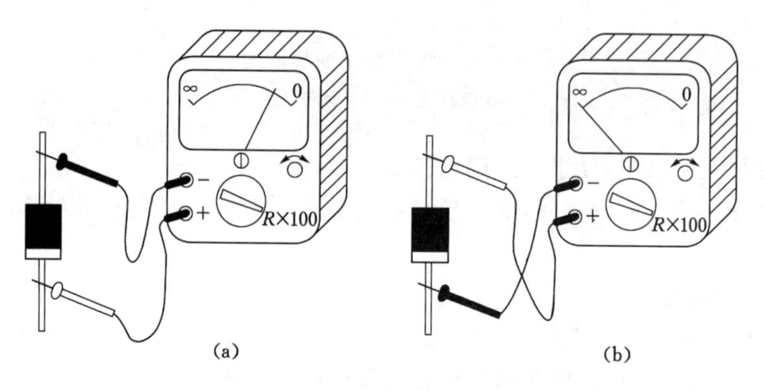

图 1-10 半导体二极管的测试
(a) 正向电阻小；(b) 反向电阻大

极、红表棒接二极管的负极，测量电阻较小时(表针偏转 1/2～2/3)，称为正向电阻；当黑表棒接二极管的负极、红表棒接二极管的正极，测量电阻很大时(表针不偏转)，称为反向电阻。若两次测量电阻都很小，说明二极管已击穿短路；若两次测量电阻都很大，说明二极管已开路。万用表内部的 1.5 V 电池对应图 1-9 中的电源，万用表的表头对应图 1-9 中的灯泡。根据二极管的单向导电性，就可以解释这种现象的原理了。同学们可自己分析。

(四) 半导体二极管的主要技术参数

(1) 最大整流电流(I_F)：是指长期使用时允许通过二极管的最大正向平均电流。使用中电流长时间超过这个允许值时，管子将因过热而损坏。

(2) 反向击穿电压(U_{BR})：是二极管发生反向击穿时的电压。发生反向击穿时，二极管失去反向截止的能力，反向电流会急剧增大，有可能造成二极管发热损坏。

(3) 最高反向工作电压(U_R)：是指允许加在二极管上的反向电压的最大值。最高反向工作电压是反向击穿电压的一半。

还有其他一些参数，如最高使用温度、最高工作频率、结电容等，本书在此不再赘述。

任务二 认识整流电路

利用半导体二极管的单向导电性将交流电变换成脉动直流电的过程，称为整流。用来实现这一目的的电路称为整流电路。

一、单相半波整流电路

单相半波整流电路是最简单的一种整流电路，如图 1-11 所示，由电源变压器、二极管

VD 和负载电阻 R_L 等组成。通过示波器可以观察到，变压器副绕组的正弦交流电压经过二极管后，负载电阻 R_L 上的电压和电流变为单一方向的脉动直流电。图 1-12 所示为变压器副边电压 u_2、输出电压 u_o 和二极管端电压 u_D 的波形。这样的波形是怎样产生的？

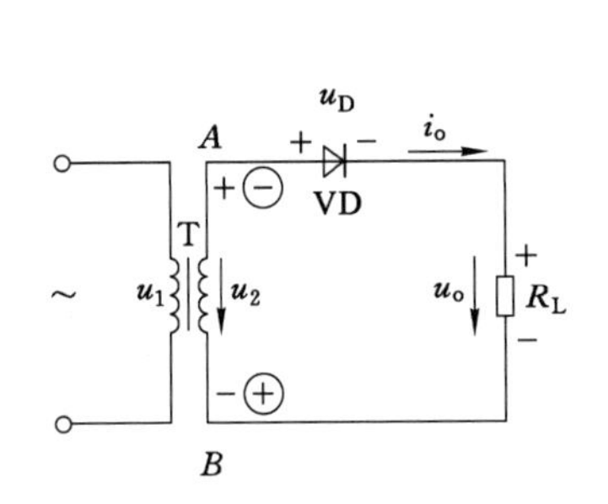

图 1-11　半波整流电路工作原理

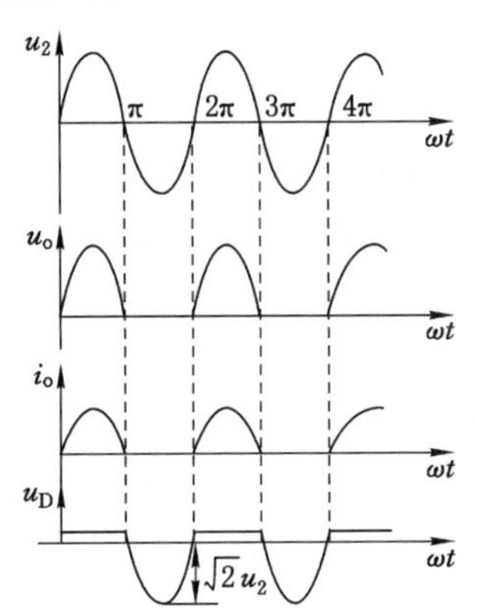

图 1-12　半波整流波形

（一）半波整流电路工作过程

设变压器副边电压 $u_2=\sqrt{2}U_2\sin\omega t$。

在 u_2 的正半周，即在 $\omega t=0\sim\pi$ 期间，A 点极性为正，B 点极性为负，VD 承受正向电压而导通，电压降只有 0.7 V，负载电阻 R_L 上得到一个近似等于 u_2 的正半波电压。如图 1-11 所示。电流 i 的通路是 $A\rightarrow\text{VD}\rightarrow R_L\rightarrow B$。

在 u_2 的负半周，即在 $\omega t=\pi\sim2\pi$ 期间，B 点极性为正，A 点极性为负，VD 承受反向电压而截止。负载电阻 R_L 上的电压为 0，二极管承受全部电源电压。

因此，当电源电压 u_2 变化一周时，在负载电阻 R_L 上得到的电压 u_o 和电流 i_o 是单方向半波脉动波形。

（二）半波整流电路主要参数计算

在使用和设计整流电路时，经常需要计算整流电路输出电压平均值和输出电流平均值。

输出电压平均值就是负载电阻上电压的平均值 U_o。

$$U_o\approx0.45U_2\tag{1-1}$$

输出电流平均值 I_o 为：

$$I_o=\frac{U_o}{R_L}=\frac{0.45U_2}{R_L}\tag{1-2}$$

（三）二极管的选择

首先根据二极管的工作任务来选择类型和型号，然后根据流过二极管电流的平均值和它所承受的最大反向电压来选择二极管的参数。

在单相半波整流电路中，二极管的正向平均电流等于负载电流平均值，即：

$$I_D=I_o=\frac{0.45U_2}{R_L}\tag{1-3}$$

二极管承受的最大反向电压等于变压器副边的峰值电压，即：

$$U_{Rmax}=\sqrt{2}U_2\tag{1-4}$$

在选用二极管时，最大整流电流 I_F 和最高反向工作电压 U_R 均应至少保留 10% 的余量，以保证二极管安全工作，即选取：

$$I_F \geqslant 1.1 I_D \tag{1-5}$$

$$U_R \geqslant 1.1 U_{Rmax} \tag{1-6}$$

【例 1-1】 在图 1-11 所示整流电路中，已知变压器副边电压有效值 $U_2=30$ V，负载电阻 $R_L=100$ Ω，试计算：

(1) 负载电阻 R_L 上的电压平均值和电流平均值。

(2) 二极管承受的最大反向电压。

解：

(1) 负载电阻上的电压平均值：

$$U_o \approx 0.45U_2 = 0.45 \times 30 = 13.5\ (\text{V})$$

流过二极管和负载电阻的电流平均值：

$$I_D = I_o = \frac{U_o}{R_L} \approx \frac{13.5}{100} = 0.135\ (\text{A})$$

(2) 二极管承受的最大反向电压：

$$U_{Rmax} = \sqrt{2}U_2 \approx 1.414 \times 30 \approx 42.4\ (\text{V})$$

二、单相桥式整流电路

在实际电路中最常用的是单相桥式整流电路。

（一）单相桥式整流电路的组成

电路由单相电源变压器 T，4 只整流二极管 VD1～VD4、负载电阻 R_L 组成。4 只二极管接成桥式，故称桥式整流电路，如图 1-13 所示。

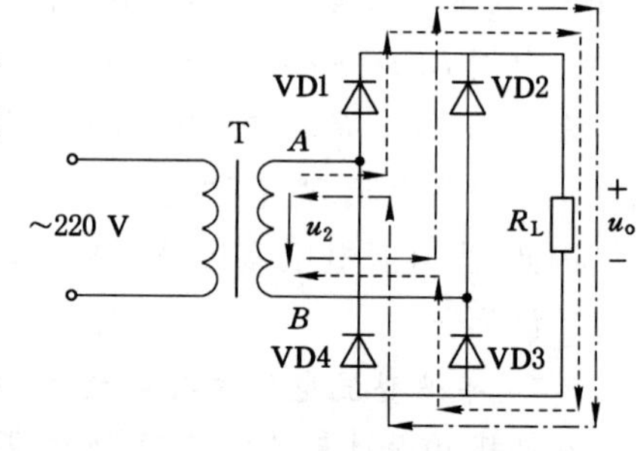

图 1-13 单相桥式整流电路

（二）工作原理

设变压器副边电压 $u_2=\sqrt{2}U_2\sin\omega t$。

在 u_2 的正半周，即在 $\omega t=0\sim\pi$ 期间，A 点极性为正，B 点为负，VD1、VD3 承受正向电压而导通，VD2、VD4 承受反向电压而截止。电流 i 的通路是 $A\to$VD1$\to R_L\to$VD3$\to B$。负载电阻 R_L 上得到一个近似等于 u_2 的正半波电压，极性为上正下负。如图 1-13 中虚线所示。

在 u_2 的负半周，即在 $\omega t=\pi\sim2\pi$ 期间，B 点极性为正，A 点为负，VD1、VD3 承受反向电压而截止，VD2、VD4 承受正向电压而导通。电流 i 的通路是 $B\to$VD2$\to R_L\to$VD4$\to A$。负载电阻 R_L 上得到一个近似等于 u_2 的负半波电压，极性仍为上正下负。如图 1-13 中点画线所示。

因此，当电源电压 u_2 变化一周时，在负载电阻 R_L 上得到的电压 u_o 和电流 i_o 是单方向全波正脉动波形。图 1-14 所示为单向桥式整流电路波形图。

（三）输出电压平均值 U_o 和输出电流平均值 I_o

根据 u_o 的波形可知，输出电压的平均值：

$$U_o \approx 0.9U_2 \tag{1-7}$$

输出电流的平均值（即负载电阻中的电流平均值）：

$$I_o = \frac{U_o}{R_L} \approx \frac{0.9U_2}{R_L} \tag{1-8}$$

（四）二极管的选择

在单相桥式整流电路中，因为每只二极管只在变压器副边电压的半个周期通过电流，所以通过每只二极管的平均电流只有负载电阻上电流平均值的一半，与半波整流电路中流过二极管的平均电流相同。即：

$$I_D = \frac{I_o}{2} \approx \frac{0.45U_2}{R_L} \tag{1-9}$$

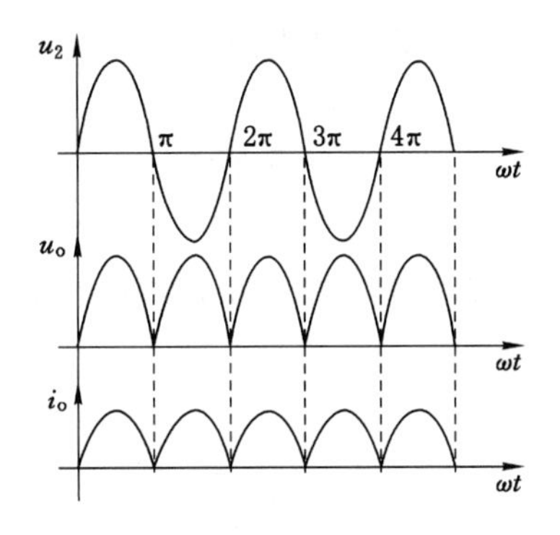

图 1-14　单相桥式整流电路波形

二极管承受的最大反向电压，与半波整流电路中二极管承受的最大反向电压相同。即：

$$U_{Rmax} = \sqrt{2}U_2 \tag{1-10}$$

在实际选用二极管时，应至少保留 10% 的余量，选择最大整流电流 I_F 和最高反向工作电压 U_R 分别为：

$$I_F \geqslant 1.1I_D \tag{1-11}$$

$$U_R \geqslant 1.1\sqrt{2}U_2 \tag{1-12}$$

单相桥式整流电路与半波整流电路相比，具有输出电压高、变压器利用率高、脉动小等优点，因此得到相当广泛的应用。

【例 1-2】 在图 1-13 所示电路中，已知变压器副边电压有效值 $U_2=30$ V，负载电阻 $R_L=100\ \Omega$。

（1）输出电压和输出电流平均值各为多少？

（2）二极管的最大整流电流 I_F 与最高反向工作电压 U_R 至少应选取多少？

解：

（1）输出电压平均值：

$$U_o \approx 0.9U_2 = 0.9 \times 30 = 27\ (\text{V})$$

输出电流平均值：

$$I_o = \frac{U_o}{R_L} = 0.27\ (\text{A})$$

（2）二极管的最大整流电流 I_F 与最高反向工作电压 U_R：

$$I_F \geqslant \frac{1.1I_o}{2} \approx 0.15\ (\text{A})$$

$$U_R \geqslant 1.1\sqrt{2}U_2 = 1.1 \times \sqrt{2} \times 30 \approx 42.5\ (\text{V})$$

任务三　认识滤波电路

整流电路的输出电压虽然是单一方向的，但是脉动较大，不能适应大多数电子线路及设备的需要。因此，一般在整流后，还需利用滤波电路将脉动的直流电压变为平滑的直流电压。

一、电容滤波电路

1. 电路结构

电容滤波电路是最常见也是最简单的滤波电路，在整流电路的输出端并联一个电容即构成电容滤波电路，如图 1-15 所示。滤波电容容量较大，因此一般均采用电解电容，在接线时要注意电解电容的正、负极。电容滤波电路利用电容的充、放电作用，使输出电压趋于平滑。

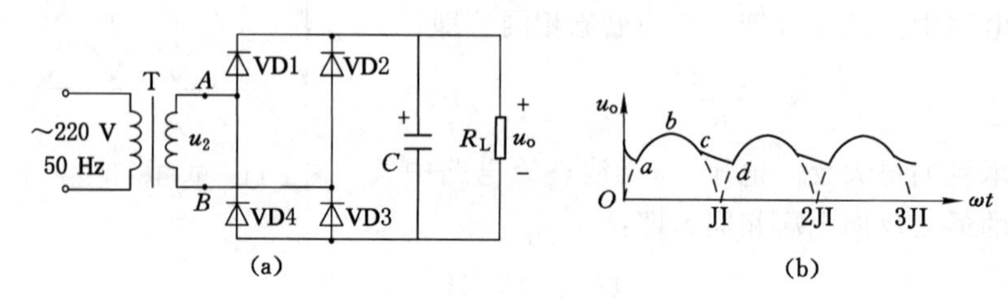

图 1-15 单相桥式整流电容滤波电路及稳态时的波形分析

(a) 电路；(b) 理想情况下的波形

2. 工作原理

当变压器副边电压 u_2 处于正半周并且数值大于电容两端电压 u_C 时，二极管 VD1、VD3 导通，电流一路流经负载电阻 R_L，另一路对电容 C 充电。在理想情况下，变压器副边无损耗，二极管导通电压为零，所以电容两端电压 $u_C(u_o)$ 与 u_2 相等，如图 1-15(b)中曲线的 ab 段所示。当 u_2 上升到峰值后开始下降，电容通过负载电阻 R_L 放电，其电压 u_C 也开始下降，趋势与 u_2 基本相同，如图 1-15(b)中曲线的 bc 段所示。但是由于电容按指数规律放电，所以当 u_2 下降到一定数值后，u_C 的下降速度小于 u_2 的下降速度，使 u_C 大于 u_2，从而导致 VD1、VD3 反向偏置而变为截止。此后，电容 C 继续通过 R_L 放电，u_C 按指数规律缓慢下降，如图 1-15(b)中曲线的 cd 段所示。

当 u_2 的负半周幅值变化到恰好大于 u_C 时，VD2、VD4 因加正向电压而变为导通状态，u_2 再次对 C 充电，u_C 上升到 u_2 的峰值后又开始下降；下降到一定数值时 VD2、VD4 变为截止，C 对 R_L 放电，u_C 按指数规律下降；放电到一定数值时 VD1、VD3 变为导通，重复上述过程。

从图 1-15(b)所示波形可以看出，经滤波后的输出电压不仅变得平滑，而且平均值也得到提高。

从以上分析可知，电容充电时，回路电阻为整流电路的内阻，即变压器内阻和二极管的导通电阻，其数值很小，因而时间常数很小。电容放电时，回路电阻为 R_L，放电时间常数为 R_LC，通常远大于充电的时间常数。因此，滤波效果取决于放电时间。电容越大，负载电阻越大，滤波后输出电压越平滑，并且其平均值越大。

3. 输出电压平均值

滤波电路输出电压波形难以用解析式来描述，但可用下式近似估算：

$$U_o = \sqrt{2}U_2\left(1 - \frac{T}{4R_LC}\right) \tag{1-13}$$

式中，T 为电网电压的周期。

当负载开路，即 $R_L = \infty$ 时，$U_o = \sqrt{2}U_2$。当 $R_LC = (3 \sim 5)T/2$ 时：

$$U_o \approx 1.2U_2$$

为获得较好的滤波效果，在实际电路中，应选择滤波电容容量满足 $R_L C=(3\sim5)T/2$ 的条件。由于采用电解电容，考虑到电网电压的波动范围为±10%，电容的耐压值应大于 $1.1\sqrt{2}U_2$。在半波整流电路中，为获得较好的滤波效果，电容容量应选得更大些。

二、电感滤波电路

在大电流负载情况下，由于负载电阻 R_L 很小，若采用电容滤波电路，则电容容量势必很大，而且整流二极管的冲击电流也非常大，这就使得整流管和电容器的选择变得很困难，甚至不太可能，在此情况下应当采用电感滤波。在整流电路与负载电阻之间串联一个电感线圈 L 就构成电感滤波，如图 1-16 所示。由于电感线圈的电感量要足够大，所以一般需要采用有铁芯的线圈。

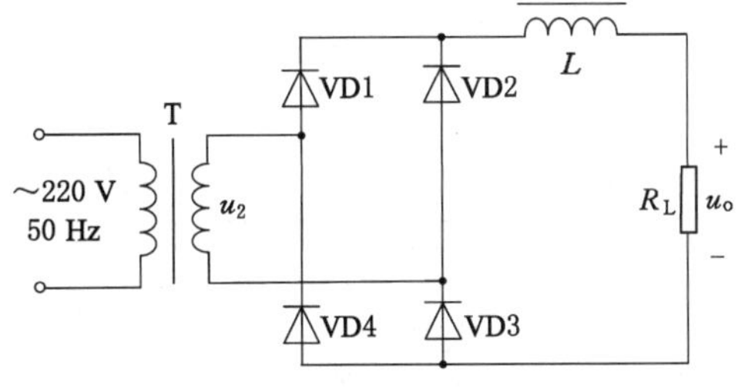

图 1-16 单相桥式整流电感滤波电路

电感滤波的缺点是制作复杂、体积大、笨重，且存在电磁干扰。

三、其他形式滤波电路

当单独使用电容或电感进行滤波，效果仍不理想时，可采用复式滤波电路。电容和电感是基本的滤波元件，利用它们对直流量和交流量呈现不同电抗的特点，只要合理地接入电路，就可以达到滤波的目的。图 1-17(a)所示为 LC 滤波电路，图 1-17(b)和(c)所示为两种 Π 型滤波电路。读者可自行分析它们的工作原理。

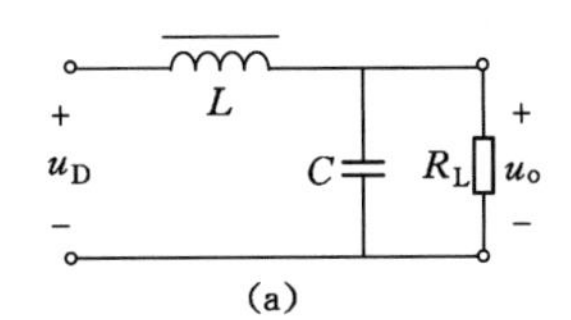

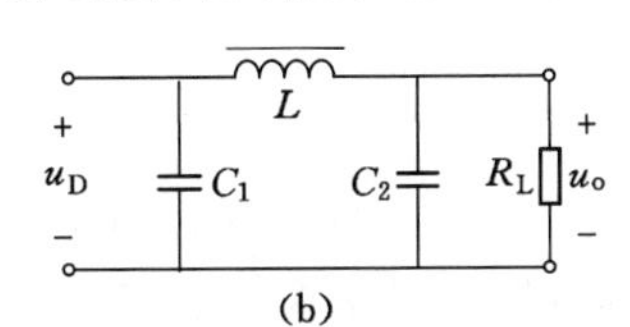

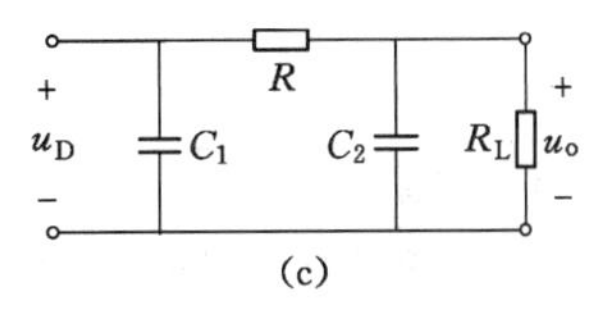

图 1-17 其他形式滤波电路

(a) LC 滤波电路；(b) LCΠ 型滤波电路；(c) RCΠ 型滤波电路

四、各种滤波电路的比较

表 1-1 中列出各种滤波电路性能的比较。构成滤波电路的电容及电感应足够大，θ 为二极管的导通角，凡 θ 角小的，整流管的冲击电流大；凡 θ 角大的，整流管的冲击电流小。

表 1-1 **各种滤波电路性能的比较**

滤波形式	电容滤波	电感滤波	LC 滤波	RC 或 LCΠ 型滤波
U_L/U_2	1.2	0.9	0.9	1.2
θ	小	大	大	小
适用场合	小电流负载	大电流负载	适应性较强	小电流负载

项目实施

安装调试单相桥式整流、电容滤波电路

1. 准备清单

仪器仪表及材料准备清单见表 1-2。

表 1-2　仪器仪表及材料准备清单

序号	名称	型号及规格	单位	数量	代号
1	指针式万用表	MF-47	个	1/人	
2	双通道示波器	VC2020A	台	1/2 人	
3	变压器	AC 220 V/双 AC 12 V	个	1/人	T
4	电解电容	110 μF/40 V	个	1/人	C
5	电解电容	470 μF/40 V	个	1/人	C
6	固定电阻	1 kΩ,1/8 W	个	1/人	R_L
7	二极管	1N4007	个	4/人	VD1～VD4
8	印制电路板	直纹板	块	1/人	
9	镀银裸导线	0.3 mm	m	若干	

2. 安全

(1) 使用万用表、示波器时注意选择合适的量程和挡位。

(2) 使用电烙铁时注意防止烫伤;使用完毕应及时断电。

(3) 切断元器件引线时,应避免线头飞射伤人;穿戴好劳保用品。

(4) 使用万用表测量电阻时,不允许在被测电路中通电。

3. 装配调试原理图(图 1-18)

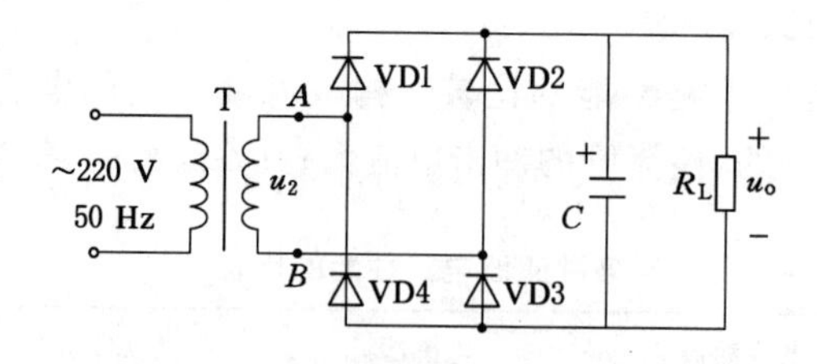

图 1-18　单相桥式整流滤波电路原理图

4. 操作

(1) 按照图 1-18 所示电路在万能板上进行布线,注意元器件位置及电源与地线的线路走向。

(2) 按照元器件布局对引脚弯形,原则上按先低后高安放元器件并进行焊接。装配及焊接顺序:连接导线→二极管→电容→测试脚。

(3) 对元器件进行焊接,剪去多余的导线,使用万用表检查电路是否有短路现象。

(4) 将 110 μF/40 V 电容按电路原理图焊接到电路中，接入 24 V 以下的交流电源；使用示波器测量电源和电阻 R_L两端的波形。

(5) 将 470 μF/40 V 电容按电路原理图焊接到电路中，接入 24 V 以下的交流电源；使用示波器测量电源和电阻 R_L两端的波形并和 110 μF/40 V 波形进行比较，记录结果。

(6) 将电路中的电容去掉，使用示波器测量电源和电阻 R_L两端的波形。

(7) 比较电路中有电容和无电容时电阻两端的电压波形有何区别。

5. 操作要求

(1) 在焊接前，先把所有元器件的引脚焊上一层薄薄的焊锡。

(2) 焊接电子元器件时，应注意电烙铁的温度不要太高。

(3) 实训中注意合理使用工具。焊接完成后要整理桌面，防止测试时短路。

6. 项目考核

任务考核项目、内容及标准见表 1-3。

表 1-3　　安装调试单相桥式整流、电容滤波电路考核表

考核项目	评分内容与标准	配分	扣分	得分
变压器识别与检测	能识别一次、二次绕组	5		
二极管识别与检测	能正确检测正负极	5		
	能正确测量正反向电阻	5		
电容识别与检测	能识别出电容容量、耐压	5		
电阻识别与检测	能识别阻值及误差	5		
布线与焊接质量	连线正确	5		
	布线合理	5		
	焊点光滑	10		
	无虚焊	5		
仪器仪表使用	万用表挡位选用正确	5		
	万用表读数正确	5		
	示波器波形稳定	5		
	示波器读数正确	5		
测试结果	测量结果正确	10		
	回答问题正确	10		
工作态度	积极主动、协助、规范	10		
合计		100		

思考与练习

一、填空题

1. 半导体是一种导电能力介于________和________之间的物质。

2. 半导体中有__________和__________两种载流子参与导电。

3. 本征半导体中，若掺入微量的5价元素，则形成________型半导体，其多数载流子是______；若掺入微量的3价元素，则形成______型半导体，其多数载流子是______。

4. PN结在______时导通，________时截止，这种特性称为__________性。当温度升高时，二极管的反向饱和电流将__________，正向压降将__________。

5. 用指针式万用表在使用欧姆挡测量有极性电容和半导体器件时，黑表笔接的是万用表内部电池的______极，而红表笔接的是内部电池的______极。

6. 常见二极管按材料可分为__________管和__________管，按PN结大小又可分为________型、________型和__________型。

7. 二极管的主要特性是具有________。硅二极管死区电压约为________V，锗二极管死区电压约为______V。硅二极管导通时的管压降约为______V，锗二极管导通时的管压降约为______V。

8. 整流电路是利用二极管的________性将交流电变为单向脉动的直流电。

9. 半导体二极管中的核心是一个__________。

10. 常用的滤波电路主要有________、________和________三种。

二、选择题

1. 万用表使用完毕，应将转换开关置于(　　)。

A. 电阻挡　　B. 直流电流挡

C. 交流电流最高挡　　D. 交流电压最高挡

2. 杂质半导体中，多数载流子的浓度主要取决于(　　)。

A. 温度　　B. 掺杂工艺　　C. 掺杂浓度　　D. 晶格缺陷

3. PN结形成后，空间电荷区由(　　)构成。

A. 价电子　　B. 自由电子　　C. 空穴　　D. 杂质离子

4. 自由电子占多数的半导体是(　　)。

A. 本征半导体　　B. P型半导体　　C. N型半导体　　D. 空穴半导体

5. 硅二极管的反向电流很小，其大小随反向电压的增大而(　　)。

A. 减小　　B. 基本不变　　C. 增大　　D. 不定

6. 将交流电变成单向脉动直流电的电路称为(　　)电路。

A. 变压　　B. 整流　　C. 滤波　　D. 稳压

7. 桥式整流电容滤波电路的输入交流电压的有效值为10 V，用万用表测得直流输出电压为9 V，则说明电路中(　　)。

A. 滤波电容开路　　B. 滤波电容短路　　C. 负载开路　　D. 负载短路

8. 在桥式整流电路中，输入电压和输出电压的关系为(　　)。

A. 0.45　　B. 0.9　　C. 1　　D. $\sqrt{2}$

9. 已知变压器二次电压为20 V，则桥式整流电容滤波电路接上负载时的输出电压平均值为(　　)。

A. 28.28 V　　B. 20 V　　C. 24 V　　D. 18 V

10. 在电容滤波电路中，输出电压平均值U_o与时间常数R_LC的关系是(　　)。

A. R_LC越大，U_o越大　　B. R_LC越大，U_o越小　　C. 无直接关系

三、判断题

1. 在 N 型半导体中如果掺入足够量的 3 价元素，可将其改为 P 型半导体。（　）
2. 因为 N 型半导体的多子是自由电子，所以它带负电。（　）
3. 直流稳压电源是一种能量转换电路，它将交流能量转变为直流能量。（　）
4. 整流电路可将正弦电压变为脉动的直流电压。（　）
5. 电容滤波电路适用于小负载电流，而电感滤波电路适用于大负载电流。（　）
6. 二极管在工作电流大于最大整流电流 I_F 时会损坏。（　）
7. PN 结正向偏置时电阻小，反向偏置时电阻大。（　）
8. 晶体二极管的反向饱和电流越大，二极管的质量越好。（　）
9. 单相桥式整流电路的整流二极管承受的最大反向电压为变压器次级电压的 2 倍。（　）
10. 二极管加正向电压一定导通，加反向电压一定截止。（　）

四、计算题

1. 在图 1-19 的各电路图中，$E=5$ V，$u_i=10\sin\omega t$ (V)，二极管的正向压降可以忽略不计，试分别画出输出电压 u_o 的波形。

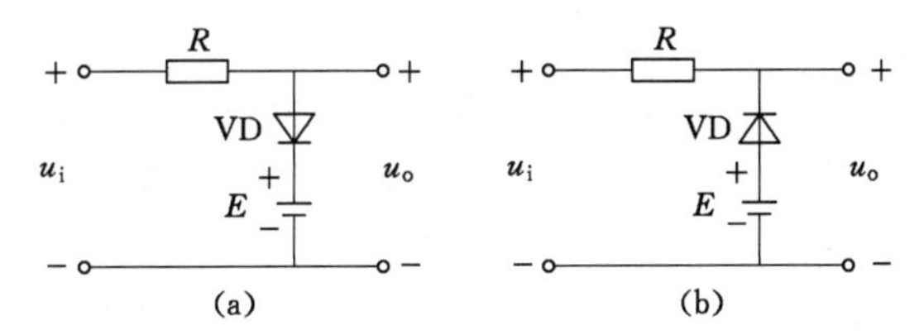

图 1-19

2. 已知单相桥式整流电路，$u_2=\sqrt{2}\times 12\sin\omega t$(V)，求负载电压 U_L，并选择整流二极管。

3. 有一额定电压为 110 V，阻值为 55 Ω 的直流负载，采用单相桥式供电。试计算：

(1) 变压器二次侧的电压和电流有效值；

(2) 每个二极管流过的电流平均值和承受的最大反向电压。

4. 如图 1-20 所示，有一单相桥式整流电容滤波电路，已知交流电源频率 $f=50$ Hz，负载电阻 $R_L=200$ Ω，要求直流输出电压 $U_o=30$ V，试选择整流二极管及滤波电容器。

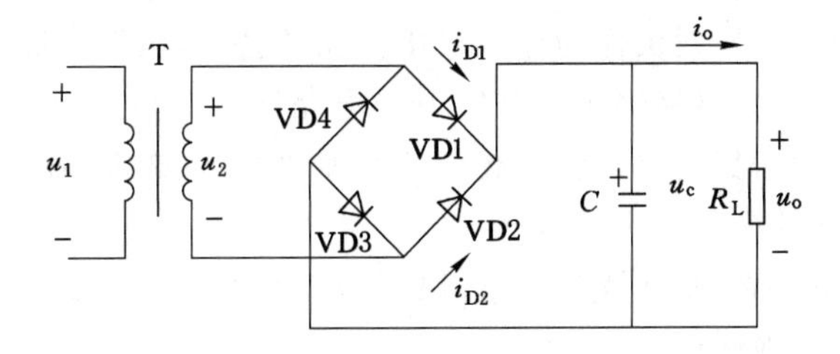

图 1-20

项目二　共发射极放大电路的制作

【知识要点】 三极管的结构、特性与分类；三极管的极性和测试；基本放大电路的分析；多级放大电路的分析。

【技能目标】 能用万用表检测元器件；可在万能电路板上设计安装线路；检查通电，并用万用表测输入、输出电压值；会用示波器观察实用共发射极放大电路输入、输出波形。

任务导入

放大是最基本的模拟信号处理功能，它是通过放大电路实现的，大多数模拟电子系统中都应用了不同类型的放大电路。放大电路也是构成其他模拟电路，如滤波、振荡、稳压等功能电路的基本单元电路。

电子技术里“放大”的第一个含义就是能将微弱的电信号增强到人们所需要的数值(即放大电信号)，以便于人们测量和使用。检测外部物理信号的传感器所输出的电信号通常是很微弱的，对这些能量过于微弱的信号，既无法直接显示，一般也很难做进一步分析处理。通常必须把它们放大到数百毫伏量级，才能用数字式仪表或传统的指针式仪表显示出来。若对信号进行数字化处理，则必须把信号放大到数伏量级才能被一般的模数转换器所接受。“放大”的第二个含义是要求放大后的信号波形与放大前的波形的形状相同或基本相同，即信号不能失真，否则就会丢失要传送的信息，失去了放大的意义。

本项目从共发射极放大电路的制作入手，分析放大电路的组成和工作原理，为后续各种电子线路的设计打下基础。

任务分析

共发射极放大电路如图 2-1 所示，试分析其工作原理并制作该电路。

共发射极放大电路：以发射极作为输入输出回路的公共点，发射极接地或通过旁路电容接地，信号从基极输入，从集电极输出。共发射极电路通常起电压放大作用。其特点是：电压放大倍数大、电流放大倍数大、失真大、高频特性差、稳定性较差、输出输入相位反相。

(1) 三极管 VT：电路中的放大元件。

(2) 耦合电容 C_1、C_2：起通交隔直作用，保证交流信号顺利地通过 C_1 加到三极管的基极，放大后交流信号顺利地通过 C_2 输出。

(3) R_P、R_{B1}、R_{B2}：使三极管得到合适的基极电位，调整 R_P 可使三极管工作在放大区。

(4) R_C：集电极负载电阻，把三极管的电流放大作用转变成电压放大形式。

(5) 反馈电阻 R_{E1}、R_{E2} 和旁路电容 C_E：电路中引进反馈电阻 R_{E1} 和 R_{E2} 后，R_{E1} 和 R_{E2} 对交流信号起负反馈作用，可以抑制温漂，稳定工作点。因为发射极电流流过 R_{E1} 和 R_{E2} 时会产生压降，从而降低电压放大倍数，因此通常在 R_{E2} 两端并联一个电容 C_E，使交流旁路。电

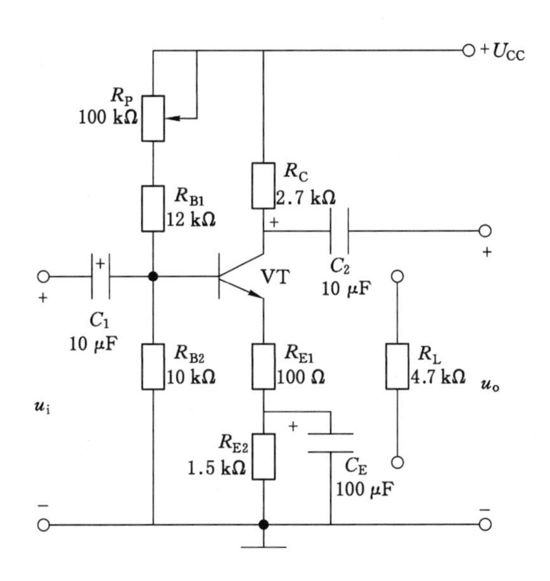

图 2-1　共发射极放大电路

容 C_E 常叫作射极旁路电容，一般取 100 μF 左右。

要完成共发射极放大电路的制作以及电路的分析，必须掌握如下知识：

(1) 认识三极管。

(2) 认识基本放大电路。

(3) 了解多级放大电路。

相关知识

任务一　认识三极管

半导体三极管带来了“固态革命”，进而推动了全球范围内的半导体电子工业发展。半导体三极管的作用主要是电流放大，它是电子电路的核心元件，现在的大规模集成电路的基本组成部分也就是半导体三极管。

三极管是最常用的基本元器件之一。学习过程中要面向具体的应用来学习三极管的基本知识，并且动手制作应用产品来训练自己的实践能力，同时应了解三极管相关的产业与上下游企业，为了将来的工作而进行学习准备。

一、半导体三极管的外形及图形符号

半导体三极管又称晶体三极管，简称三极管，是组成放大电路的核心器件，其外形如图 2-2(a)所示。

三极管由两个 PN 结组成，有三个电极，b(或 B)为基极，c(或 C)为集电极，e(或 E)为发射极。图 2-2(b)为三极管图形符号。由于内部结构不同，三极管分为 NPN 型和 PNP 型两种。NPN 型和 PNP 型三极管图形符号的区别在于发射极箭头的方向，箭头表示电流的方向。

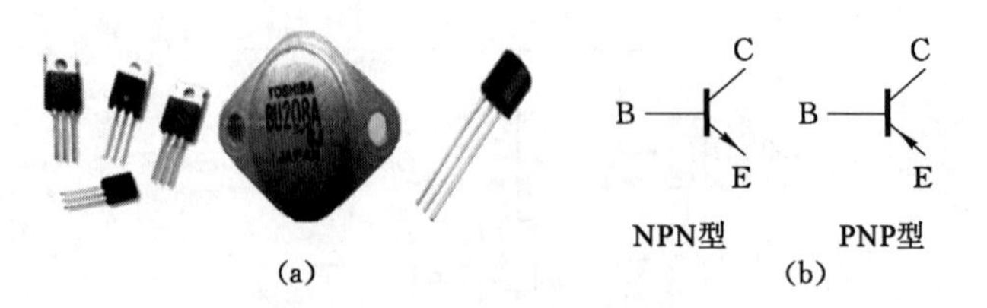

图 2-2 三极管的外形和图形符号
(a) 外形;(b) 图形符号

二、三极管的电流放大作用

三极管工作在放大工作状态,集电极电流 I_C 和基极电流 I_B 在很大范围内是正比关系。当基极电流改变时,集电极电流也随之改变,这称为晶体管的电流放大作用,即只需要用很小的输入信号控制基极电流,就可以按比例获得较大的集电极电流。

$$\beta = \frac{I_C}{I_B} \tag{2-1}$$

式中,β 为晶体管的电流放大系数。

晶体管三个电极间的电流关系符合基尔霍夫节点电流定律,即 $I_E = I_C + I_B$。

三极管是一个电流控制器件,电流放大作用的实质是用一个微小电流控制较大电流,放大所需的能量来自外加直流电源。

三、三极管的三种工作状态

三极管的集电极电流 I_C 和基极电流 I_B 并不是永远成正比关系,当工作点、输入信号和电路参数变化时,会出现集电极电流和基极电流不成正比关系的情况。由此,把三极管的工作状态分为三种:

1. 放大工作状态

I_B 变化时 I_C 按比例变化,而且比 I_B 的变化大得多,I_C 受 I_B 的控制,基本上与 U_{CE} 的大小无关。$I_C = \beta I_B$。工作在放大状态的三极管可以不失真地放大微弱的信号,用于电压放大或功率放大。

2. 截止工作状态

基极电流 $I_B = 0$,集电极电流 $I_C = 0$,$U_{CE} = U_{CC}$。集电极与发射极之间相当于断路,三极管处于截止状态。工作在截止状态的三极管可以作为开关使用,相当于开关断开。

3. 饱和工作状态

当 I_C 足够大时,I_B 增大,I_C 不再增大,$I_C < \beta I_B$。且集电极与发射极之间的电压 $U_{CE} \leqslant 1$ V,相当于 C、E 两极短路。工作在饱和状态的三极管也作为开关使用,相当于开关闭合。

由于放大工作状态下 I_B 和 I_C 是正比关系,故又称为线性工作状态。截止和饱和工作状态又称为非线性或开关工作状态。

四、三极管的主要参数

1. 电流放大倍数 β

前面已有叙述,在此不再赘述。

2. 集电极最大允许电流 I_{CM}

一般把 β 值下降到规定允许值(如额定值的 1/2～2/3)时集电极的最大电流,叫集电极最大允许电流。使用中若 $I_C>I_{CM}$，不但 β 会显著下降，还会因过热而损坏晶体管。

3. 集电极-发射极反向击穿电压 U_{CEO}

当基极开路时，加在集电极与发射极之间的最大允许电压，称为反向击穿电压。

4. 集电极最大允许功率损耗 P_{CM}

三极管正常工作时，所允许的最大集电极耗散功率，称为最大允许功率损耗。使用时应满足 $U_{CE}I_C \leqslant P_{CM}$，以确保管子安全工作。

五、三极管的极性和简易测试

1. 三极管的极性识别

(1) 判定基极

以 NPN 型晶体管为例。指针式万用表置于 $R\times100$ 或 $R\times1\text{k}$ 挡，当用黑表笔接某一电极，用红表笔先后接触另外两个电极均测得低阻值时，则黑表笔所接的电极即为基极 B。测量 PNP 型三极管时表笔的颜色相反。

(2) 判定集电极 C 和发射极 E

以 NPN 型晶体管为例。指针式万用表置于 $R\times10\text{k}$ 挡，用黑表笔接基极 B，用红表笔分别接触另外两个管脚时，所测得的两个电阻值会是一个大一些，另一个小一些。在阻值小的一次测量中，红表笔所接管脚为集电极 C；在阻值较大的一次测量中，红表笔所接管脚为发射极 E。测量 PNP 型三极管时表笔的颜色相反。

2. 简易测量

(1) 判断 CB 结和 BE 结的好坏

将指针式万用表置于 $R\times1\text{k}$ 挡，测量集电极和基极、基极和发射极之间的正反向电阻，应和测量二极管的表现一样。好的三极管正向电阻很小，反向电阻很大。

(2) 测量集电极-发射极电阻

将指针式万用表置于 $R\times1\text{k}$ 或 $R\times10\text{k}$ 挡，测量集电极和发射极之间的电阻，无论极性如何对换，均呈高阻值，指针式万用表指针几乎是不动的。若发现阻值变小，说明这只管子性能已经不好了。

(3) 估计三极管的电流放大倍数

以 NPN 型三极管为例，将指针式万用表置于 $R\times1\text{k}$ 挡，黑表笔接集电极，红表笔接发射极，在基极和发射极之间并联 100 kΩ 左右的电阻(或用湿手接触基极和发射极)，指针式万用表的指针应明显偏转，阻值减小得越多，说明三极管的电流放大倍数越大。

任务二　认识基本放大电路

所谓放大器，就是能把微弱电信号(电流、电压或功率)的幅值增大的电子电路。以晶体三极管为核心构成的放大器称为晶体管放大器。其用途非常广泛，如收音机、电视机以及自动控制设备的检测与控制等都有所应用。

三极管放大电路分为共发射极、共集电极、共基极三类。本书只介绍前两种。

一、共发射极电压放大器

1. 实用共发射极电压放大器的组成

实用共发射极电压放大电路如图 2-3 所示。

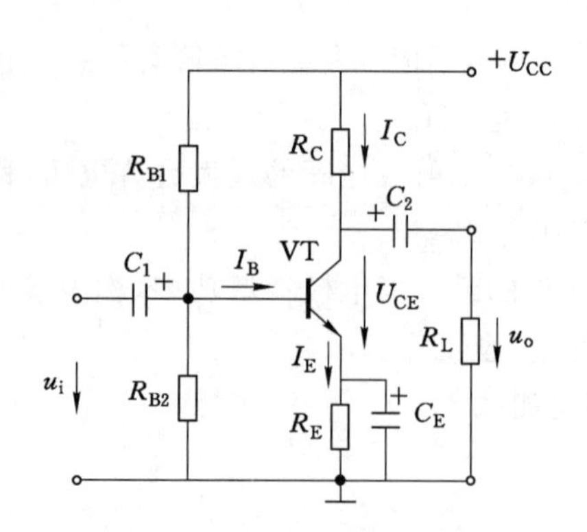

图 2-3 实用共发射极电压放大器

VT 是 NPN 型三极管：u_i是输入交流信号，u_o是经放大后的输出交流信号，R_L是负载电阻。

R_{B1}、R_{B2}组成基极偏置电路，给三极管提供基极电流 I_B：改变 R_{B1}可以改变 I_B，也就改变了 I_C和 U_{CE}。

R_C是集电极电阻：把晶体管的集电极电流的变化转换成电压信号经电容 C_2输出。

R_E是发射极电阻，又称为负反馈电阻：在放大电路中起到稳定工作点（I_C、U_{CE}）的作用。

C_1、C_2、C_E是交流信号耦合电容：利用电容器通交流、隔直流的特性，既能把输入信号 u_i耦合到晶体管基极和发射极，把输出信号 u_o耦合到负载电阻 R_L，又能使前、后级放大器的直流电路相互隔离，互不影响。

2. 共发射极电压放大器的电压放大原理

如图 2-4 所示。微弱的输入交流信号 u_i经电容器 C_1和 C_E耦合到晶体管的基极与发射极，使晶体管的基极电流 I_B发生微小的变化，经三极管放大后，使集电极电流 I_C有很大的变化，如图 2-4(b)所示。I_C的变化经 R_C转换为三极管的集电极电压 U_C的变化，如图 2-4(c)所示。经耦合电容 C_2送到负载电阻 R_L，得到放大的 u_o，如图 2-4(d)所示。由于 I_C与 I_B成正比，且 I_C比 I_B大得多，因此 u_o远大于 u_i，信号得到放大。

设 u_i在某一瞬间是正极性，信号放大过程可概括如下：

$u_i\uparrow \rightarrow I_B\uparrow \rightarrow I_C(=\beta I_B)\uparrow \rightarrow I_CR_C\uparrow \rightarrow U_C\downarrow \rightarrow u_o\downarrow$

放大的实质：用小能量的信号 u_i通过三极管的电流控制作用，将直流电源的能量转化成大幅值交流信号 u_o输出。

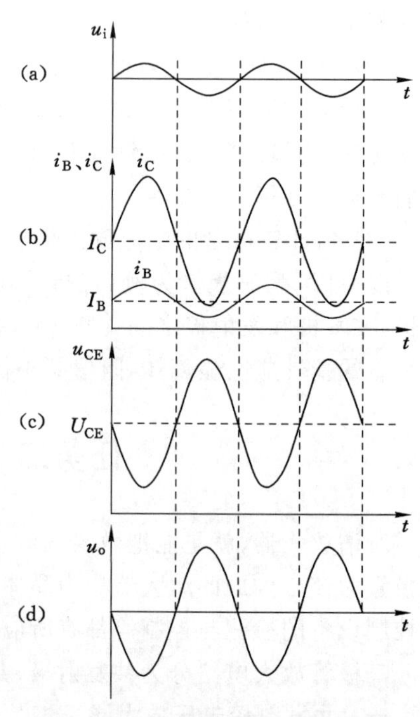

图 2-4 共发射极电压放大器的波形与电压放大原理

3. 电压放大倍数和输入电阻、输出电阻计算

(1) 电压放大倍数

$$A_u=\frac{U_o}{U_i}=-\frac{\beta R'_L}{r_{BE}} \tag{2-2}$$

式中，β 为三极管的电流放大系数；R_L' 为放大器的等效负载电阻，$R_L'=\frac{R_C R_L}{R_C+R_L}$；$r_{BE}$ 为三极管的BE结等效电阻，$r_{BE}=300+(1+\beta)\frac{26}{I_E}$；$I_E$ 为三极管的发射极电流，mA。

(2) 输入电阻 r_i 和输出电阻 r_o

输入电阻的定义是信号源的输入电压与输入电流之比：

$$r_i=\frac{u_i}{i_i}=R_B \tag{2-3}$$

输出电阻的定义是集电极回路的内阻：

$$r_i \approx r_o \tag{2-4}$$

共发射极放大器的电压放大倍数很大，适合作为电压放大器使用。输入电阻小，对前级电路的影响较大，不适合接于高内阻的信号源。输出电阻大，带负载的能力差，不适合连接低阻抗的负载。

4. 静态工作点估算

当放大电路的输入端未加交流信号($u_i=0$)时的工作状态称为静态。静态工作时，电路中的电流及电压均为直流。当电路中各个元件参数及电源电压确定后，三极管的基极电流 I_B、集电极电流 I_C 及集-射极电压 U_{CE} 称为静态工作点。图2-5所示为实用共发射极电压放大电路的直流通路。

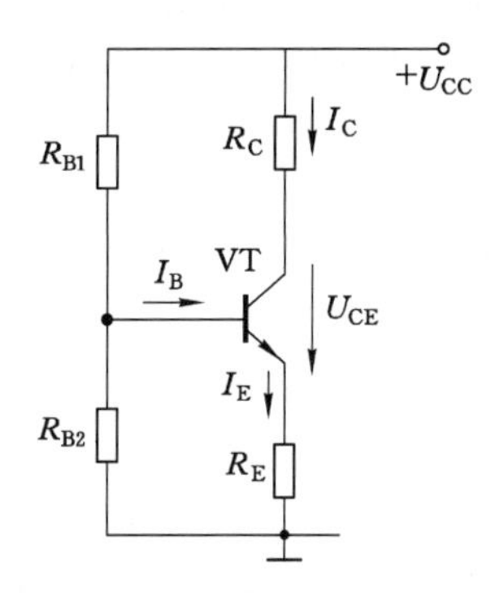

图2-5　实用共发射极电压放大器的直流通路

由于 I_B 很小，忽略对 U_B 的影响。由直流通路可列出：

$$I_C \approx I_E=\frac{1}{R_E}\left(\frac{R_{B2}}{R_{B1}+R_{B2}}U_{CC}-0.7\right) \tag{2-5}$$

根据基尔霍夫电压定律可得集电极回路电压方程为：

$$U_{CC}=R_C I_C+U_{CE}+R_E I_E \tag{2-6}$$

则

$$U_{CE}=U_{CC}-R_C I_C-R_E I_E \tag{2-7}$$

式(2-5)和式(2-7)为计算共发射极放大电路静态工作点的常用公式。

【例2-1】　如图2-3所示放大电路。已知 $U_{CC}=12$ V，$R_{B1}=30$ kΩ，$R_{B2}=7.5$ kΩ，$R_C=3$ kΩ，$R_L=3$ kΩ，$R_E=1$ kΩ，$\beta=100$，试求电路的静态工作点和电压放大倍数。

解：

集电极电流

$$I_C \approx I_E = \frac{1}{R_E}\left(\frac{R_{B2}}{R_{B1}+R_{B2}}U_{CC}-0.7\right)=\frac{1}{1}\left(\frac{7.5}{30+7.5}\times 12-0.7\right)=1.7\ (\text{mA})$$

集-射极电压：

$$U_{CE}=U_{CC}-R_C I_C-R_E I_E \approx 12-3\times 1.7-1\times 1.7=5.2\ (\text{V})$$

电压放大倍数：

$$R'_L=\frac{R_C R_L}{R_C+R_L}=\frac{3\times 3}{3+3}=1.5\ (\text{k}\Omega)$$

$$r_{BE}=300+(1+\beta)\frac{26}{I_E}=300+101\times\frac{26}{1.7}=1\ 845\ (\Omega)$$

$$A_u=\frac{U_o}{U_i}=-\frac{\beta R'_L}{r_{BE}}=-\frac{100\times 1.5}{1.845}=81$$

二、共集电极放大器

1. 共集电极放大器电路

共集电极放大器又叫作射极输出器。其电路如图 2-6 所示。

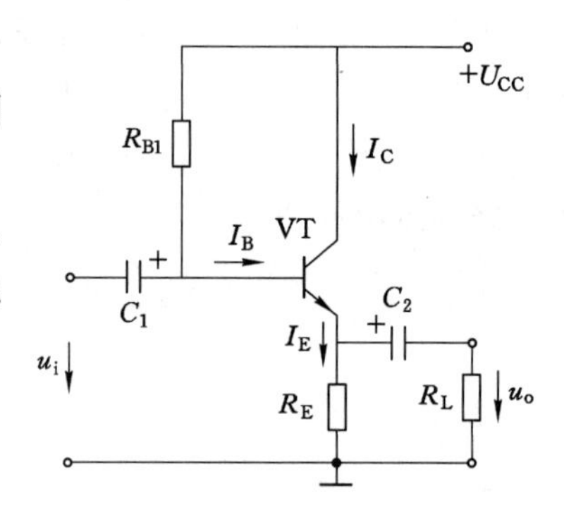

图 2-6 共集电极放大器

共集电极放大器的输入信号从基极和集电极输入，输出信号从发射极和集电极输出，输入和输出共用集电极，故称为共集电极放大器。

2. 共集电极放大器的性能

共集电极放大器的电压放大倍数：

$$A_u=\frac{U_o}{U_i}=\frac{(1+\beta)R'_L}{r_{BE}+(1+\beta)R'_L}\approx 1 \tag{2-8}$$

共集电极放大器没有电压放大能力，但有功率放大能力：

$$A_p=\frac{P_o}{P_i}\approx\frac{(1+\beta)R_E}{R_E+R_L} \tag{2-9}$$

共集电极放大器的输入电阻很大，输出电阻很小：

$$r_i=\frac{u_i}{i_i}\approx R_B\ /\!/\ (1+\beta)R'_L \tag{2-10}$$

$$r_o\approx R_E\ /\!/\ \frac{r_{BE}+(R_S\ /\!/\ R_B)}{1+\beta} \tag{2-11}$$

式中，R_S为信号源内阻。

3. 共集电极放大器的应用

共集电极放大器有较大的功率放大倍数，适合作为功率放大器使用。共集电极放大器的输入电阻很大，输出电阻很小，适合作为隔离放大器。

任务三　认识多级放大电路

前面讲过的基本放大电路，其电压放大倍数一般只能达到几十至几百倍。然而在实际工作中，放大电路所得到的信号往往都非常微弱，一般为毫伏级或微伏级，要将其放大到能推动负载工作的程度，仅通过单级放大电路放大，达不到实际要求，必须通过多个单级放大电路连续多次放大，才可满足实际要求。多级放大器由若干个单级放大器连接而成，这些单级放大器根据其功能和在电路中的位置，可划分为输入级、中间级和输出级，如图 2-7 所示。

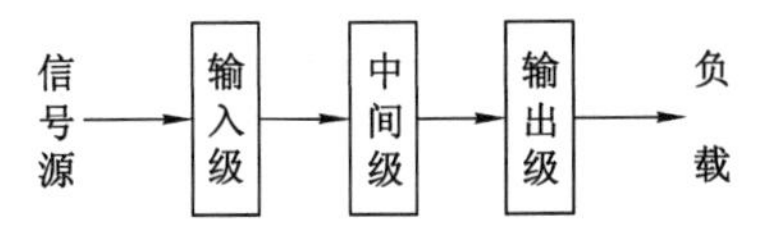

图 2-7　多级放大电路的框图

一、级间耦合方式

耦合方式：信号源与放大电路之间、两级放大电路之间、放大器与负载之间的连接方式。

常用的耦合方式：直接耦合、阻容耦合和变压器耦合。前两种方式比较常用。

1. 阻容耦合

阻容耦合是利用电容和电阻作为耦合元件将前、后两级放大电路连接起来，其中电容器称为耦合电容。典型的两级阻容耦合放大器如图 2-8 所示。

阻容耦合的优点是：前级和后级直流通路彼此隔开，各级的静态工作点相互独立，互不影响。这就给分析、设计和调试电路带来很大的方便。此外，阻容耦合还具有体积小、质量轻的优点，因此在多级交流放大电路中得到了广泛应用。

阻容耦合的缺点是：因电容对交流信号具有一定的容抗，在传输过程中信号会衰减；对直流(或变化缓慢的信号)容抗很大，不便于传输；在集成电路中，制作大电容很困难，不利于集成化。

2. 直接耦合

直接耦合是将前级的输出端直接接后级的输入端，如图 2-9 所示。直接耦合既可以放大交流信号，也可以放大直流信号。其缺点是：前级和后级的直流通路相通，使得各级静态工作点相互影响。另外，由于温度变化等原因，放大电路在输入信号为零时，输出端出现信号不为零的现象，即产生零点漂移。零点漂移严重时将会影响放大器的正常工作，必须采取措施予以解决。直接耦合适合于集成化的要求，在集成运放的内部，级间都是直接耦合。

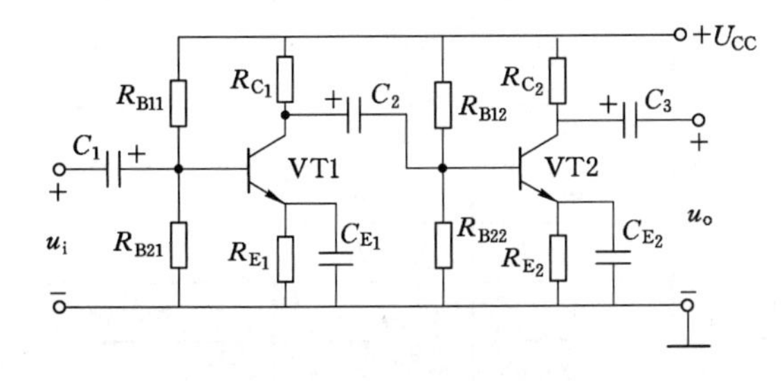

图 2-8　两级阻容耦合放大器

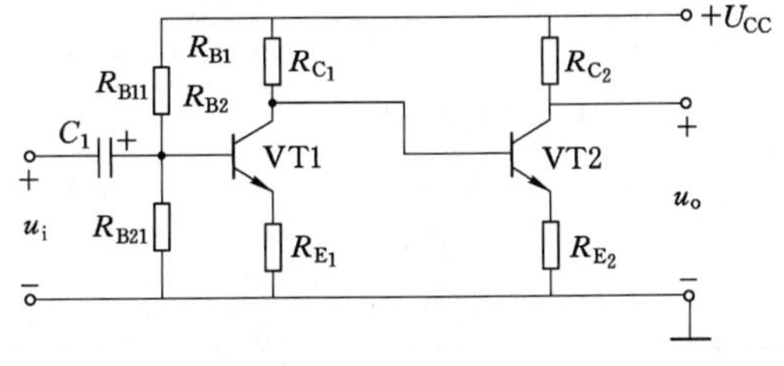

图 2-9　直接耦合放大器

3. 变压器耦合

变压器耦合是利用变压器把前、后级连接起来，如图 2-10 所示。其优点是：传输交流信号，隔离前、后级工作点相互影响，可实现阻抗变换，获得最大功率传输。其缺点是：变压器体积大，频率特性差，不能集成化。

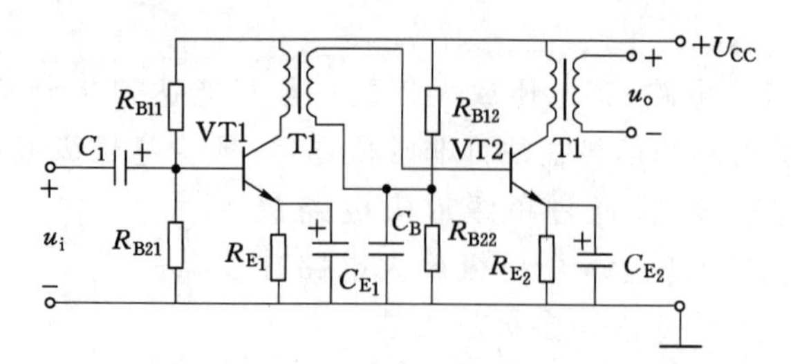

图 2-10 变压器耦合放大器

二、多级放大电路的性能指标估算

1. 电压放大倍数

n 级放大电路的电压放大倍数为：

$$A_u = A_{u1} A_{u2} \cdots A_{un} \tag{2-12}$$

2. 输入电阻

多级放大电路的输入电阻，就是输入级的输入电阻。

3. 输出电阻

多级放大电路的输出电阻就是输出级的输出电阻。

项目实施

共发射极放大电路的制作、分析与调试

1. 准备清单

仪器仪表及材料准备清单见表 2-1。

表 2-1 仪器仪表及材料准备清单

序号	名称	型号及规格	单位	数量	代号
1	指针式万用表	MF-47	个	1/人	
2	双通道示波器	VC2020A	台	1/2 人	
3	数字函数信号发生器		台	1/2 人	
4	印制电路板	直纹板	块	1/人	
5	三极管	C9014	个	1/人	VT
6	电位器	100 kΩ，1/8 W	个	1/人	R_P
7	电阻	12 kΩ，1/8 W	个	1/人	R_{B1}
8	电阻	10 kΩ，1/8 W	个	1/人	R_{B2}
9	电阻	2.7 kΩ，1/8 W	个	1/人	R_C
10	电阻	100 Ω，1/8W	个	1/人	R_{E1}

续表 2-1

序号	名称	型号及规格	单位	数量	代号
11	电阻	1.5 kΩ,1/8 W	个	1/人	R_{E2}
12	电阻	4.7 kΩ,1/8 W	个	1/人	R_L
13	电解电容	10 μF/40 V	个	2/人	C_1、C_2
14	电解电容	100 μF/40 V	个	1/人	C_E
15	镀银裸导线	0.3 mm	m	若干	

2. 安全

(1) 使用万用表、示波器时,注意选择合适的量程和挡位。

(2) 使用电烙铁时注意防止烫伤;使用完毕应及时断电。

(3) 切断元器件引线时,应避免线头飞射伤人;穿戴好劳保用品。

(4) 使用万用表测量电阻时,不允许在被测电路中通电。

3. 装配调试原理图(图 2-11)

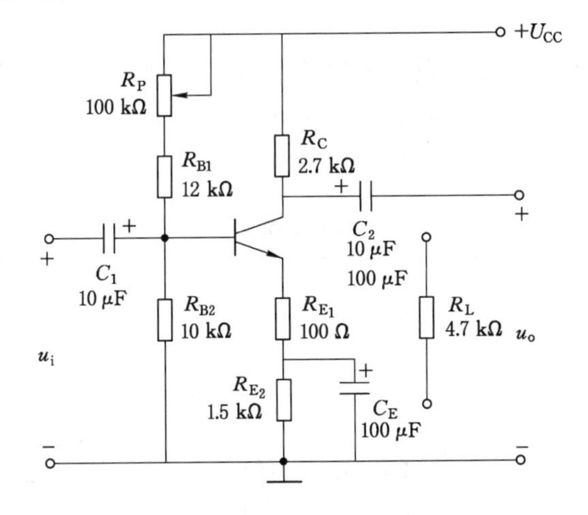

图 2-11 共发射极放大电路原理图

4. 操作

(1) 按照图 2-11 所示电路在万能板上进行布线,注意元器件位置及电源与地线的线路走向。

(2) 按照元器件布局对引脚弯形,原则上按先低后高安放元器件并进行焊接。装配及焊接顺序:连接导线→三极管→电阻→电容→测试脚。

(3) 对元器件进行焊接,剪去多余的导线,使用万用表检查电路是否有短路现象。

(4) 按图 2-12 接好实验仪器。连接实验系统时,信号连接和测量采用屏蔽线,屏蔽线的金属编制线外层接参考点(地),防止信号受干扰。

(5) 用普通导线接通直流电源(+12 V),调节电位器 R_P,使 $U_C=7$ V,用万用表测静态工作电压 U_E、U_{CE}、U_B,求出 I_C,并测量出 R_P大小,记录在表 2-2 中。

(6) 测电压放大倍数。

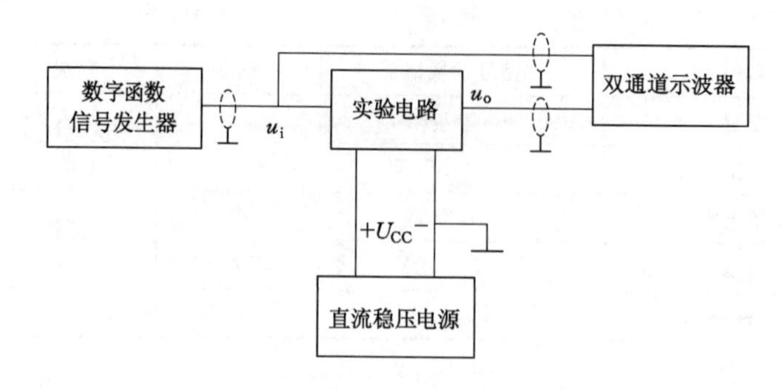

图 2-12　仪表测量

表 2-2　测量记录表

调整值	测量值				计算值
U_C	U_E	U_{CE}	U_B	R_P	I_C
7 V					

① 输出端不接负载 R_L，接入数字函数信号发生器，使 $u_i=10$ mV(有效值)，频率 $f=$ 1 000 Hz，用示波器观察输出电压波形。在输出电压波形不失真的情况下，用示波器测量输入电压 u_i、输出电压 u_o，并记录在表 2-3 中。

表 2-3　测量记录表

调整值	测量值			计算值
u_i	f	u_i	u_o	β
10 mV	1 000 Hz			

② 输出端接入 $R_L=4.7$ kΩ 的负载，输入信号不变，测量输出电压 u_o，记录在表 2-4 中。

表 2-4　测量记录表

负载值	测量值	计算值
R_L	u_o	β
4.7 kΩ		

(7) 增大输入信号电压，此时 $R_L=4.7$ kΩ。用示波器观察输出电压的失真情况，记录最大不失真输出电压值，绘出最大不失真电压波形。

(8) 调节 R_P，使 U_C 分别接近于 5 V 和 11 V，输入信号为 100 mV，观察静态工作点上移或下移的输出波形失真情况，分别绘出其波形图。

(9) 故障检测与排除：学生之间互设故障并进行排除。

5. 操作要求

(1) 安装、焊接元器件时不要错装、漏装。

(2) 安装电容、三极管时要注意元件引脚极性，以免损坏元器件。

(3) 通用信号引入线都需使用屏蔽电缆；示波器的探头有的带有衰减器，读数时需加以注意；各种型号示波器要用专用探头。

6. 项目考核

任务考核项目、内容及标准见表 2-5。

表 2-5　制作、分析与调试共发射极放大电路考核表

考核项目	评分内容与标准	配分	扣分	得分
电路分析	能正确分析电路的工作原理	10		
电路连接	(1) 能正确测量元器件； (2) 工具使用正确； (3) 元件的位置、连线正确； (4) 布线符合工艺要求	20		
电路调试	(1) 能正确调试出不失真的静态工作点； (2) 能正确调试出静态工作点上移或下移失真的输出波形	10		
故障分析	(1) 能正确观察出故障现象； (2) 能正确分析故障原因，判断故障范围	10		
仪器仪表使用	万用表挡位选用正确	5		
	万用表读数正确	5		
	示波器波形稳定	5		
	示波器读数正确	5		
测试结果	测量结果正确	10		
	回答问题正确	10		
安全、文明工作	(1) 安全用电，无人为损坏仪器、元件和设备； (2) 保持环境整洁，秩序井然，操作习惯良好； (3) 小组成员协作和谐，态度端正； (4) 不迟到、早退、旷课	10		
合计		100		

思考与练习

一、填空题

1. 三极管的三个极分别称为__________、________和________。两个 PN 结分别称为________、________。

2. 放大电路的输入电压 $U_i=10\ \text{mV}$，输出电压 $U_o=1\ \text{V}$，该放大电路的电压放大倍数为______。

3. 放大电路的输入电阻越大，放大电路向信号源索取的电流就越______，输入电压也

就越______；输出电阻越小，负载对输出电压的影响就越________，放大电路的负载能力就越________。

4. 三极管从结构上可以分成______和______两种类型，它工作时有______种载流子参与导电。

5. 三极管具有电流放大作用的外部条件是发射结________，集电结__________。

6. 三极管的输出特性曲线通常分为三个区域，分别是________、________和________。

7. 某三极管工作在放大区，如果基极电流从 10 μA 变化到 20 μA 时，集电极电流从 1 mA 变为 1.99 mA，则交流电流放大倍数 β 约为__________。

8. 多级放大电路的极间耦合方式有________、________、________、________。

9. 基本放大电路的交流性能指标有________、________、________、________等。

10. 三极管放大电路中，静态工作点过__________，将会造成截止失真；静态工作点过__________，又会造成饱和失真。

二、选择题

1. 某 NPN 型管电路中，测得 $U_{BE}=0$ V，$U_{BC}=-5$ V，则可知管子工作于(　　)状态。

A. 放大　　B. 饱和　　C. 截止　　D. 不能确定

2. 放大电路产生零漂的主要原因是(　　)。

A. 环境温度变化　　B. 采用阻容耦合方式

C. 采用变压器耦合方式　　D. 电压放大倍数过大

3. 晶体管工作在放大区时，具有如下特点(　　)。

A. 发射结正偏，集电结反偏　　B. 发射结反偏，集电结正偏

C. PNP 型低频小功率锗晶体管　　D. 发射结反偏，集电结反偏

4. 根据国产半导体器件型号的命名方法可知，3DG6 为 (　　)。

A. NPN 型低频小功率硅晶体管　　B. NPN 型高频小功率硅晶体管

C. PNP 型低频小功率锗晶体管　　D. NPN 型低频大功率硅晶体管

5. 为了获得反相电压放大，应选用(　　)放大电路。

A. 共发射极　　B. 共集电极　　C. 共基极　　D. 共源极

6. 为了使高内阻的信号源与低内阻负载能很好地配合，可以在信号源与负载之间接入(　　)放大电路。

A. 共发射极　　B. 共集电极　　C. 共基极　　D. 共源极

7. 在集成电路中级间连接采用 (　　)的耦合方式。

A. 阻容耦合　　B. 直接耦合　　C. 光电耦合　　D. 变压器耦合

8. 在数字电路中三极管可以当作自动开关，用于智能化控制。开关闭合，三极管工作在(　　)状态。

A. 截止状态　　B. 放大状态　　C. 饱和状态　　D. 以上都可以

9. 测得某 NPN 三极管上各电极对地电位分别为 $U_E=2.1$ V，$U_B=2.8$ V，$U_C=4.4$ V，说明此三极管处于(　　)。

A. 放大区　　B. 饱和区　　C. 截止区　　D. 反向击穿区

10. 分压式偏置的共发射极放大电路中，若基极电位高，电路易出现 (　　)。

A. 截止失真　　B. 饱和失真　　C. 晶体管被烧毁

三、判断题

1. 只有电路既放大电流又放大电压，才称其有放大作用。（　）
2. 采用阻容耦合的放大电路，前、后级的静态工作点相互影响。（　）
3. 电路中各电量的交流成分是交流信号源提供的。（　）
4. 放大电路必须加上合适的直流电源才能正常工作。（　）
5. 放大器在工作时，同时存在直流分量和交流分量。（　）
6. 只要是共射放大电路，输出电压的底部失真都是饱和失真。（　）
7. 共发射极放大电路中，输出电压和输入电压同相。（　）
8. 偏置电路不属于集成运放的组成部分。（　）
9. 发射结正偏的三极管，一定工作在放大状态。（　）
10. 晶体三极管有两个 PN 结，因此它具有单向导电性。（　）

四、计算题

1. 组成晶体管放大电路最基本的原则是什么？在图 2-13 所示的四个电路中，各电路能否正常放大？说明理由。

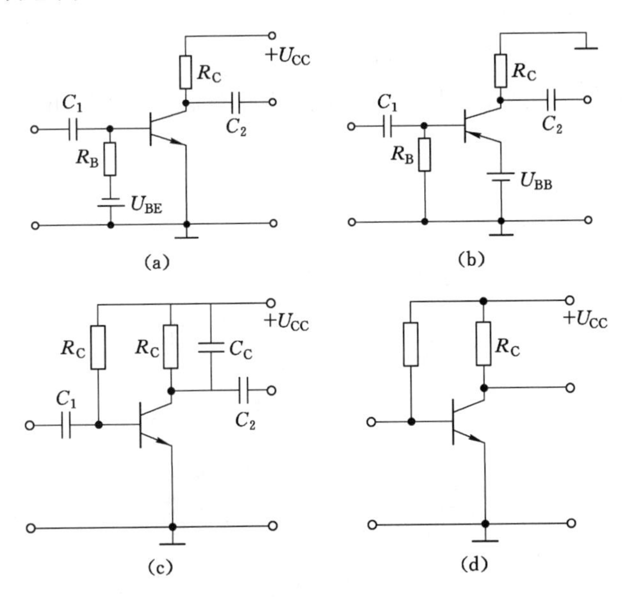

图 2-13

2. 实验电路如图 2-14(a)所示，当输入正弦信号时，从示波器上看到的输出波形如图中(b)和(c)所示，试判断这是哪种类型的失真。怎样才能消除这种失真？

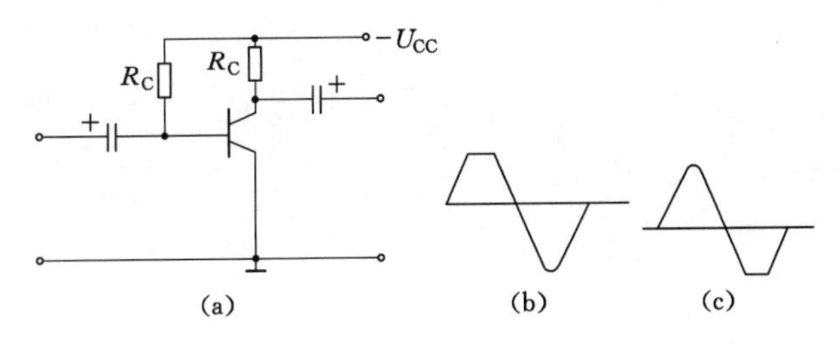

图 2-14

3. 图 2-15 所示是分压式偏置的共射极放大电路。已知 $U_{CC}=12\ V$，$R_{B1}=20\ k\Omega$，$R_{B2}=10\ k\Omega$，$R_C=R_E=2\ k\Omega$，硅管的 $\beta=50$，求静态工作点（I_B、I_C、U_{CE}）。

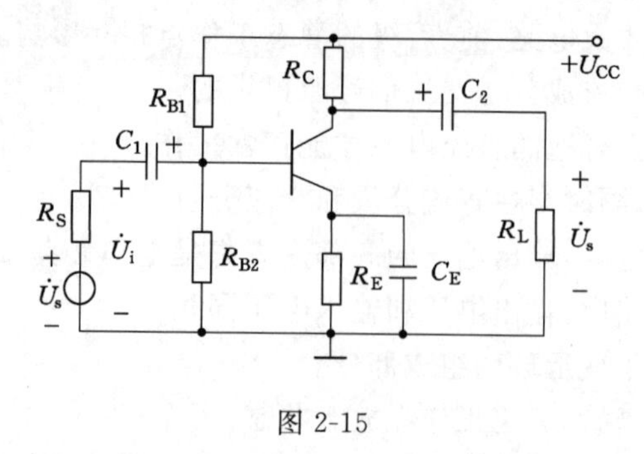

图 2-15

4. 分压式偏置放大电路如图 2-15 所示，已知 $U_{CC}=12\ V$，$R_{B1}=22\ k\Omega$，$R_{B2}=4.7\ k\Omega$，$R_E=1\ k\Omega$，$R_C=2.5\ k\Omega$，硅管的 $\beta=50$，$r_{BE}=1.3\ k\Omega$，求：

（1）静态工作点；

（2）空载时的电压放大倍数；

（3）带 4 kΩ 负载时的电压放大倍数。

5. 放大电路如图 2-16 所示，已知三极管 $\beta=100$，$U_{BEQ}=0.7\ V$，$R_L=3\ k\Omega$。试求电路的静态工作点和电压放大倍数。

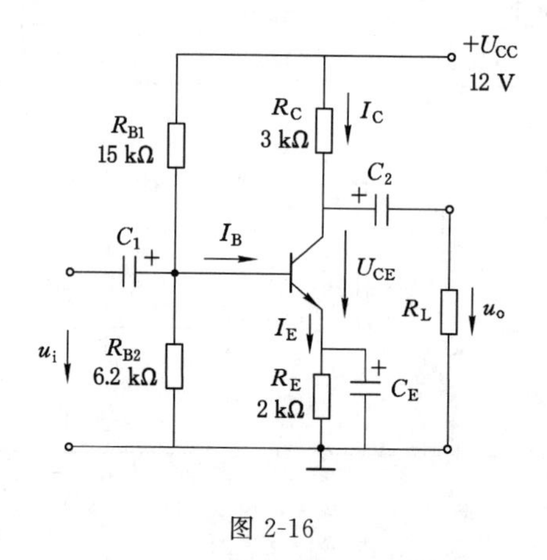

图 2-16

项目三　运算放大器基本应用电路制作

【知识要点】 运算放大器结构、特性与参数；集成运算放大器的组成；反馈的基本概念；比例、加、减、积分、微分等基本运算电路的构成和原理。

【技能目标】 能用万用表检测元器件；可在万能电路板上设计安装线路；会分析、制作并调试运放应用电路；会用示波器观察测量运算放大器的输入、输出电压及波形。

任务导入

优美的音乐、震撼的环绕立体声是怎么发出来的？微电流的电子产品如何发出如此大的功率？这里面离不开运算放大器的功劳。运算放大器在电路中发挥了重要的作用，其应用已经延伸到汽车电子、通信、消费等各个领域，并将在支持未来技术方面扮演重要角色。

集成运算放大器已成为现代电子电路中的核心器件，它与不同的外接电路连接，可以工作在不同的区域，实现多种电路功能，广泛应用于信号运算、信号处理、信号变换及信号发生器等电子领域的各个方面。

在本项目中，我们一起学习几种典型的运算放大器，看看运算放大器如何在电子产品中实现自己神奇的作用。

任务分析

物理量的感测在一般应用中经常使用各类传感器将位移、角度、压力与流量等物理量转换为电流或电压信号，之后再测量此电压电流信号间接推算出物理量变化，以达成感测、控制的目的。但有时传感器所输出的电压电流信号可能非常微小，以致信号处理时难以察觉其间的变化，故需要以放大器进行信号放大以顺利测得电流电压信号，而放大器所能达成的工作不仅是放大信号，尚能应用于缓冲隔离、准位转换、阻抗匹配以及将电压转换为电流或电流转换为电压等用途。现今放大器种类繁多，但一般仍以运算放大器应用较为广泛。

uA741 放大器为运算放大器中最常被使用的一种，是高增益单运放运算放大器，用于工业、军事和商业应用。拥有反相与同相两输入端，由输入端输入欲被放大的电流或电压信号，经放大后由输出端输出。uA741 放大器外形和管脚排列如图 3-1 所示。

集成运放接入适当的反馈电路就可以构成各种运算电路，在各种电子产品中得到广泛应用。本项目运用 uA741 集成运放设计组装反相比例运算电路和加法运算电路。

要设计组装反相比例运算电路和加法运算电路，必须掌握如下知识：

(1) 认识集成运算放大器。

(2) 放大电路中的负反馈。

(3) 集成运算放大器的各种运算电路。

(a)

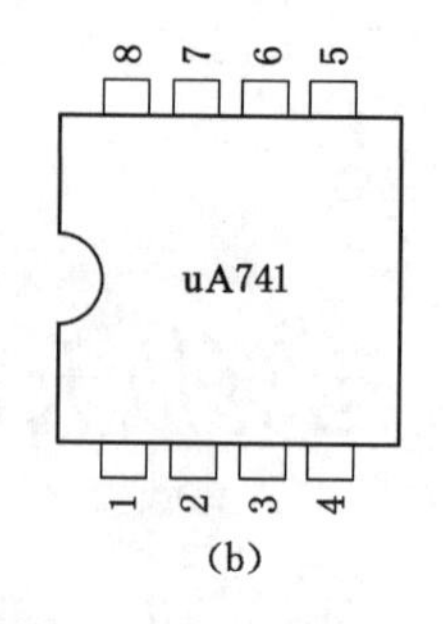

(b)

图 3-1　uA741 单运放外形、管脚排列

1——调零；2——反相端；3——同相端；4——负电源；5——调零；6——输出；7——正电源；8——NC

相关知识

任务一　认识集成运算放大器

一、基本集成电路运算放大器

1. 集成电路的概念

集成电路是 20 世纪 60 年代发展起来的一种电子器件，它将晶体管或 MOS 管、电阻、电容及相互的连线制作在半导体基片上，构成一个完整的、有一定功能的电路。集成电路中，元件密度高、连线短、焊点少、外部引线少，因此大大提高了电子线路及电子设备的灵活性和可靠性。

集成运算放大器（简称运放）是集成电路的一种，它是具有差动输入和极高电压放大倍数的线性放大器。用来放大、变换、产生各种模拟信号或进行模拟和数字信号之间的互相转换。广泛应用在自动控制、无线电技术和各种电子电器中。

2. 集成运算放大器的外形和电路符号

集成运算放大器的种类繁多。图 3-2 所示为 uA741 运算放大器电路符号。符号“▷”表示信号的传输方向；“∞”表示在理想条件下开环放大倍数为无穷大（实际集成运算放大器的开环放大倍数可达 105～108）。两个输入端中，标有“+”号的称为同相输入端，标有“−”号的称为反相输入端。输出信号的极性与同相输入端输入信号的极性相同，与反相输入端输入信号的极性相反。运算放大器对两个输入端的信号的差（差模信号）有极大的放大能力，前述集成运算放大器的开环放大倍数指的就是这种差模放大；但是对两个输入端信号的相同部分（共模信号）则几乎没有放大能力，即运算放大器对共模信号有极大的抑制能力。

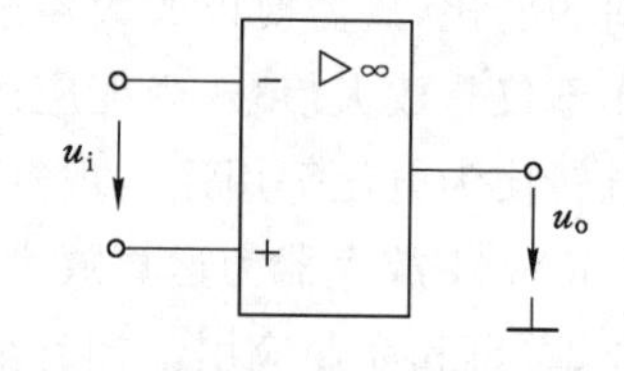

图 3-2　uA741 运算放大器电路符号

3. 集成运算放大器的主要参数

运算放大器的好坏常用一些参数表征。为了合理地选用和正确地使用运放，必须了解其各主要参数的意义。下面介绍集成运放的一些主要参数。

(1) 开环差模电压增益 A_d

开环差模电压增益为集成运放在开环状态、输出不接负载时的直流差模电压增益。它是决定运算放大器运算精度的主要因素。A_d 越大，说明性能越好，目前运放的 A_d 可以达到 $10^5 \sim 10^8$，理想运放的 A_d 值为无穷大。

(2) 输入失调电压 U_{OS}

当输入信号为零时，运算放大器的输出电压应为零。但实际上由于制作工艺等多方面原因，它的差动输入级很难做到完全对称，故当输入为零时，输出并不为零，这一输出电压折合到输入端的值就称为输入失调电压，即：

$$U_{OS}=\frac{\Delta U_o}{A_d}$$

(3) 输入失调电流 I_{OS}

当输入信号为零时，输入级两个差动管静态基极电流之差称为输入失调电流，用 I_{OS} 表示，一般为微安数量级，其值越小越好。理想运放的 I_{OS} 为零。

(4) 输入偏置电流 I_B

当输入信号为零时，输入级两个差动管静态基极电流的平均值称为输入偏置电流，它的大小反映了运放输入电阻的高低。它的典型值是几百纳安，其值越小越好。

(5) 差模输入电阻 r_{id} 和输出电阻 r_o

差模输入电阻是指差模信号输入时运放的输入电阻，它反映了运算放大器对信号源的影响程度，r_{id} 越大，对输入信号影响越小。它的典型值为 1 MΩ，国产高输入阻抗的运放，其值可达到 10^{12} Ω。

输出电阻 r_o 是指元件在开环状态下，输出端电压变化量与输出电流变化量的比值。它的数值大小能反映元件带负载能力的强弱。r_o 的数值一般是几十欧到几百欧，其值越小越好。

二、理想的运算放大器

1. 理想运算放大器的条件

在讨论模拟信号的运算电路时，为了使问题分析简化，通常把集成运放看成理想器件。理想运放应满足：开环差模电压增益无穷大，即 $A_d=\infty$；开环差模输入电阻无穷大，即 $r_{id}=\infty$；开环输出电阻为零，即 $r_o=0$；输入失调电压 U_{OS} 和输入失调电流 I_{OS} 为零；等等。

目前的集成运放都很接近理想运放，因此在分析集成运放的应用电路时可以将其视为理想运放，这会给电路分析带来很大的方便。

2. 理想运放的两个重要结论

(1) 虚短

集成运算放大器的开环放大倍数可达 $10^5 \sim 10^8$，只要在同相输入端和反相输入端之间输入极微小的信号，就能使输出端产生极大的输出信号。可以认为一般工作情况下，同相输入端和反相输入端之间的电压相等，即 $u_+=u_-$，好像短接在一起一样，但实际上又不是短接在一起，所以称为“虚短”。

(2) 虚断

集成运算放大器的输入电阻可达 20 kΩ 以上，有些类型的集成运算放大器的输入电阻可达数十兆欧。可以认为正常工作情况下，同相输入端和反相输入端的输入电流为零，即 $i_-=i_+=0$，好像输入端与运放器件断开一样，但实际上不是断开，所以称为“虚断”。

$$u_+ = u_- \tag{3-1}$$

$$i_- = i_+ = 0 \tag{3-2}$$

“虚短”和“虚断”是集成运算放大器的两个重要结论。正确运用上述两个结论，可以使集成运放应用电路的分析过程大大简化。

三、运算放大器的电压传输特性与基本工作方式

图 3-3(a)是集成运放开环时的示意图，图中 u_+、u_- 是相应输入端电压，u_o 为输出电压，其电压传输特性如图 3-3(b)所示。从图 3-3(b)可以看出，集成运放有两个工作区，当输入电压 u_i 在 A、B 之间时运放处于线性工作区，在 AB 段以外时则处于非线性工作区。

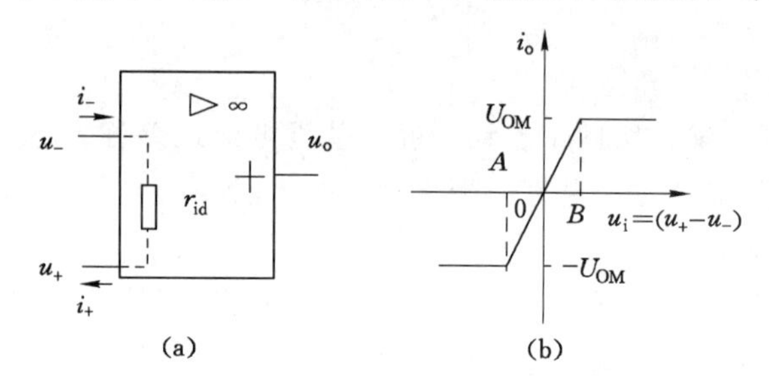

图 3-3　集成运算放大器的电压传输特性

(a) 集成运放开环时的示意图；(b) 集成运放电压传输特性

运放在线性区时，输入输出之间满足关系式：

$$u_o = A_d(u_+ - u_-) \tag{3-3}$$

由于 A_d 很大，所以运放开环工作时线性区很窄，u_i 仅为几毫伏甚至更小。为扩大外部线性工作范围，必须对运放施加足够深的负反馈，以便压低运放的差模输入信号，保证运放处于线性工作区，所以运放的线性应用电路均为负反馈电路。

运算放大器工作在非线性区时，输入输出之间无线性关系，输出只有两个稳定状态，一是正向饱和值 U_{OM}，一是负向饱和值 $-U_{OM}$。U_{OM} 是运算放大器所能达到的最大输出值，约比电源电压低 1.5 V。运算放大器的输入信号过大或工作在开环状态或加正反馈，运放均可进入非线性区。

任务二　认识放大电路中的负反馈

在放大电路中引入负反馈，可以稳定静态工作点和放大倍数，减少非线性失真，扩展通频带以及控制输入电阻和输出电阻的大小等。因此，反馈在电子电路中应用极为广泛。

一、反馈的基本概念

1. 什么是反馈

把放大器的输出信号(电压或电流)的一部分或全部，通过一定的途径回送到放大器的输入端，以改善放大器的某些性能，这种方法叫作反馈。反馈信号的传递方向，从输出端经反馈系统到输入端。

按照反馈放大电路各部分电路的主要功能可将其分为基本放大电路和反馈电路两部分，如图 3-4 所示。图中 A 表示基本放大电路，主要功能是放大信号；F 表示反馈电路，通常是由线性元件组成，主要功能是传输反馈信号。反馈放大电路是由基本放大电路和反馈电路构成的一个闭环系统，故称为闭环放大电路。把没有接入反馈的基本放大电路称为开环放大电路。基本放大电路的输入信号称为净输入量 X_d，它不但决定于输入量 X_i，还与反馈量 X_f 有关。

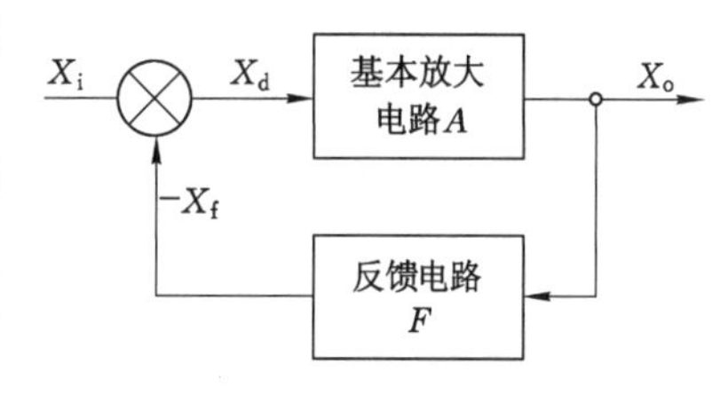

图 3-4　反馈放大电路的组成

由图 3-4 可得，基本放大电路的放大倍数(也称开环增益)为：

$$A = X_o/X_d \tag{3-4}$$

反馈网络的反馈系数为：

$$F = X_f/X_o \tag{3-5}$$

反馈放大电路的放大倍数(又称闭环增益)用A_f 表示，为：

$$A_f = X_o/X_i \tag{3-6}$$

基本放大电路的净输入量为：

$$X_d = X_i - X_f \tag{3-7}$$

由式(3-4)～式(3-7)可得：

$$A_f = \frac{A}{1+AF} \tag{3-8}$$

式(3-8)为反馈放大电路的基本关系，它表明了闭环放大倍数与开环放大倍数、反馈系数之间的关系。$(1+AF)$称为反馈深度，通常大于1，当 $AF \geqslant 1$ 时，称电路具有深度负反馈。

2. 反馈的分类

根据反馈的极性、输出端的取样方式、输入端的连接方式及反馈信号的性质等，可将反馈分为以下几种：

(1) 按反馈的极性分为正反馈、负反馈两种

① 如果反馈信号和外加信号在相位上是相同的，反馈信号起加强输入信号的作用，使有效(净)输入信号增大，则引入反馈后，放大倍数增大，这种反馈叫正反馈。

② 如果反馈信号和外加信号在相位上是相反的，反馈信号起削弱输入信号的作用，使有效(净)输入信号减少，则引入反馈后，放大倍数减小，这种反馈叫负反馈。

(2) 按输出端的取样方式分为电压反馈和电流反馈

① 如果从输出电压中取得反馈信号，则反馈电压与输出电压成正比，这种反馈叫电压反馈。

② 如果从输出电流中取得反馈信号，则反馈电流与输出电流成正比，这种反馈叫电流反馈。

(3) 按输入端的连接方式可分为串联反馈和并联反馈

① 如果在输入端，反馈信号与输入信号串联，则这种反馈叫串联反馈。

② 如果在输入端，反馈信号与输入信号并联，这时放大器的净输入电流是信号电流和反馈电流两者并联作用而成的，这种反馈叫并联反馈。

(4) 根据反馈信号的性质分为直流反馈和交流反馈

① 直流反馈对直流信号起作用，直流负反馈能稳定静态工作点。

② 交流反馈则对交流信号起作用，交流负反馈能稳定输出电压和电流，稳定电压及电流放大倍数，改变输入、输出电阻等。

二、负反馈对放大器性能的影响

放大电路引入负反馈后，可以使电路的性能得到改善。

1. 提高放大倍数的稳定性

一个开环放大电路要受到许多因素的干扰影响，致使其放大倍数 A 不够稳定。引入负反馈的基本目的是稳定放大倍数。由式(3-8)可知，当负反馈放大电路的 $AF \geqslant 1$ 时，则 $A_f \approx 1/F$。若 F 是个确定的常数，反馈放大器的放大倍数就接近于恒定，与放大电路中使用的晶体管及电路中接入的负载大小等均无关。因此，放大器引入负反馈后，放大倍数稳定程度大大提高。

引入负反馈之后，放大器的稳定性得到了提高，但放大倍数却降低了。如某个放大器开环倍数 $A=10^3$，反馈系数 $F=0.1$，该电路的闭环放大倍数为：

$$A_f=\frac{A}{1+AF}=\frac{10^3}{1+10^3\times 0.1}\approx 10$$

可见，反馈放大电路放大倍数稳定性的提高是靠牺牲放大倍数换取的。

2. 对放大电路输入和输出电阻的影响

(1) 对输入电阻的影响

反馈放大电路采用串联负反馈时，放大器将对净输入信号进行放大，净输入信号比输入信号小，因此电路的输入电流下降，即输入电阻增大；反馈放大器用并联反馈时，输入电流为反馈电流与净输入电流之和，输入电流增加，故输入电阻下降。

(2) 对输出电阻的影响

电压负反馈具有稳定输出电压的作用。这种电路在同样的条件下，其输出电压的变化量减小，使电路的输出电阻比没有引入电压负反馈前下降了，即电压负反馈降低了放大器的输出电阻；电流负反馈使输出电流的变化量减小，则提高了放大器的输出电阻。

3. 减小放大电路引起的非线性失真

半导体三极管、场效应管等有源器件伏安特性的非线性会造成输出信号非线性失真，引入负反馈后可以减小这种失真，其原理可用图 3-5 加以说明。

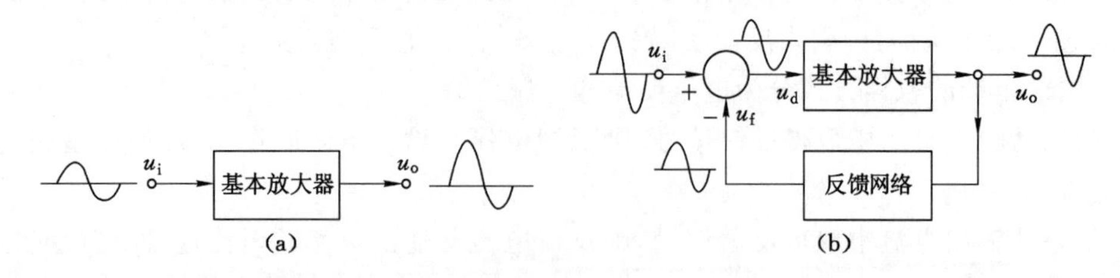

图 3-5　负反馈减小非线性失真

(a) 无反馈时信号波形；(b) 引入反馈时信号波形

设输入信号 u_i 为正弦波，无反馈时放大电路的输出信号 u_o 为正半周幅度大、负半周幅度小的失真正弦波，如图 3-5(a)所示。引入负反馈后，如图 3-5(b)所示，这种失真被引回到输入端，u_f 也为正半周幅度大而负半周幅度小的波形，则净输入 u_d 波形变为正半周幅度小而负半周幅度大的波形，即通过反馈使净输入信号产生预失真，这种失真正好补偿了放大电路非线性引起的失真，使输出波形 u_o 接近正弦波。

必须指出，负反馈只能减小由放大电路内部引起的非线性失真，而不能消除非线性失真。

4. 扩展通频带

放大电路引入负反馈后，通频带将比开环时展宽。因为频率增高或减小时，若放大电路的输出信号降低，反馈信号将随之减小，净输入量增加，从而使放大电路输出信号下降的程度减小，通频带得到扩展，如图 3-6 所示。

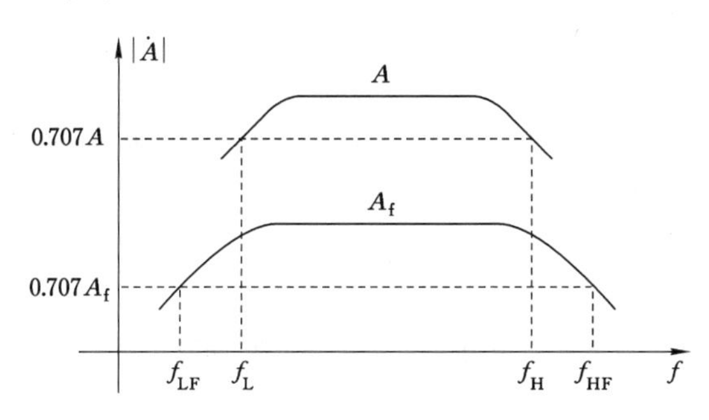

图 3-6　负反馈对通频带的影响

另外，放大器引入负反馈后，还能提高电路的抗干扰能力、降低噪声等。实质上，这些都是用降低放大倍数来换取放大器各方面性能改善的。

任务三　集成运算放大器的线性应用

采用集成运算放大器接入适当的反馈电路就构成各种运算电路，主要有比例运算、加减法运算和微积分运算等。由于集成运算放大器开环增益极高，所以由它构成的基本运算电路均为深度负反馈，运算放大器两输入端之间满足“虚短”和“虚断”，依据这两个特点很容易分析各种运算电路。

一、比例运算

比例运算是最基本的运算电路，包括同相比例运算和反相比例运算。另外，比例运算还是组成其他各种运算电路的基础。

1. 反相比例运算

图 3-7 所示为反相比例运算电路，输入信号 u_i 通过电阻 R_1 加到集成运算放大器的反相输入端，R_f 为跨接在输出端和反相输入端之间的反馈元件，同相端通过电阻 R_2 接地，R_2 称为直流平衡电阻，其作用是使集成运算放大器两输入端的对地直流电阻相等，从而避免运算放大器输入偏置电流在两输入端之间产生附加的差模输入电压，故要求 $R_2=R_1//R_f$。

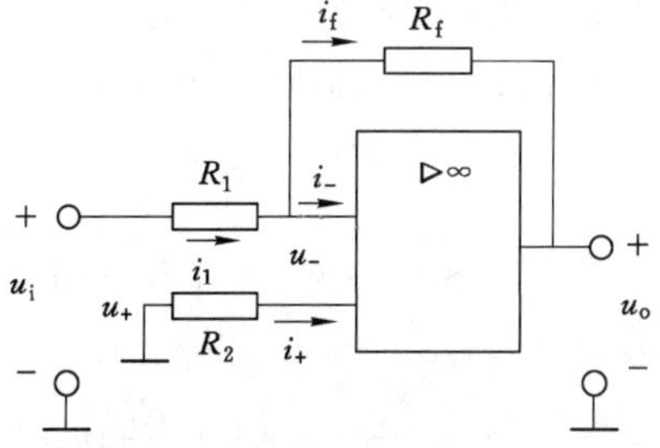

图 3-7　反相比例运算电路

根据运算放大器输入端“虚断”，可得 $i_+\approx i_-\approx 0$，因 $u_+\approx 0$，由两输入端“虚短”，可得 $u_-\approx u_+\approx 0$，由图可求得：

$$i_1 = \frac{u_i - u_-}{R_1} \approx \frac{u_i}{R_1}$$

$$i_f = \frac{u_- - u_o}{R_f} \approx -\frac{u_o}{R_f}$$

根据“虚断”可知，$i_1 = i_f$，所以：

$$\frac{u_i}{R_1} = -\frac{u_o}{R_f}$$

故可得输出电压与输入电压的关系为：

$$u_o = -\frac{R_f}{R_1} u_i \tag{3-9}$$

可见，u_o 与 u_i 成比例，负号表示输出电压与输入电压反相，故称为反相比例运算电路，其比例系数（又称闭环放大倍数）为：

$$A_{uf} = \frac{u_o}{u_i} = -\frac{R_f}{R_1} \tag{3-10}$$

式(3-10)表明，u_o 与 u_i 的关系只取决于 R_f 和 R_1 的比值，与集成运算放大器的参数无关。

【例 3-1】 在图 3-7 所示电路中，若$R_1 = 1\ \text{k}\Omega$，$R_f = 36\ \text{k}\Omega$，$u_i = 0.1\ \text{V}$。求A_{uf}、u_o 及R_2 的值。

解：

由式(3-10)得：

$$A_{uf} = -\frac{R_f}{R_1} = -\frac{36}{1} = -36$$

输出电压为：

$$u_o = A_{uf} u_i = -36 \times 0.1\ \text{V} = -3.6\ (\text{V})$$

平衡电阻为：

$$R_2 = \frac{R_1 R_f}{R_1 + R_f} = \frac{1 \times 36}{1 + 36} \approx 0.97\ (\text{k}\Omega)$$

2. 同相比例运算

图 3-8 所示为同相比例运算电路，输入信号 u_i 通过电阻 R_2 加到集成运算放大器的同相输入端，而输出信号通过反馈电阻 R_f 回送到反相输入端，反相端则通过 R_1 接地。为保持输入端平衡，仍应使 $R_2 = R_1 /\!/ R_f$。

根据运算放大器输入端“虚断”，可得$i_- \approx i_+ \approx 0$，由此得：

$$\frac{0 - u_-}{R_1} \approx \frac{u_- - u_o}{R_f}$$

由于$u_- \approx u_+ \approx u_i$，故可求得输出电压与输入电压的关系为：

$$u_o = \left(1 + \frac{R_f}{R_1}\right) u_i \tag{3-11}$$

可见，输出电压与输入电压同相且成比例，故称为同相比例运算电路，其比例系数为：

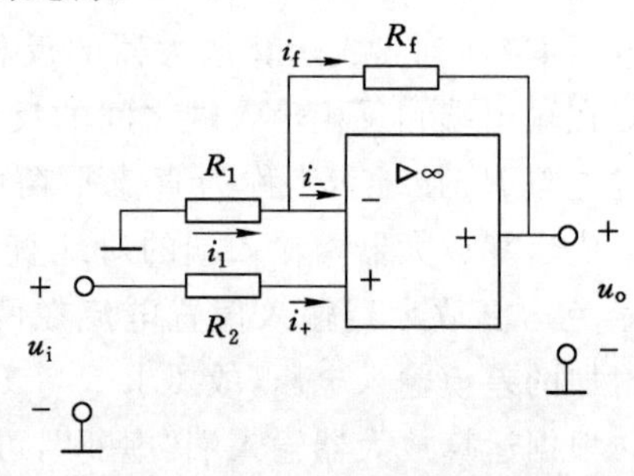

图 3-8 同相比例运算电路

$$A_{uf}=\frac{u_o}{u_i}=1+\frac{R_f}{R_1} \tag{3-12}$$

式(3-12)表明，输出电压与输入电压之比决定于电阻比 R_f/R_1，即实现了比例运算。改变 R_f 和 R_1 的大小，就可以调节这个比例关系。

二、加法与减法运算

1. 加法运算

加法运算即对多个输入信号进行求和，该电路实际上是在反相输入放大器的基础上又多加了几个输入端而构成的。电路中，有两个输入信号 u_{i1}、u_{i2}，它们分别通过电阻R_1、R_2 加至运算放大器的反相输入端，R_3 为平衡电阻，要求$R_3=R_1/\!/R_2/\!/R_f$。

根据运算放大器两输入端满足“虚短”和“虚断”的特点，可得：

$$\frac{u_{i1}}{R_1}+\frac{u_{i2}}{R_2}=-\frac{u_o}{R_f}$$

故可求得输出电压为：

$$u_o=-R_f\left(\frac{u_{i1}}{R_1}+\frac{u_{i2}}{R_2}\right) \tag{3-13}$$

若$R_f=R_1=R_2$，则 $u_o=-(u_{i1}+u_{i2})$，说明电路实现了加法运算。式(3-13)中的“－”号表明输出电压与输入电压反相，且输出电压与几个输入电压之和成比例。如果在图 3-9 中的输出端再接一级反相运算放大器，则可使电路完全符合常规的算术加法运算电路。

2. 减法运算

图 3-10 所示为减法运算电路，输入信号 u_{i1} 和 u_{i2} 分别加至反相输入端和同相输入端。对该电路也可用“虚短”和“虚断”特点，或应用叠加定理根据同相、反相比例电路已有的结论进行分析。

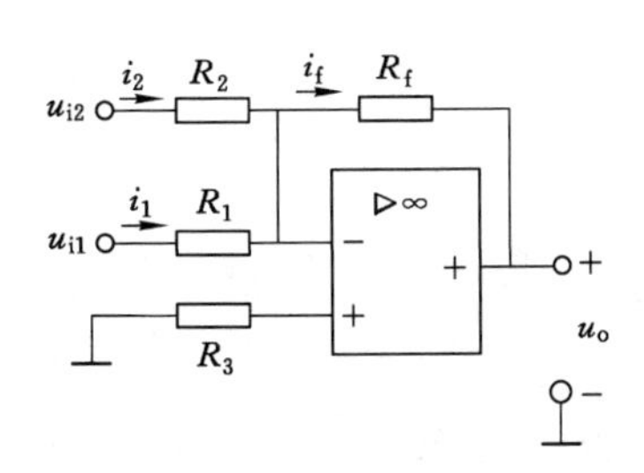

图 3-9　加法运算电路

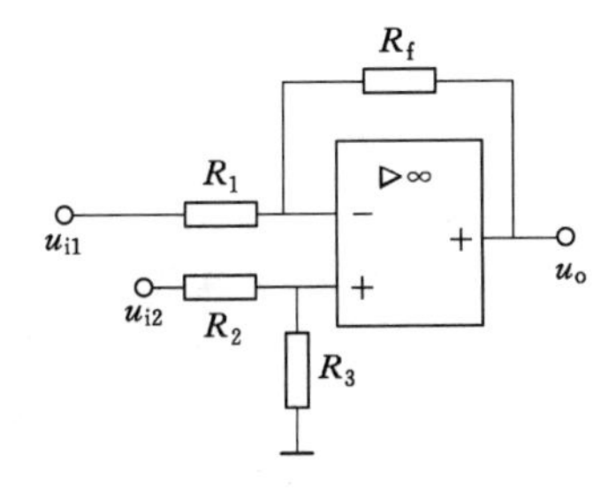

图 3-10　减法运算电路

设 u_{i1} 单独作用，电路相当于一个反相比例运算电路，输出电压 u_{o1} 为：

$$u_{o1}=-\frac{R_f}{R_1}u_{i1}$$

设 u_{i2} 单独作用，电路相当于一个同相比例运算电路，输出电压u_{o2} 为：

$$u_{o2}=\left(1+\frac{R_f}{R_1}\right)u_+=\left(1+\frac{R_f}{R_1}\right)\frac{R_3}{R_2+R_3}u_{i2}$$

由此可求得总输出电压u_o 为：

$$u_o=u_{o1}+u_{o2}=-\frac{R_f}{R_1}u_{i1}+\left(1+\frac{R_f}{R_1}\right)\frac{R_3}{R_2+R_3}u_{i2}$$

当$R_1=R_2$，$R_3=R_f$ 时，则：

$$u_o = \frac{R_f}{R_1}(u_{i2} - u_{i1}) \tag{3-14}$$

即输出电压实现了两输入电压的减法运算。这个减法电路实际就是一个差动放大电路。

由于该电路也存在共模电压，要保证一定的运算精度，应选用共模抑制比高的集成运算放大器。差动放大电路除可作为减法运算电路外，还广泛用于自动检测仪器中。

三、微分与积分运算

1. 微分运算

图 3-11 所示为微分运算电路，它和反相比例运算电路的差别是用电容 C 代替电阻R_1。为使电阻平衡，要求 $R=R_f$。

根据运算放大器"虚短"和"虚断"，可得 $i_1 \approx i_f$：

$$i_1 = C\frac{du_i}{dt}, \quad i_f = -\frac{u_o}{R_f}$$

所以可得输出电压 u_o 为：

$$u_o = -R_f C\frac{du_i}{dt} \tag{3-15}$$

可见，输出电压 u_o 正比于输入电压 u_i 对时间 t 的微分，从而实现了微分运算。式中 $R_f C$ 为电路的时间常数。

2. 积分运算

将微分运算电路中电阻和电容位置互换，即构成积分运算电路，如图 3-12 所示。

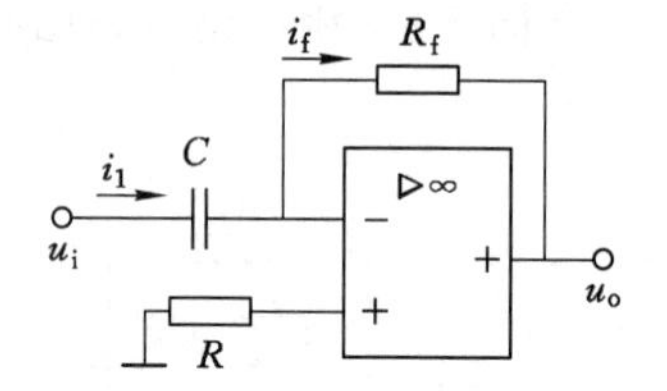

图 3-11 微分运算电路

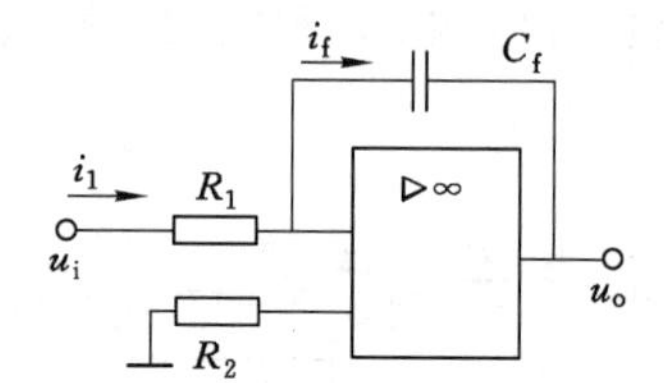

图 3-12 积分运算电路

$$i_1 = \frac{u_i}{R_1}, \quad i_f = -C_f\frac{du_o}{dt}$$

由于 $i_1 = i_f$，所以可得输出电压 u_o 为：

$$u_o = -\frac{1}{R_1 C_f}\int u_i dt \tag{3-16}$$

可见，输出电压 u_o 正比于输入电压 u_i 对时间 t 的积分，从而实现了积分运算。式中 $R_1 C_f$ 为电路的时间常数。

微分和积分电路常常用以实现波形变换。例如，微分电路可将方波电压变换为尖脉冲电压，积分电路可将方波电压变换为三角波电压。

基本运算电路除了用作线性运算外，还可实现其他功能。应用"虚短""虚断"概念和电路分析的各种定理可以方便地对集成运算放大器的线性应用电路进行分析。

设计组装反相比例运算电路

1．准备清单

仪器仪表及材料准备清单见表 3-1。

表 3-1　　仪器仪表及材料准备清单

序号	名称	型号及规格	单位	数量	代号
1	指针式万用表	MF-47	个	1/人	仪器仪表
2	双通道示波器	VC2020A	台	1/2 人	
3	数字函数信号发生器		台	1/2 人	
4	印制电路板	直纹板	块	1/人	
5	集成运算放大器	uA741	个	1/人	IC
6	集成电路插座	8 孔	个	1/人	
7	电位器	10 kΩ,1/4 W	个	1/人	R_P
8	固定电阻	10 kΩ,1/8 W	个	2/人	R_1、R_2
9	固定电阻	100 kΩ,1/8 W	个	1/人	R_f
10	镀银裸导线	0.3 mm	m	若干	

2．安全

(1) 使用万用表、示波器时，注意选择合适的量程和挡位。

(2) 使用电烙铁时注意防止烫伤；使用完毕应及时断电。

(3) 切断元器件引线时，应避免线头飞射伤人；穿戴好劳保用品。

(4) 使用万用表测量电阻时，不允许在被测电路中通电。

3．装配调试原理图（图 3-13、图 3-14）

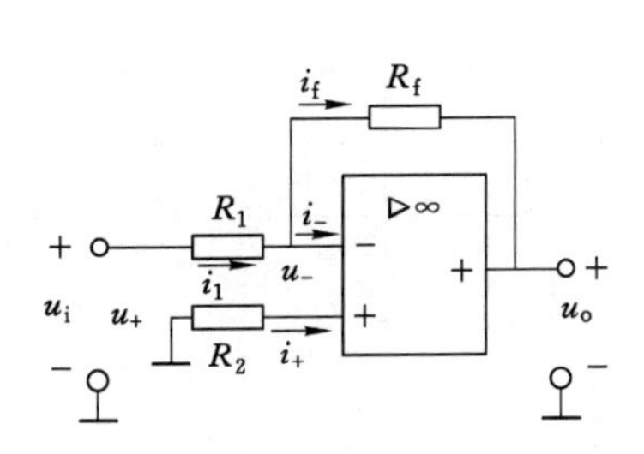

图 3-13　反相比例运算电路原理图

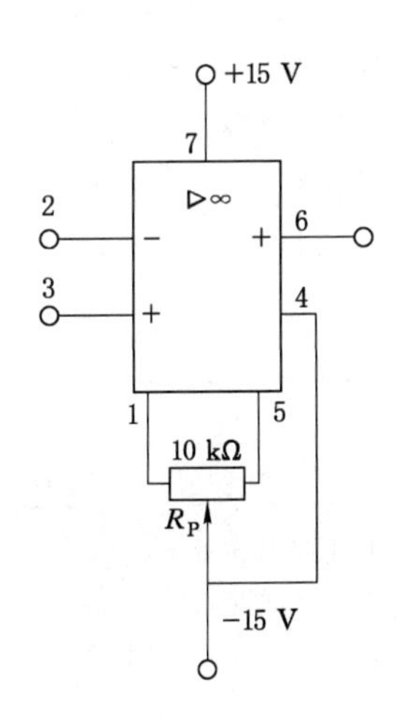

图 3-14　调零电路图

4. 实训操作

(1) 用万用表检测元器件质量的好坏。

(2) 按照图 3-13、图 3-14 所示电路在万能板上进行布线，注意元器件位置及电源线路走向。

(3) 按电路焊接工艺要求进行焊接。

(4) 把集成块插座装焊到电路板上。

(5) 根据反相比例运算电路图和调零电路图把电阻与集成电路插座焊接在一起。

(6) 在集成电路插座上装上集成运算放大器 uA741。

(7) 按电路要求将直流稳压电源接入电路(直流稳压电源的＋15 V 接 7 脚，－15 V 接 4 脚，公共端接电路板的接地端)。

(8) 把万用表接到集成运算放大器的输出端和接地端，调整 10 kΩ 的电位器，使集成运算放大器输出端的电压为 0。

(9) 按表 3-2 所列条件调整函数信号发生器，使用示波器测量出相应的输出电压，并记录在表 3-2 中，画出输入为 0.1 V 时的输入和输出波形图，观察有何区别。

表 3-2　U_o 测量值和理论计算值

电路参数	U_i	U_o 测量值	U_o 理论计算值
$f=1$ kHz $R_f=100$ kΩ $R_1=10$ kΩ	0.1 V,1 kHz		
	0.3 V,1 kHz		

5. 操作要求

(1) 安装、焊接元器件时不要错装、漏装。正确识别集成块的各管脚，不要将集成块装反了。

(2) 焊接集成块插座时，用尖端烙铁先在集成块的四角各焊接一个脚，这样集成块整体就基本固定了，不容易再发生整体脚位错移。

(3) 通用信号引入线都需使用屏蔽电缆；示波器的探头有的带有衰减器，读数时需加以注意；各种型号示波器要用专用探头。

6. 项目考核

任务考核项目、内容及标准见表 3-3。

表 3-3　设计组装反相比例运算电路考核表

考核项目	评分内容与标准	配分	扣分	得分
电路分析	能正确分析电路的工作原理	10		
电路连接	(1) 能正确测量元器件； (2) 工具使用正确； (3) 元件的位置、连线正确； (4) 布线符合工艺要求	20		

续表 3-3

考核项目	评分内容与标准	配分	扣分	得分
电路调试	(1) 能正确调整电位器,使集成运算放大器输出端的电压为 0; (2) 能正确调整函数信号发生器,使输入信号正确; (3) 能正确使用示波器测量输入、输出电压波形	10		
故障分析	(1) 能正确观察出故障现象; (2) 能正确分析故障原因,判断故障范围	10		
仪器仪表使用	万用表挡位选用正确、读数正确	5		
	调整函数信号发生器调试正确	5		
	示波器波形稳定	5		
	示波器读数正确	5		
测试结果	测量结果正确	10		
	回答问题正确	10		
安全、文明工作	(1) 安全用电,无人为损坏仪器、元件和设备; (2) 保持环境整洁,秩序井然,操作习惯良好; (3) 小组成员协作和谐,态度端正; (4) 不迟到、早退、旷课	10		
合计		100		

设计组装加法运算电路

1. 准备清单

仪器仪表及材料准备清单见表 3-4。

表 3-4　仪器仪表及材料准备清单

序号	名称	型号及规格	单位	数量	代号
1	指针式万用表	MF-47	个	1/人	
2	双通道示波器	VC2020A	台	1/2 人	
3	数字函数信号发生器		台	1/2 人	
4	印制电路板	直纹板	块	1/人	
5	集成运算放大器	uA741	个	1/人	IC
6	集成电路插座	8 孔	个	1/人	
7	电位器	10 kΩ,1/4 W	个	1/人	R_P
8	固定电阻	10 kΩ,1/8 W	个	3/人	R_1、R_2、R_f
9	固定电阻	3.3 kΩ,1/8 W	个	1/人	R_3
10	固定电阻	20 kΩ,1/8 W	个	1/人	R_f(更换测试)
11	镀银裸导线	0.3 mm	m	若干	

2. 安全

(1) 使用万用表、示波器时，注意选择合适的量程和挡位。

(2) 使用电烙铁时注意防止烫伤；使用完毕应及时断电。

(3) 切断元器件引线时，应避免线头飞射伤人；穿戴好劳保用品。

(4) 使用万用表测量电阻时，不允许在被测电路中通电。

3. 装配调试原理图(图 3-15、图 3-16)

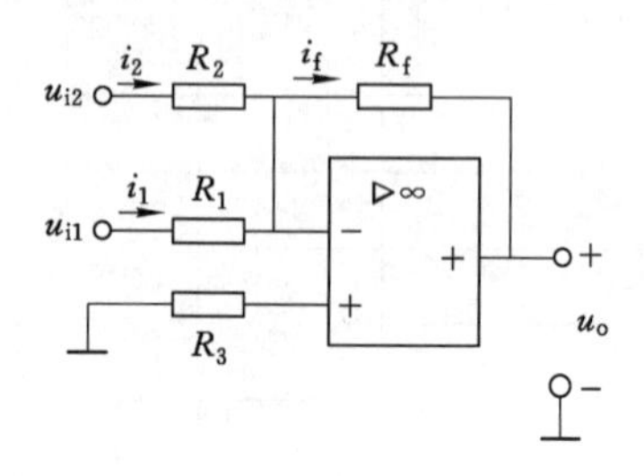

图 3-15 加法运算电路

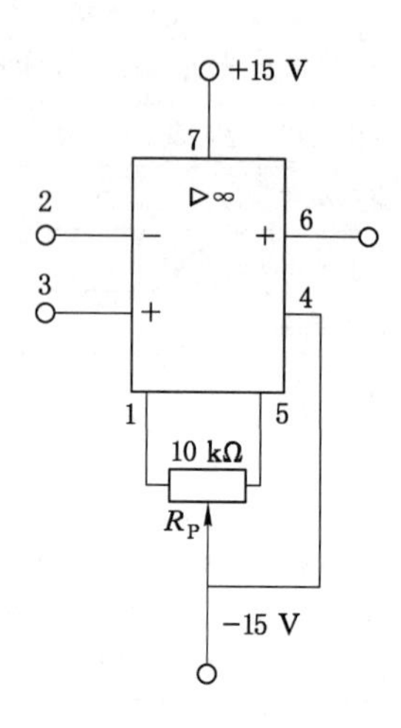

图 3-16 调零电路

4. 实训操作

(1) 用万用表检测元器件质量的好坏。

(2) 按照图 3-15、图 3-16 所示电路在万能板上进行布线，注意元器件位置及电源线路走向。

(3) 按电路焊接工艺要求进行焊接，把集成块插座装焊到电路板上。

(4) 按电路要求将直流稳压电源接入电路(直流稳压电源的+15 V 接 7 脚，−15 V 接 4 脚，公共端接电路板的接地端)。

(5) 把万用表接到集成运算放大器的输出端和接地端，调整 10 kΩ 的电位器，使集成运算放大器输出端的电压为 0。

(6) 将函数信号发生器调为输出 0.5 V、1 kHz 的电压信号，接到u_{i1}和u_{i2}输入端，使用双通道示波器测量运算放大器的输出电压及波形，把测量结果填写在表 3-5 中。

(7) 把反馈电阻更换为 20 kΩ，然后将函数信号发生器调为输出 0.3 V、1 kHz 的电压信号，接到u_{i1}和u_{i2}输入端，使用双通道示波器测量运算放大器的输出电压及波形，把测量结果填写在表 3-5 中。

表 3-5　U_o测量值和理论计算值

信号源	反馈电阻	U_o测量值	U_o理论计算值
$u_{i1}=u_{i2}=0.5$ V，1 kHz	10 kΩ		
$u_{i1}=u_{i2}=0.3$ V，1 kHz	20 kΩ		

5. 操作要求

(1) 安装、焊接元器件时不要错装、漏装。正确识别集成块的各管脚，不要将集成块装反了。

(2) 焊接集成块插座时，用尖端烙铁先在集成块的四角各焊接一个脚，这样集成块整体就基本固定了，不容易再发生整体脚位错移。

(3) 通用信号引入线都需使用屏蔽电缆；示波器的探头有的带有衰减器，读数时需加以注意；各种型号示波器要用专用探头。

6. 项目考核

任务考核项目、内容及标准见表3-6。

表3-6　设计组装反相比例运算电路考核表

考核项目	评分内容与标准	配分	扣分	得分
电路分析	能正确分析电路的工作原理	10		
电路连接	(1) 能正确测量元器件； (2) 工具使用正确； (3) 元件的位置、连线正确； (4) 布线符合工艺要求	20		
电路调试	(1) 能正确调整电位器，使集成运算放大器输出端的电压为0； (2) 能正确调整函数信号发生器，使输入信号正确； (3) 能正确使用示波器测量输入、输出电压波形	10		
故障分析	(1) 能正确观察出故障现象； (2) 能正确分析故障原因，判断故障范围	10		
仪器仪表使用	万用表挡位选用正确、读数正确	5		
	函数信号发生器调试正确	5		
	示波器波形稳定	5		
	示波器读数正确	5		
测试结果	测量结果正确	10		
	回答问题正确	10		
安全、文明工作	(1) 安全用电，无人为损坏仪器、元件和设备； (2) 保持环境整洁，秩序井然，操作习惯良好； (3) 小组成员协作和谐，态度端正； (4) 不迟到、早退、旷课	10		
合计		100		

思考与练习

一、填空题

1. 运算放大器工作在线性区的条件是________。

2. 运算放大器工作在非线性区的条件是________；特点是______和________。

3. “虚短”是指运算放大器工作在线性区时________。“虚断”是指运算放大器工作在线性区时________。

4. ______和________是分析集成运算放大器线性区应用的重要依据。

5. 反相比例运算电路中，由于$U_+=U_-\approx 0$，所以反相输入端又称为________。

6. 运算放大器的输出端与同相输入端的相位关系是________。

7. 运算放大器的输出端与反相输入端的相位关系是________。

8. 反相比例运算电路的反馈类型是______________，而同相比例运算电路的反馈类型是______________。

9. 根据反馈的极性分为________、________两种。

10. 集成运放内部一般包括四个组成部分，它们是______、______、______和________。

二、选择题

1. 理想运放的两个重要结论是(　　)。

A. 虚地与反相　B. 虚短与虚地　C. 虚短与虚断　D. 短路与断路

2. 集成运放组成(　　)输入放大器的输入电流基本上等于流过反馈电阻的电流。

A. 同相　B. 反相

C. 差动　D. 以上三种都不行

3. 如要求能放大两信号的差值，又能抑制共模信号，则应采用(　　)输入方式电路。

A. 同相　B. 反相

C. 差动　D. 以上三种都不行

4. 输出量与若干输入量之和成比例关系的电路称为(　　)。

A. 加法电路　B. 减法电路　C. 积分电路　D. 微分电路

5. (　　)运算电路可将方波电压转换成三角波电压。

A. 微分　B. 积分　C. 乘法　D. 除法

6. 欲实现$A_u=-10$的放大电路，应选用(　　)。

A. 反相比例运算电路　B. 同相比例运算电路

C. 积分运算电路　D. 微分运算电路

7. 欲将方波电压转换成三角波电压，应选用(　　)。

A. 反相比例运算电路　B. 同相比例运算电路

C. 积分运算电路　D. 微分运算电路

8. 电压跟随器，其输出电压为u_o，则输入电压为(　　)。

A. u_i　B. $-u_i$　C. 1　D. -1

9. 反相输入电路，$R_1=10\ \mathrm{k\Omega}$，$R_f=100\ \mathrm{k\Omega}$，则放大倍数$A_{uf}$为(　　)。

A. 10　B. 100　C. -10　D. -100

10. 集成运算放大器是(　　)。

A. 直接耦合多级放大器　B. 变压器耦合多级放大器

C. 光电耦合多级放大器　D. 阻容耦合多级放大器

三、判断题

1. 运放工作在非线性区时，输出电压不是高电平就是低电平。(　　)

2. 运算电路中一般均引入负反馈。(　　)

3. 同相比例运算电路的闭环电压放大倍数数值一定大于或等于1。(　　)

4. 运算电路中，集成运放的反相输入端均为虚地。(　　)

5. 凡是运算电路都可利用“虚短”和“虚断”的概念求解运算关系。（　　）

6. 集成运放电路必须引入深度负反馈。（　　）

7. 集成运放构成放大电路不但能放大交流信号，还能放大直流信号。（　　）

8. 理想集成运放电路输入阻抗为无穷大，输出阻抗为零。（　　）

9. 只要集成运放引入正反馈，就一定工作在非线性区。（　　）

10. 理想运放中虚地表示两输入端对地短路。（　　）

四、计算题

1. 在图 3-17 中，设 $R_1=10\ \text{k}\Omega$，$R_f=50\ \text{k}\Omega$，求 A_f；如果 $u_i=-1\ \text{V}$，则 u_o为多大？

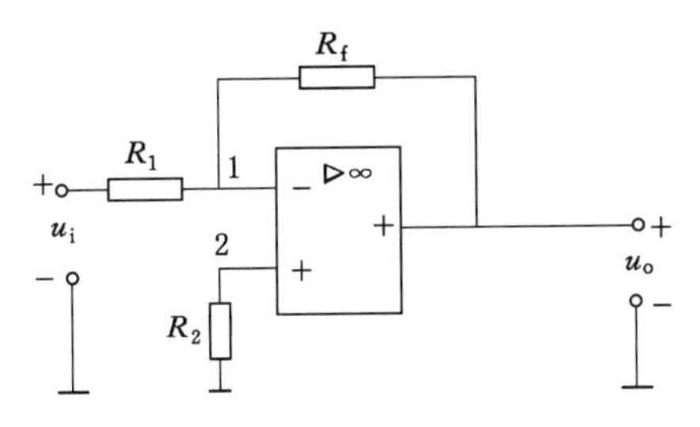

图 3-17

2. 利用理想运放，试设计分别满足以下几种函数关系的运算电路。

(1) $u_o=-5u_i$，　$R_1=100\ \text{k}\Omega$；

(2) $u_o=-20u_i$，　$R_1=2\ \text{k}\Omega$；

(3) $u_o=2u_{i1}+3u_{i2}-4u_{i3}$，　$R_f=100\ \text{k}\Omega$；

(4) $u_o=5(u_{i1}+u_{i2}+u_{i3})$，　$R_f=100\ \text{k}\Omega$。

3. 集成运算放大器构成的运算电路如图 3-18 所示，求电路的输出电压。

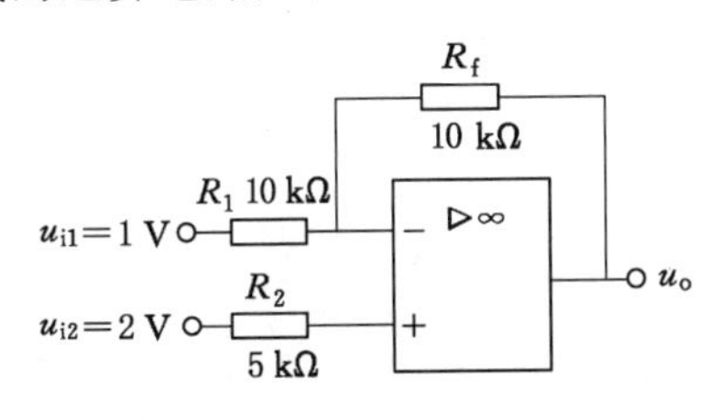

图 3-18

4. 在图 3-19 所示电路中，若 $R_1=10\ \text{k}\Omega$，$R_f=100\ \text{k}\Omega$，$u_i=0.1\ \text{V}$，求 A_{uf}、u_o及 R_2的值。

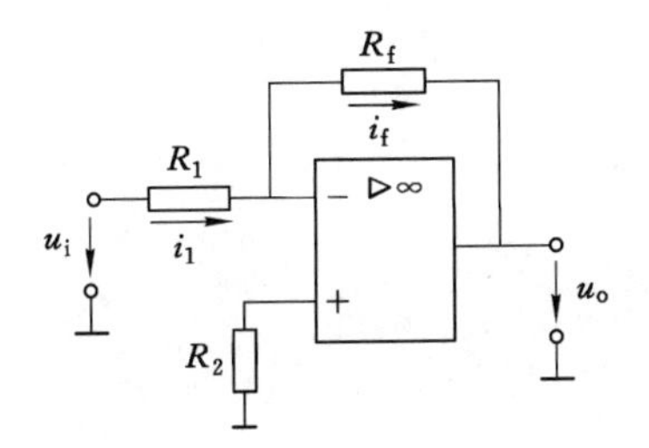

图 3-19

5. 求图 3-20 所示电路 u_o 与 u_i 的关系。

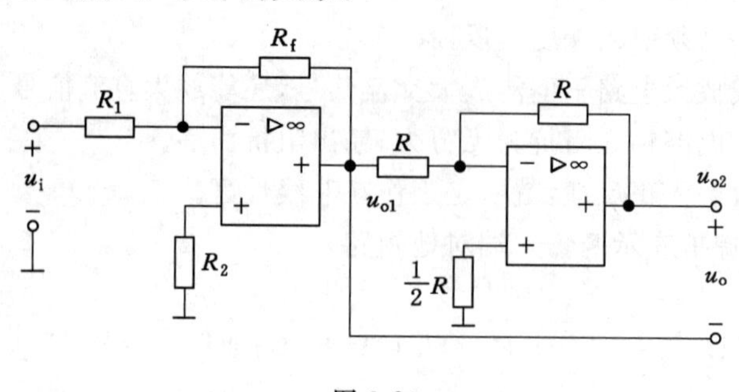

图 3-20

项目四　可调直流稳压电源的制作

【知识要点】 直流稳压电源的分类和技术指标；线性直流稳压电源的组成；稳压电路的组成及其工作原理；集成稳压器的种类及其应用；开关稳压电源的基本知识。

【技能目标】 能用万用表检测元器件；可在万能电路板上设计安装线路；根据电路设计图制作与调试 0～30 V 可调直流稳压电源；会用示波器观察可调直流稳压电源中可变电位器 R_2 对输出电压的影响。

任务导入

在工业或民用电子产品中，其电源电路通常采用直流电源供电。直流电源分为固定直流稳压电源和可调直流稳压电源。可调直流稳压电源的主要功能就是将交流的市电转换为可按需调节设定输出电压的直流电。在电子产品开发、测试或维修过程中，可调直流稳压电源是不可或缺的仪器，通过利用其电压可调特性来测试产品内部电路输入电压的承受范围和不同工作状态下实际耗用电流的状况，来了解实际产品供电电流的需求情况，然后确定产品供电单元的参数。

本项目从可调直流稳压电源电路制作入手，分析稳压电路的工作原理，为实际可调直流稳压电源的设计打下基础。

任务分析

输出电压可调的部分直流稳压电源电路原理图如图 4-1 所示，试分析其工作原理并制作整体可调直流稳压电源电路。

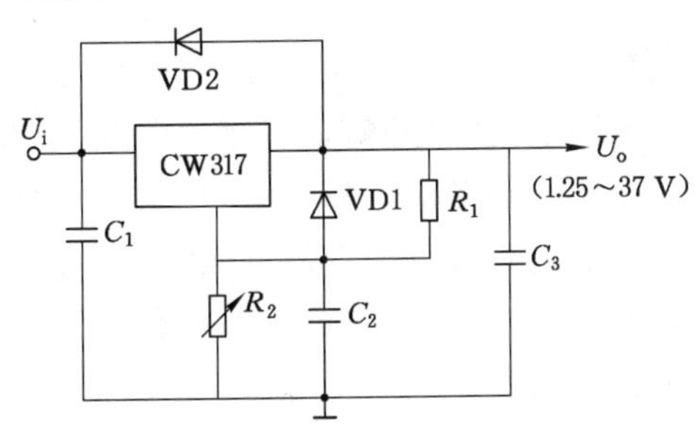

图 4-1　输出电压可调的直流稳压电源电路部分原理图

1. 稳压电路

项目一中已介绍过整流滤波电路的制作，虽然整流滤波电路能将正弦交流电压变换为较为平滑的直流电压，但是此时输出的直流电压极易因电网电压波动和负载变化而变化，为了获得稳定性好的直流电压，必须采取稳压措施。在中小功率电子设备中，目前广泛使用的稳压电路多是稳压管稳压电路和串联稳压电路。稳压管稳压电路是利用一种特殊用途的晶体二极管来实现稳压功能的。串联型稳压电路由基准电压源、比较放大电路、调整电路和采样电路四部分组成。

2. 集成稳压器 CW317

为了整体设计的方便,采用可调输出集成稳压器 CW317,该稳压器将串联型稳压电路集成于一个芯片。与简单稳压电路相比,集成稳压器可以通过外接元件使输出电压得到很宽的调节范围。CW317 为三端可调式正输出电压稳压器,其①脚为输入端,②脚为调整端,③脚为输出端;输入端和调整端之间的电压是非常稳定的电压,其值为 1.25 V,可调输出电压为 1.25～37 V,输出电流可达 1.5 A。

3. 可调直流稳压电源电路

根据设计要求的输出电压进行整体稳压电路的设计。CW317 集成稳压器不能直接满足要求,为了保证稳压器输入端在接入电压后能在输出端顺利输出稳定的电压,需要设计电压补偿电路和保护电路,以便启动内部电路安全迅速工作。

图 4-1 是由 CW317 组成的可调输出稳压电源电路。C_1 为输入端滤波电容,可消除自激振荡。C_2 是为了减小 R_2 两端纹波电压而设置的。C_3 的设置是为了防止输出端负载呈感性时可能出现的阻尼振荡,改善输出电压波形。VD1、VD2 是保护二极管。电阻 R_1 和 R_2 为确定可调直流稳压电源电路输出电压的外接电阻。

要完成整流滤波电路的制作以及电路的分析,必须掌握如下知识:

(1) 直流稳压电源组成。

(2) 稳压电路的组成及其工作原理。

(3) 集成稳压器的种类及其应用电路。

相关知识

任务一 直流稳压电源

随着电子技术的高速发展,电子设备产品随处可见,其种类也不断更新、越来越多,应用也变得越来越广泛。一切电子产品都离不开安全有效的电源,电源是一切电力电子设备的动力源。由于电子技术的特性,电子设备对电源电路的要求就是能够提供持续稳定、满足负载要求的电能,而且通常情况下都要求提供稳定的直流电能。提供这种稳定的直流电能的电源就是直流稳压电源。直流稳压电源在电源技术中占有十分重要的地位,它的性能与优越的工作状态是电子产品质量的保障。

一、直流稳压电源分类

直流稳压电源是提供稳定直流电能的设备,观察我们身边的电子设备就会发现,实际应用中稳压电源分为三大类:① 将化学能直接转变为直流电能的干电池、蓄电池等;② 比较简单的电子设备中广泛使用的线性稳压电源,如收音机、小型音响等;③ 各种复杂电子设备中广泛使用的开关稳压电源,如大屏幕彩电、微型计算机等。因此,直流稳压电源按习惯可分为化学电源、线性稳压电源和开关稳压电源。

1. 化学电源

化学电源是一种能将化学能直接转变成电能的装置，它通过化学反应，消耗某种化学物质，输出电能，干电池、铅酸蓄电池及镍镉、镍氢、锂离子电池等充电电池均属于化学电源，如图 4-2 所示。

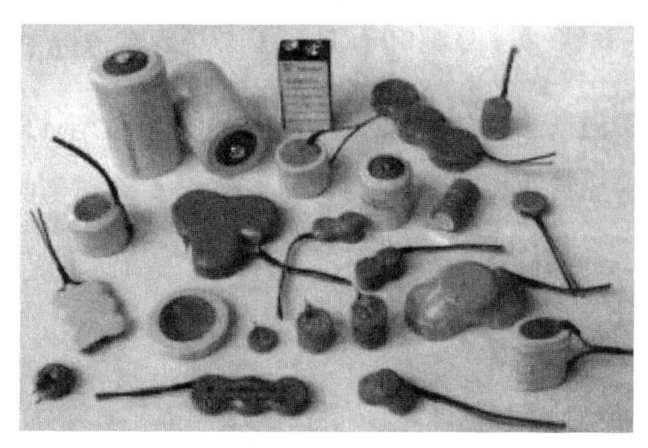

图 4-2　化学电源

2. 线性稳压电源

线性稳压电源是指功率调整管工作在线性状态下的直流稳压电源，如图 4-3 所示。该类稳压电源优点是稳定性高、输出纹波小、可靠性高、易做成多路，输出连续可调、反应速度快、工作噪声低的成品。缺点是体积大、较笨重、发热量大（尤其是大功率电源）、效率相对较低。这类电源从输出性质上可分为稳压电源和稳流电源及集稳压、稳流于一身的稳压稳流（双稳）电源。从输出值来看可分定点输出、波段开关调整式和电位器连续可调式几种。从输出指示上可分指针指示型和数字显示型等。

图 4-3　线性稳压电源

3. 开关型直流稳压电源

开关型直流稳压电源是指调整管工作在饱和区和截止区即开关状态的稳压电源，如图 4-4 所示。该类直流稳压电源具有体积小、质量轻、功耗小、效率高、小巧轻便、稳压范围宽、电路形式灵活多样的优点。缺点是电路结构复杂，成本高，且由于调整管工作在开关状态，产生的交流电压和电流通过电路中的其他元器件产生尖峰干扰和谐振干扰，相对于线性电源来说纹波较大。该类电源根据电路形式可分为单端反激式、单端正激式、半桥式、推挽式和全桥式。

图 4-4　开关型稳压电源

二、直流稳压电源技术指标

直流稳压电源技术指标分为两种:一种是特性指标,反映直流稳压电源的固有特性,包括允许的输入电压、输出电压、输出电流及输出电压调节范围;另一种是质量指标,用来反映直流稳压电源的优劣,包括稳压系数(或电压调整率)、输出电阻(或电流调整率)、纹波电压及温度系数等。

(一) 特性指标

1. 输出电压范围

符合直流稳压电源工作条件情况下,能够正常工作的输出电压范围。该指标的上限是由最大输入电压和最小输入-输出电压差所规定的,而其下限由直流稳压电源内部的基准电压值所决定。

2. 最大输入-输出电压差

该指标表征在保证直流稳压电源正常工作条件下,所允许的最大输入-输出之间的电压差值,其值主要取决于直流稳压电源内部调整晶体管的耐压指标。

3. 输出负载电流范围

输出负载电流范围又称为输出电流范围,在这一电流范围内,直流稳压电源应能保证符合指标规范所给出的指标。

(二) 质量指标

1. 电压调整率 SV

电压调整率是表征直流稳压电源稳压性能优劣的重要指标,又称为稳压系数或稳定系数,它表征当输入电压 U_i 变化时直流稳压电源输出电压 U_o 稳定的程度,通常以单位输出电压下的输入和输出电压相对变化的百分比表示。

2. 电流调整率 SI

电流调整率是反映直流稳压电源负载能力的一项主要指标,又称为电流稳定系数。它表征当输入电压不变时,直流稳压电源对由于负载电流(输出电流)变化而引起的输出电压的波动的抑制能力。

3. 纹波电压

纹波电压是指叠加在输出电压 U_o 上的交流分量。用示波器观测其峰-峰值，其纹波电压一般为毫伏级。也可用交流电压表测量其有效值，但因其不是正弦波，所以用有效值衡量其纹波电压，存在一定的误差。

三、线性直流稳压电源组成

在电子仪器设备中广泛采用的电源是线性直流稳压电源，其一般构成如图 4-5 所示。

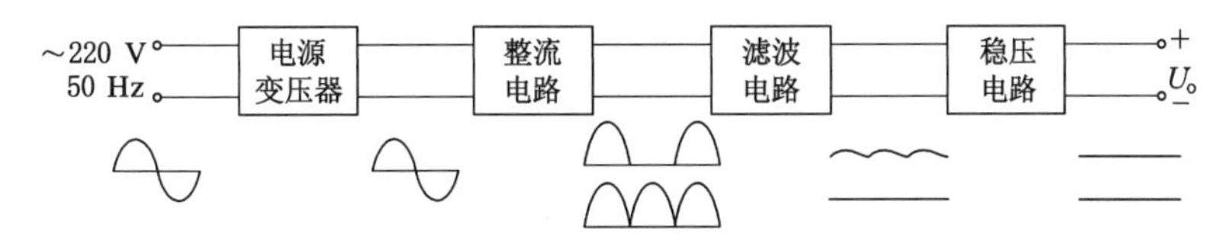

图 4-5　线性直流电源的电路构成

图中各部分的作用简述如下：

(1) 电源变压器：电子电路常用的直流稳压电源一般为几伏或几十伏，而交流电网电压为 220 V，因此需要通过变压器把交流电网电压降低到所需的电压值。

(2) 整流电路：整流电路是利用整流二极管的单向导电性，将交流电变成脉动直流电的电路。但整流以后的直流电压是脉动电压，含有较多的交流成分，不能满足一般电子电路的要求。

(3) 滤波电路：为了减小整流后电压的波动程度，电路通过滤波电路来滤除脉动直流电中的交流成分，使电压波形变得比较平滑。

(4) 稳压电路：为了减小电源输出电压受到交流电网电压波动和负载变化的影响，在滤波电路之后，通过稳压电路可维持输出直流电压的稳定。

任务二　稳压电路

线性直流稳压电源各组成部分中，整流、滤波电路在项目一中已作介绍，在此不再赘述，本小节重点讲述稳压电路。直流稳压电路按电路原理可分为参数型稳压电路(如稳压管稳压电路)和反馈调整型稳压电路(如串联稳压电路)。在中小功率电子设备中，目前广泛使用的稳压电路多是稳压管稳压电路和串联稳压电路。

一、稳压管稳压电路

(一) 稳压管

稳压管是一种特殊用途的晶体二极管，它是利用 PN 结的击穿区具有稳定电压的特性来工作的，其伏安特性及其符号如图 4-6 所示。稳压二极管正常工作在反向电压击穿区，当反向击穿后，通过的电流有较大改变时，其两端的电压基本保持不变。利用稳压管反向击穿电压稳定的特性可构成稳压电源。当电源电压发生波动，或其他原因造成电路中各点电压变动时，负载两端的电压将基本保持不变。

稳压管用来稳定电压时，必须把它的负极接电源正端，正极接电源负端。

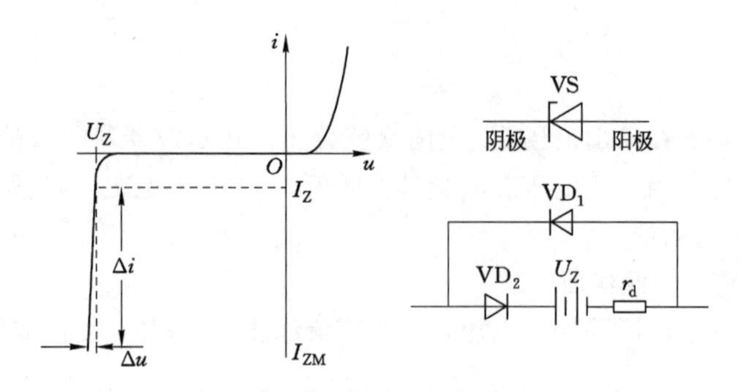

图 4-6　稳压管的伏安特性与符号、接线图

(二) 稳压管稳压电路

图 4-7 为最常见的稳压电路。其中 U_i 是输入电压，U_o 是负载的输出电压，其值等于稳压管的稳定电压 U_Z。R 为限流电阻，以防止电流过大而发生热击穿。由图可知：

$$U_o = U_i - I_R R$$

稳压过程：

(1) 当某种原因引起 U_i 上升时，输出电压 U_o 也随之上升。由稳压管的反向特性可知，U_Z 微小增加，将使稳压管的电流有较大增加，引起电阻 R 上压降增加，这样使 U_i 增量的绝大部分将降落在 R 上，从而使输出电压基本维持不变。其自动稳定电压的过程可表示为：

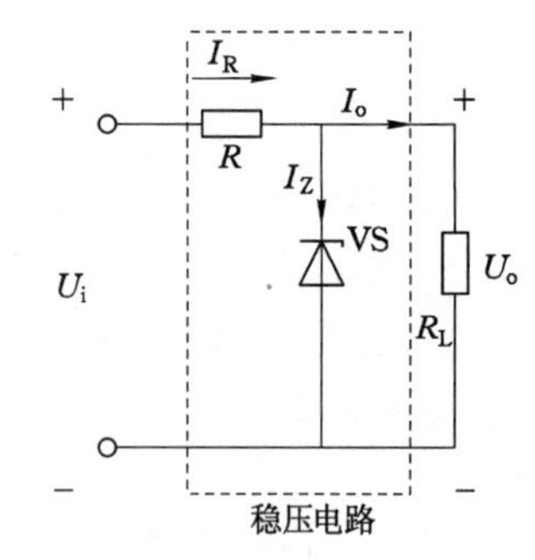

图 4-7　稳压管稳压电路

设 $U_i \uparrow \rightarrow U_o(U_Z) \uparrow \rightarrow I_E \uparrow \rightarrow I_R R \uparrow \rightarrow U_o \downarrow$

(2) 当负载变化而导致输出电压变化时，稳压管中电流随之变化，致使电阻 R 上电压变化，使输出电压基本稳定。其自动稳压的过程可表示为：

设 $R_L \downarrow \rightarrow U_o(U_Z) \downarrow \rightarrow I_E \downarrow \rightarrow I_R R \downarrow \rightarrow U_o \uparrow$

注意：当稳压管的反向电流小于最小稳定电流时不稳压，大于最大稳定电流时会因超过功耗而损坏，所以在稳压电路中必须串联一个合适的限流电阻 R，使稳压管能安全地工作在稳压状态。

稳压管稳压电路结构简单，稳压效果较好。但因该电路是靠稳压管的电流调节来实现稳压的，而且电流调节范围有限，故只适用于负载电流较小的场合。

二、串联型稳压电路

串联型稳压电路由基准电压源、比较放大电路、调整电路和采样电路四部分组成。它的典型原理框图如图 4-8 所示。图中调整管与负载是串联连接，因此称为串联型稳压电路。负载和调整管串联又能起到输入电压 U_i 分压作用，只要将它们之间的分压比随时调节到适当值，就能保证输出电压不变。该调节过程是通过反馈过程来实现的。电路首先对输出电压进行监测采样，然后通过比较放大器与基准电压

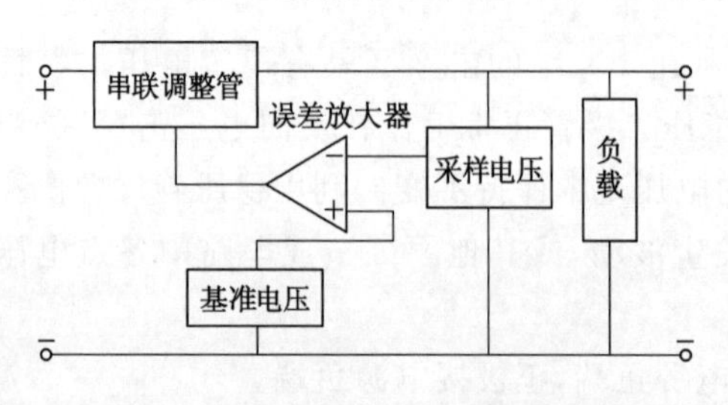

图 4-8　串联型稳压电源原理框图

进行比较判断：输出电压是偏高了还是偏低了，偏差多少。然后用该偏差量反馈到控制调整管：若是输出电压偏高，则将调整管上的压降调高，使负载的分压减小；若输出电压偏低，则将调整管上的压降调低，使负载的分压增大，从而实现输出稳压。

（一）基本调整管稳压电路

用具体分立元件组成的简单线性稳压电路如图 4-9 所示。图中 VS 和 R 组成稳压环节用于产生基准电压。T 是 NPN 类型晶体三极管，在电路中主要起放大作用。

稳压过程：

(1) 当负载电阻 R_L 不变，输入电压 U_i 变化时：

$$设\ U_i\uparrow \rightarrow U_o\uparrow \rightarrow U_{BE}\downarrow (U_{BE}=U_Z-U_o)\rightarrow I_B\downarrow \rightarrow I_E\downarrow \rightarrow U_o(U_o=I_ER_L)\uparrow$$

(2) 当输入电压 U_i 不变，负载电阻 R_L 变化时：

$$设\ R_L\downarrow \rightarrow U_o\downarrow \rightarrow U_{BE}\uparrow \rightarrow I_B\uparrow \rightarrow I_E\uparrow \rightarrow U_o(U_o=I_ER_L)\uparrow$$

由上述稳压过程可以看到，该电路正好构成了一个闭合的负反馈系统。三极管 VT 是起调整作用的，所以叫作调整管。因调整管和负载是串联的，因此叫作串联型稳压电路。该电路优点是输出电流大且输出电流变化范围大。缺点是输出电压不能调节。此外由于调整管的作用是依靠偏差 $\Delta U_{BE}=U_Z-\Delta U_o$ 来实现的，因此必须有偏差才能调整，所以 U_o 不可能达到绝对稳定，只能基本稳定，因此电路的稳压性能较差。

若将偏差放大后再去控制调整管，那么调整管的作用就会大大提高，从而提高电路的稳压性能，由此引入具有放大环节的稳压电路。

（二）具有放大环节的串联型稳压电路

图 4-10 是具有放大环节的串联型晶体管稳压电路的原理图。它的输入电压 U_i 是由整流滤波电路供给的。电阻 R_1 和 R_2 组成分压器，其作用是把输出电压的变化量取出一部分加到由 VT_2 组成的放大器的输入端，构成取样电路。电阻 R_3 和稳压管 VS 组成稳压管稳压电路，用以提供基准电压，使 VT_2 的发射极电位固定不变。晶体管 VT_2 组成放大器，起比较和放大信号的作用。R_4 是 VT_2 的集电极电阻，也是 VT_1 的偏流电阻，从 VT_2 集电极输出的信号直接加到调整管 VT_1 的基极。

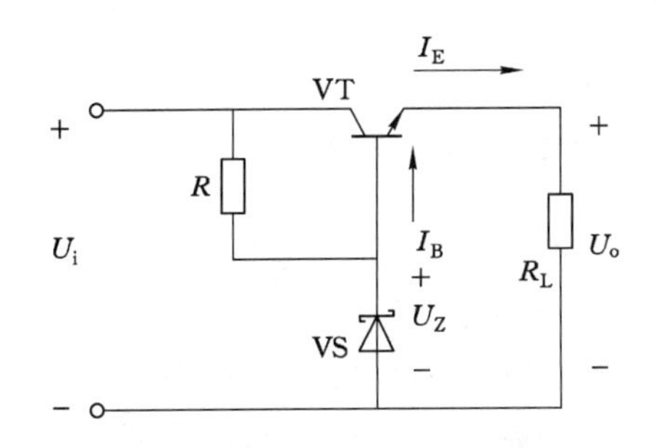

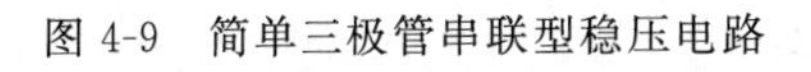

图 4-9　简单三极管串联型稳压电路

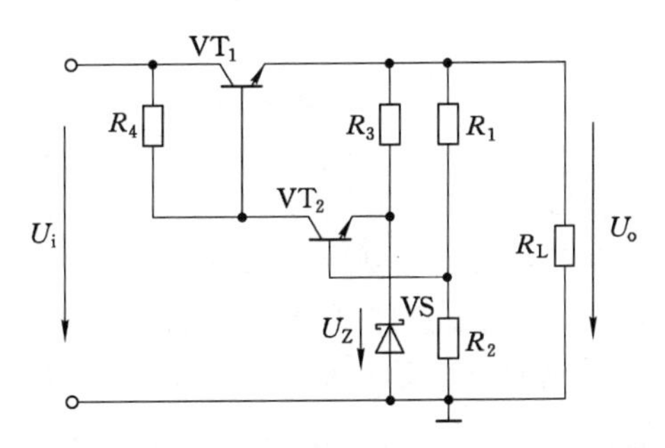

图 4-10　具有放大环节的串联型晶体管稳压电路

稳压过程：

当电网电压降低或负载电流加大使输出电压 U_o 降低时，通过 R_1 和 R_2 的分压作用，VT_2 的基极电位 U_{B2} 下降，由于 VT_2 的发射极电位 U_{E2} 被稳压管固定而基本不变，两者比较使 VT_2 的发射结正向电压 U_{BE2} 减小，从而使 VT_2 的 I_{C2} 减小和 U_{C2} 增高。U_{C2} 的升高又使 VT_1 的 I_{B1} 和

I_{C1}增大,U_{CE1}减小,最后使输出电压恢复到接近原来的数值。稳压过程可表示为:

$$U_o\downarrow \rightarrow U_{B2}\downarrow \rightarrow U_{BE2}\downarrow \rightarrow I_{C2}\downarrow \rightarrow U_{C2}\uparrow \rightarrow I_{B1}\uparrow \rightarrow I_{C1}\uparrow \rightarrow U_o\uparrow$$

同理,当U_o升高时,通过负反馈作用而使U_o基本保持不变。

很显然,当放大器的放大倍数越大时,输出电压的稳定度就越高。

(三)集成稳压电路

随着半导体集成工艺的提高,直流稳压电路也不断向集成化方向发展。三端集成稳压器由于其性能好、体积小、可靠性高、使用方便、成本低等优点而被广泛应用。

三端集成稳压器内部框图如图4-11所示。它由启动电路、基准电压、调整管、比较放大电路、保护电路、取样电路等六大部分组成。可以看出,它实际上是串联型稳压电路集成化的结果。为了保证稳压器在输入端接入电压后,输出端能顺利输出稳定的电压,稳压器内部设有启动和保护电路,以便启动内部电路迅速安全工作。

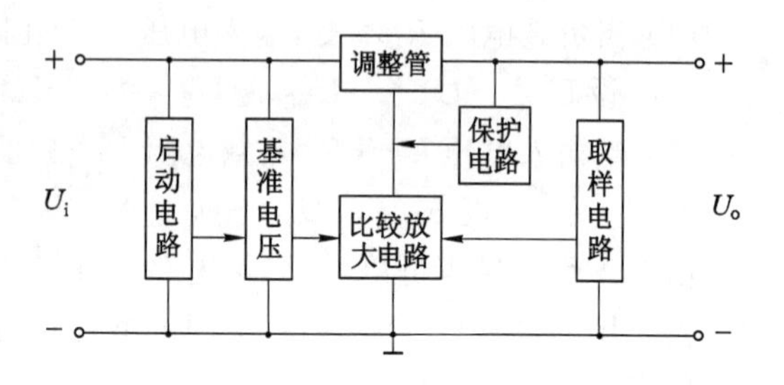

图4-11 三端集成稳压器内部组成框图

1. 固定式三端集成稳压器

目前使用最广泛的三端线性集成稳压器有7800和7900系列,其特点是输出电压为固定值。7800和7900系列稳压器只有输入、输出及公共地三个端子,使用时不需要外加任何控制电路和器件。该系列稳压器的内部有稳压输出、过流保护、芯片过热保护及调整管安全工作区保护等电路,因此工作安全可靠。7800系列的外形及管脚如图4-12所示。

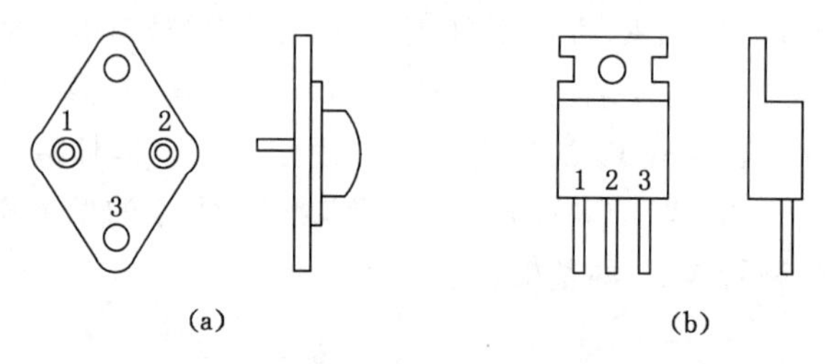

图4-12 7800系列三端固定集成稳压器外壳形状

(a) 金属外壳;(b) 塑料封装

7800系列输出电压为正电压,和7800系列对应的有7900系列,它的输出为负电压。输出电压等级由具体型号中的后面两个数字来表示,有5 V、6 V、8 V、9 V、12 V、15 V、18 V、24 V等档次。输出电流以78(或79)后面加字母来区分:L表示0.1 A,M表示0.5 A,无字母表示1.5 A。如78L05表示输出电压为5 V,输出电流为0.1 A;79M12表示输出电压为−12 V,输出电流为0.5 A。

三端线性集成稳压器件可用来十分方便地设计出线性直流稳压电源,7800、7900系列稳压器的典型应用电路如图4-13所示。

图中U_i是整流滤波电路的输出电压,U_o是稳压器输出电压。值得注意的是,只有输入和输出端之间的电位差大于要求值(一般为3 V),这两种稳压器才能正常工作。例如,7815的输入电压必须大于18 V,稳压器才能输出达15 V的稳定电压。如果输入与输出端之间

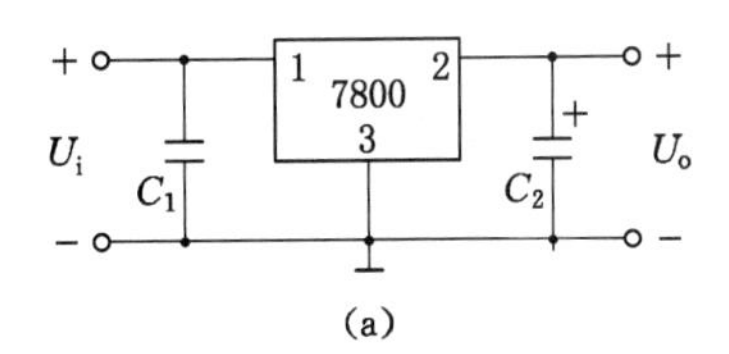

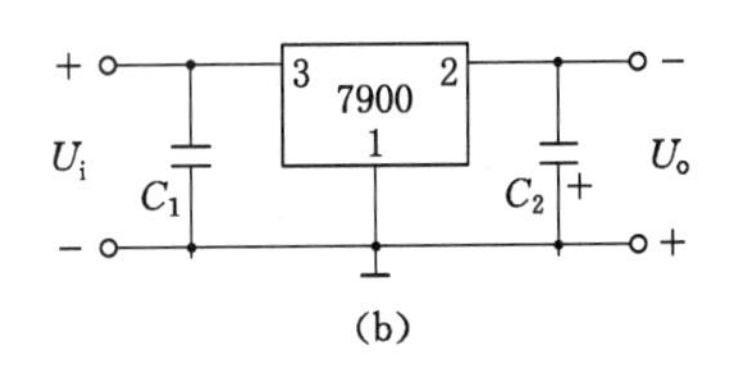

图 4-13　固定式三端稳压器典型应用

(a) 7800 系列典型应用;(b) 7900 系列典型应用

电压差低于要求值,输出电压将会随输入电压的波动而波动。电路中接入 C_1、C_2 用来实现频率补偿,防止稳压器产生高频自激振荡和抑制电路引入的高频干扰。

2. 可调式三端集成稳压器

三端可调式稳压器,其外形和管脚的编号和三端固定式稳压器相同,但管脚功能有区别:LM317 为三端可调式正输出电压稳压器,其①脚为输入端,②脚为调整端,③脚为输出端;LM337 为三端可调式负输出电压稳压器,其①脚为调整端,②脚为输入端,③脚为输出端。

图 4-14(a)、(b)分别是用 LM317 和 LM337 设计的直流稳压电源应用线路。

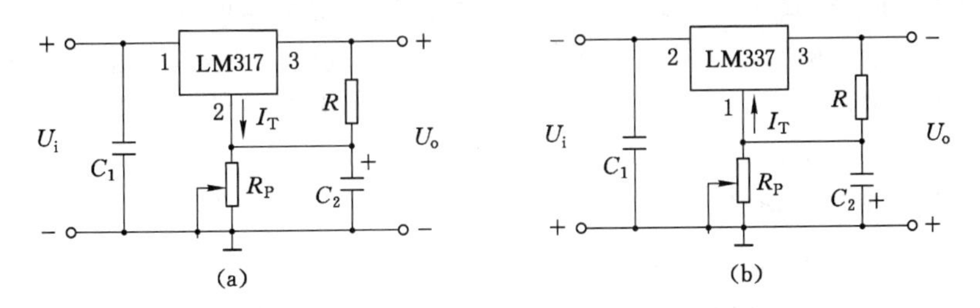

图 4-14　可调式三端集成稳压器典型应用

由于 LM317/337 的最小工作电流为 5 mA,基准源为 1.20 V,因此 R 的取值不得大于 240 Ω,否则当负载开路时将不能保证稳压器正常工作。

3. 三端可调线性集成稳压器的基本应用电路

(1) 基本应用电路及输出电压估算

基本应用电路如图 4-15 所示。

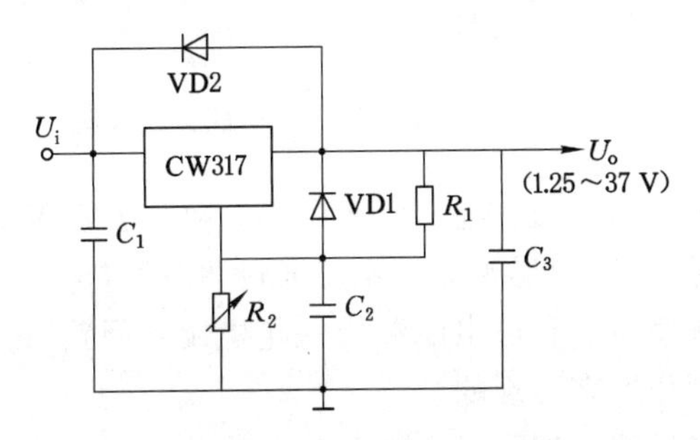

图 4-15　三端可调线性集成稳压器的基本应用电路

输出电压:

$$U_o = 1.2(1 + R_2/R_1)\ \text{V}$$

由图得，$U_o = 1.2 \sim 37$ V，连续可调。为了使电路正常工作 $I_{omax} = 1.5$ A，$I_{omin} > 5$ mA。CW317 的 U_{REF} 固定在 1.2 V，$I_{ADJ} = 50$ pA 可忽略不计。

(2) 外接元器件选取

为保证负载开路时 $I_{omin} = 5$ mA，$R_{1max} = U_{REF}/5$ mA $= 240\ \Omega$。$U_{omax} = 37$ V，R_2 为调节电阻，代入 U_o 表达式求得 R_2 为 7.16 kΩ 左右，取 6.8 kΩ。

C_2 是为了减小 R_2 两端纹波电压而设置的，一般取 10 pF。C_3 是为了防止输出端负载呈感性时可能出现的阻尼振荡，取 1 pF。C_1 为输入端滤波电容，可抵消电路的电感效应和滤除输入线窜入干扰脉冲，取 0.33 pF。VD1、VD2 是保护二极管，可选整流二极管 2CZ52。

(3) U_i 选取

$U_i = 28 \sim 40$ V，$U_i - U_o = 3$ V。当 $U_o = U_{max} = 37$ V 时，$U_i = 40$ V。

任务三　开关型直流稳压电源

串联型稳压器中的调整管工作在放大区，由于负载电流连续通过调整管，因此管子功率损耗大，电源效率低，一般只有 30%～50%。随后出现了功率晶体管工作于开关状态的串联型开关电源，主电路拓扑与线性电源相仿，但调整管作为开关而言，导通时（压降小）几乎不消耗能量，关断时漏电流很小，也几乎不消耗能量，从而大大提高了转换效率，电源的功率转换效率可达 65%～90%。

一、开关型直流稳压电源

开关型直流稳压电源组成框图如图 4-16 所示。

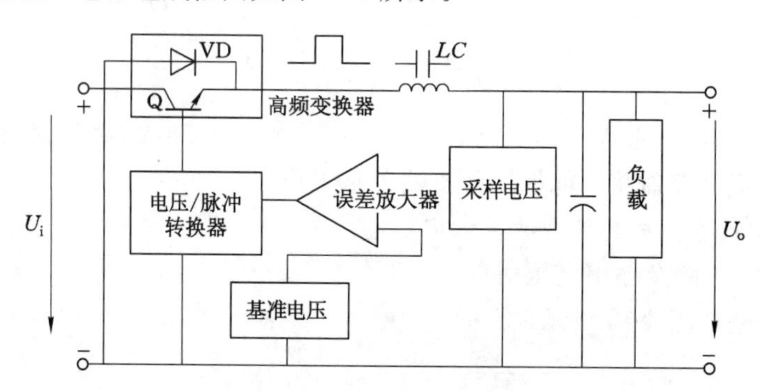

图 4-16　开关型直流稳压电源组成框图

输入的直流电压 U_i 输入高频变换器（即开关管 Q 和二极管 VD），经高频变换器后变为高频（≥20 kHz）脉冲方波电压，该脉冲方波电压通过滤波器（电感 L 和电容 C）变成平滑的直流电压供给负载。高频变换器和输出滤波器一起构成主回路，稳定输出电压的任务是靠控制回路对主回路的控制作用来实现的。

开关电源稳定输出电压的原理可以直观理解为是通过控制滤波电容的充放电时间来实现的。具体的稳压过程如下：

当开关稳压电源的负载电流增大或输入电压 U_i 降低时，输出电压 U_o 轻微下降，控制回路就使高频变换器输出的脉冲方波的宽度变宽，即给电容延长充电时间多充电，减少放电时间，从而使电容 C 上的电压(即输出电压)升高，起到稳定输出电压的作用；反之，当外界因素引起输出电压偏高时，控制电路使高频变换器输出脉冲方波的宽度变窄，即给电容少充电，从而使电容 C 上的电压回落，稳定输出电压。

二、常见的开关型直流稳压电源

下面就一般习惯分类介绍几种开关电源：

(1) AC/DC 电源

该类电源也称一次电源，它自电网取得能量，经过高压整流滤波得到一个直流高压，供 DC/DC 变换器在输出端获得一个或几个稳定的直流电压，功率从几瓦至几千瓦均有产品，用于不同场合。属此类产品的规格型号繁多，据用户需要而定，通信电源中的一次电源(AC 220 V 输入，DC 48 V 或 24 V 输出)也属此类。

(2) DC/DC 电源

DC/DC 电源在通信系统中也称二次电源，它是由一次电源或直流电池组提供一个直流输入电压，经 DC/DC 变换以后在输出端获一个或几个直流电压。

(3) 通信电源

通信电源是 DC/DC 变换器式电源，只是它一般以直流－48 V 或－24 V 供电，并用后备电池作 DC 供电的备份，将 DC 的供电电压变换成电路的工作电压。一般它又分中央供电、分层供电和单板供电三种，以后者可靠性最高。

(4) 电台电源

电台电源输入 AC 220/110 V，输出 DC 13.8 V，功率由所供电台功率而定，几安至几百安均有产品。为防 AC 电网断电影响电台工作，而需要有电池组作为备份，所以此类电源除输出一个 13.8 V 直流电压外，还具有对电池充电自动转换功能。

(5) 模块电源

模块电源工作频率高、体积小、可靠性高，便于安装和组合扩容，所以越来越被广泛采用。它的突出优点是：电路结构简单，效率高，输出电压、电流的纹波值接近于零。

(6) 特种电源

特种电源包括高电压小电流电源、大电流电源、400 Hz 输入的 AC/DC 电源等。

三、开关稳压电源与线性稳压电源的主要性能

开关稳压电源在问世之初，其控制线路都是由分立元件或运算放大器等集成电路组成的。但元件多、线路复杂、可靠性差，影响了开关电源的广泛应用。后来随着半导体技术的高度发展和高反压快速功率开关管的出现，开关稳压电源的缺点逐步被克服，优点得以充分发挥，开关稳压电源也迅速实用化。和线性稳压电源相比，各自都有一定的优点和缺点，其具体性能指标对比见表 4-1。

表 4-1　　开关稳压电源与线性稳压电源的主要性能比对表

项目	开关稳压电源	线性稳压电源
功率转换效率	65%～90%	30%～40%
发热(损耗)	小	大
体积	小	大
功率体积系数	60～1 000 W/dm³	20～30 W/dm³

续表 4-1

项目	开关稳压电源	线性稳压电源
质量	轻	重
对电网变化的适应性	强	弱
电路	复杂	简单
纹波	大(10 mV)P-P	小(5 mV)P-P
动态响应	稍差(2 ms)	好(100 s)
电压、负载稳定度	高	低

项目实施

0～30 V 可调直流稳压电源制作与调试

1. 准备清单

仪器仪表及材料准备清单见表 4-2。

表 4-2 仪器仪表及材料准备清单

序号	名称	型号及规格	单位	数量	代号
1	指针式万用表	MF-47	个	1/人	
2	双通道示波器	VC2020A	台	1/2 人	
3	按键开关	自锁	只	1/人	SB
4	电解电容	10 μF/40 V	个	1/人	C_3
5	电解电容	100 μF/40 V	个	1/人	C_4
6	电解电容	2 200 μF/40 V	个	1/人	C_1
7	无极性电容	0.22 μF	个	1/人	C_2
8	电阻	1 kΩ,1/8 W	个	1/人	R_1
9	电阻	120 Ω,1/8 W	个	1/人	R_2
10	电位器	5 kΩ,1/8 W	个	1/人	R_P
11	整流二极管	IN4007	个	6/人	VD1～VD6
12	发光二极管	红色,ϕ3	个	1/人	LED
13	三端集成稳压器	LM317	个	1/人	IC
14	印制电路板	直纹板	块	1/人	
15	镀银裸导线	0.3 mm	m	若干	

2. 安全

(1) 使用万用表、示波器时,注意选择合适的量程和挡位。

(2) 使用电烙铁时注意防止烫伤;使用完毕应及时断电。

(3) 切断元器件引线时,应避免线头飞射伤人;穿戴好劳保用品。

(4) 使用万用表测量电阻时,不允许在被测电路中通电。

3. 装配调试原理图(图 4-17)

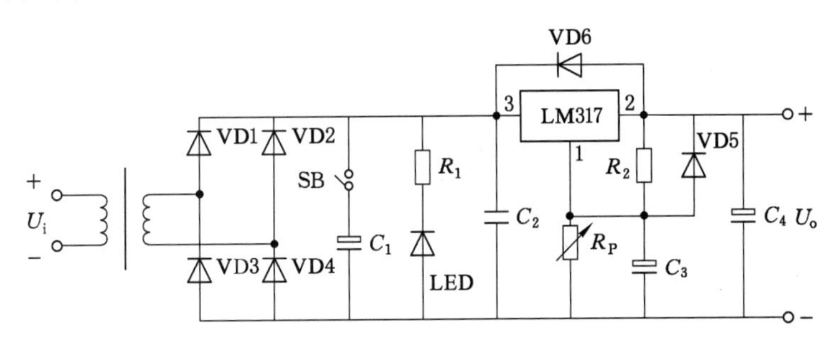

图 4-17 可调直流稳压电源工作原理图

4. 操作

(1) 用万用表检测元器件质量的好坏。

(2) 按照图 4-17 所示三端集成稳压器 LM317 工作原理图,在电路板上设计、布置电路元器件。

(3) 按工艺要求对元器件引脚进行成形加工。

(4) 按布局图插装电子元器件。

(5) 对元器件进行焊接,剪去多余的导线,使用万用表检查电路是否有短路现象。

(6) 调试电路板。

(7) 用万用表和示波器测量相关参数和波形,记录在表 4-3 中。

(8) 观察电位器 R_P 对输出电压的影响。

(9) 故障检测与排除:学生之间互设故障并进行排除。

表 4-3　　　　三端稳压器测量数据表

测量项目	滤波电路 U_i		电源输出电压 U_o	
断开按键 SB, 未接入滤波电容 C_1	有效值	波形	有效值	波形
按下按键 SB,接入滤波电容 C_1				
结论				

5. 操作要求

(1) 在焊接前,先把所有元器件的引脚焊上一层薄薄的焊锡。

(2) 焊接电子元器件时,应注意电烙铁的温度不要太高。

(3) 实训中注意合理使用工具,焊接完成后要整理桌面,防止测试时短路。

6. 项目考核

任务考核项目、内容及标准见表 4-4。

表 4-4　　0～30 V 可调直流稳压电源制作与调试项目考核表

考核项目	评分内容与标准	配分	扣分	得分
电路分析	能正确分析电路的工作原理	10		
电路连接	(1) 能正确测量元器件； (2) 工具使用正确； (3) 元件的位置、连线正确； (4) 布线符合工艺要求； (5) 元器件焊点光滑，无虚焊、脱焊现象	20		
电路调试	(1) 能观察出电位器 R_P 对输出端的电压的影响； (2) 三端集成稳压器功能实现； (3) 能正确使用示波器测量输入、整流、滤波、稳压电压波形	10		
故障分析	(1) 故障检测正确； (2) 能正确分析故障原因，判断故障范围	10		
仪器仪表使用	万用表挡位选用正确、读数正确	5		
	示波器波形稳定	10		
	示波器读数正确	5		
测试结果	测量结果正确	10		
	回答问题正确	10		
安全、文明工作	(1) 安全用电，无人为损坏仪器、元件和设备； (2) 保持环境整洁，操作习惯良好； (3) 小组成员协作和谐，态度端正； (4) 不迟到、早退、旷课	10		
合计		100		

思考与练习

一、判断题

1. 直流稳压电源是一种能量转换电路，它将交流能量转换为直流能量。（　　）
2. 稳压电源可分为化学电源、线性稳压电源和开关稳压电源。（　　）
3. 当输入电压 U_i 和负载电阻 I_R 变化时，稳压电路的输出电压是绝对不变的。（　　）
4. 一般情况下，开关型稳压电路比线性稳压电路效率高。（　　）
5. 纹波电压是衡量直流稳压电源性能优劣的特性指标。（　　）
6. 完整的线性直流稳压电源包括电源变压器、整流电路、铝箔电路、稳压电路四部分。（　　）
7. 稳压管用来稳定电压时，必须反接在电路中。在稳压管稳压电路中，稳压管的最大稳定电流必须大于最大负载电流。（　　）
8. 线性直流稳压电源中的调整管工作在放大状态，开关型直流电源中的调整管工作在开关状态。（　　）

9. 集成稳压器 7900 系列输出的是正向电压，7800 系列输出的是负向电压。（　　）

10. 可调集成稳压器 LM317/337 在负载开路时不能保证稳压器正常工作。（　　）

二、填空题

1. 串联型稳压电路由__________、__________、__________和__________等部分组成。

2. 串联型稳压电路中的放大环节所放大的对象是__________。

3. 线性稳压电源的优点是__________、__________、__________。

4. 直流稳压电源的质量指标有____________________。

5. 78L05 表示输出电压为__________，输出电流为__________。

6. 可调集成稳压器应用电路中输入端接的电容作用是____________，输出端接的电容作用是____________。

三、设计题

1. 如图 4-18 所示电路，已知 U_o 的有效值足够大，试进行合理连线，构成 12 V 的直流电源。

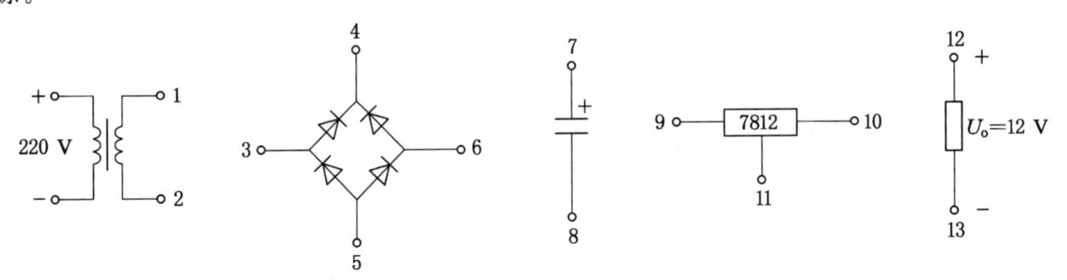

图 4-18

2. 在工程系统中需要用到一个功率为 50 W 的双输出电源，输出电压为 +12 V、+5 V、−12 V、−5 V，输出电流均为 1 A，请设计一个电源，给出电路原理图并计算所需元件的参数。

四、计算题

1. 在图 4-19 所示的电路中，已知 W7805 的输出电压为 5 V，$I_W = 5$ mA，$R_1 = 1$ kΩ，$R_2 = 200$ Ω。试求输出电压 U_o 的调节范围。

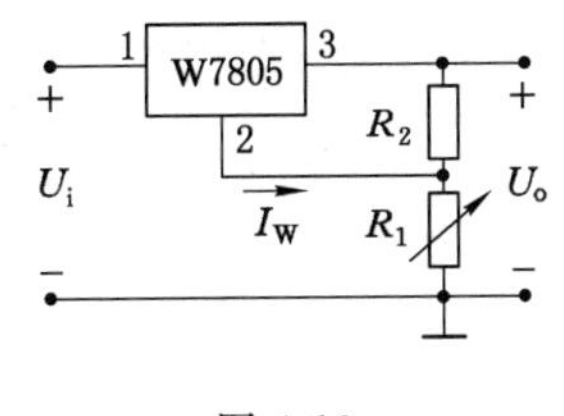

图 4-19

2. 一串联型稳压电路如图 4-20 所示。已知误差放大器的 $A_u \gg 1$，稳压管的 $U_Z = 6$ V，负载 $R_L = 20$ Ω。

（1）标出误差放大器的同相、反相端；

（2）说明电路由哪几部分组成；

（3）试求 U_o 的调整范围。

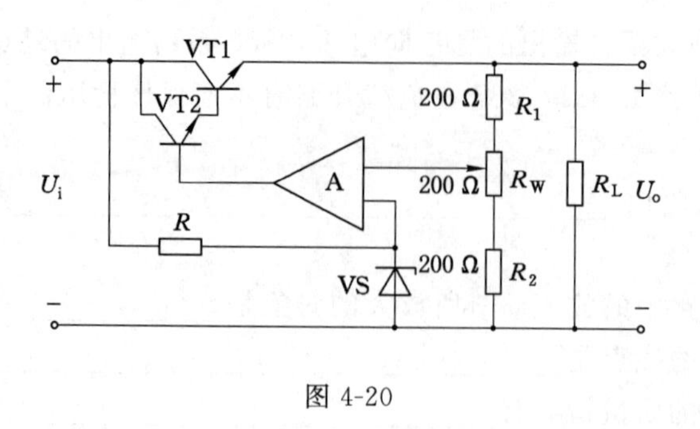

图 4-20

3. 直流稳压电源如图 4-21 所示。

(1) 说明电路的整流电路、滤波电路、调整管、基准电压电路、比较放大电路、采样电路等部分各由哪些元件组成；

(2) 标出集成运放的同相输入端和反相输入端；

(3) 写出输出电压的表达式。

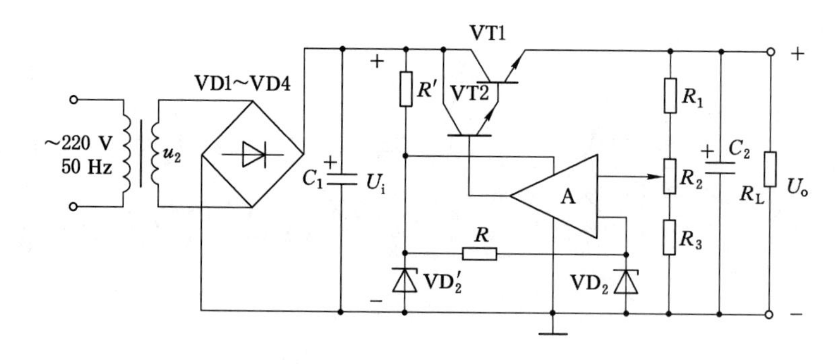

图 4-21

项目五　正弦波振荡器的分析与制作

【知识要点】 正弦波振荡电路的概念、结构组成及工作原理；正弦波振荡电路的振荡条件及判断方法；RC、LC、石英晶体振荡电路的组成和工作原理；RC、LC、石英晶体振荡电路的特点及应用。

【技能目标】 能熟练进行RC正弦波振荡器的电路搭接、调试；会用示波器观察信号波形。

任务导入

不需要外接输入信号，就能将直流电能转换成具有一定频率、一定幅度和一定波形的交流能量输出的电路，称为振荡电路。它在广播通信、自动控制、仪器仪表、遥感测量等领域具有广泛的应用。

根据振荡电路输出波形的不同，可以分为正弦波振荡电路和非正弦波振荡电路；根据电路的组成形式不同，正弦波振荡电路可分为RC振荡电路、LC振荡电路、石英晶体振荡电路等；非正弦波振荡电路可分为方波振荡电路、三角波振荡电路、锯齿波振荡电路等。

本项目对正弦波振荡电路进行了深入分析，并介绍了常见的正弦波振荡电路及RC正弦波振荡器的制作及测试，为信号产生电路的设计及应用打下基础。

任务分析

放大电路通常在输入端接上信号源的情况下才有信号输出，而振荡电路不需要外接激励信号就会有输出，其信号是“自激”的，因此也称为自激振荡电路。自激振荡会使放大电路不能正常工作，但振荡电路正是利用自激振荡来工作的。图5-1所示为能够产生正弦信号的RC正弦波振荡器，它是如何工作的？如何制作该电路呢？

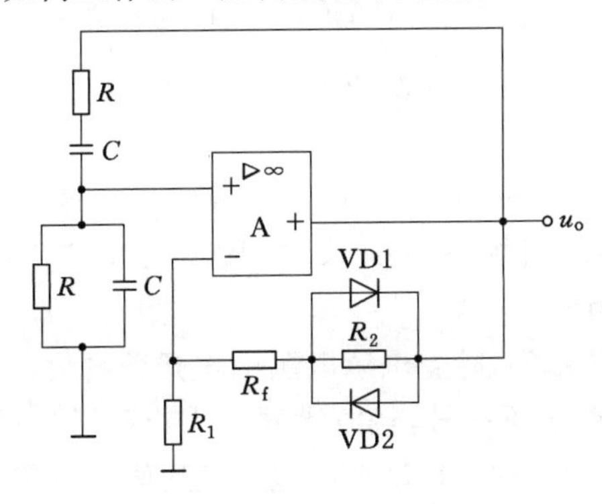

图5-1　RC正弦波振荡电路

要完成正弦波振荡器的制作以及电路的分析，必须掌握如下知识：

(1) 正弦波振荡电路的组成及工作原理。

(2) 常见的正弦波振荡电路。

任务一　正弦波振荡电路

一、正弦振荡电路的自激振荡条件

在前面介绍的带有负反馈的电路中，输入端输入正弦信号后，在输出端得到放大后的正弦信号。如果将输入信号去掉后，仍然要求在输出端得到一定频率和幅值的正弦信号的话，那么反馈就必须是正反馈，使反馈的信号能代替原来的输入信号，形成放大—反馈—放大的循环，即产生振荡。由此可见，正弦振荡电路是在放大电路的基础之上加上正反馈网络而形成的，它是各类波形发生器和信号源的核心电路，其框图如图 5-2 所示。

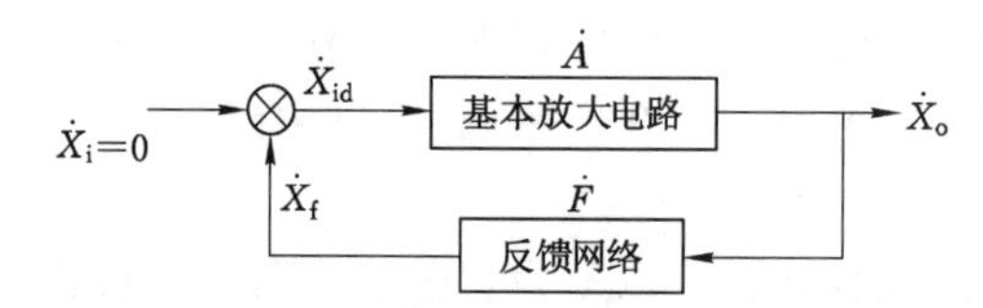

图 5-2　正弦波振荡电路框图

振荡电路能不断输出交流信号$\dot{X}_o$而不需要外界输入信号，即$\dot{X}_i=0$，只有当正反馈信号等于电路净输入信号时才能达到，由框图可得：

$$\dot{X}_{id}=\dot{X}_f=\dot{F}\dot{X}_0=\dot{F}\dot{A}\dot{X}_{id} \tag{5-1}$$

即

$$\dot{A}\dot{F}=1 \tag{5-2}$$

综上所述，产生稳定自激振荡的条件为：$\dot{A}\dot{F}=1$。包含两层含义：

(1) 幅值平衡条件

$$|\dot{A}\dot{F}|=1 \tag{5-3}$$

式中，$\dot{A}$为无反馈时放大电路的放大倍数；$\dot{F}$为反馈系数。

(2) 相位平衡条件

$$\varphi_A+\varphi_F=2n\pi \quad (n=0,1,2\cdots) \tag{5-4}$$

式中，φ_A表示放大电路产生的相移；φ_F表示反馈网络产生的相移。

二、正弦振荡电路的组成

振荡电路在接通电源的瞬间，随着电源电压由零开始增大，电路受到扰动，在放大器的输入端产生一个微弱的扰动电压信号，经放大器放大、正反馈，再放大、再反馈……反复循环，输出信号的幅度很快增加。这个扰动电压包含了从低频到高频的各种频率的谐波成分，为了能得到某一固定频率的正弦信号，必须增加选频网络，只让选频网络中心频率上的信号通过，其他频率的信号被抑制。为了克服电路中的损耗，使振荡电路容易起振，需要正反馈

强些，即 $|\dot{A}\dot{F}|>1$。所以，振荡电路起振是一个增幅振荡，随着幅度的增加，如果不加以限制，电路必然产生失真。

为了得到幅值稳定、不失真的正弦信号，就需要增加稳幅环节，当振荡电路的输出达到一定幅值后，稳幅环节就会使输出减小，维持一个相对稳定的稳幅振荡。也就是说，在振荡建立的初期，必须使反馈信号大于原输入信号，反馈信号一次比一次大，才能使振荡幅度增大；当振荡建立后，还必须使反馈信号等于原输入信号，才能使建立的振荡得以维持下去。

综上所述，正弦振荡电路的组成包括以下四个部分：

(1) 放大电路：具有信号放大作用，保证电路从起振到有一定幅值的输出电压。

(2) 正反馈网络：将输出信号正反馈到放大电路的输入端，作为输入信号，使电路产生自激振荡。

(3) 选频网络：由 RC、LC、石英晶体等电路组成，用以选定正弦振荡电路的振荡频率，从而保证电路输出单一频率的波形。

(4) 稳幅环节：用以使振幅稳定和改善输出波形，可以由器件的非线性或外加稳幅电路来实现。

三、正弦波振荡电路的分析方法

判断正弦波振荡电路是否建立，可以从以下几个方面进行分析：

(1) 检查振荡电路是否包含四个组成部分。

(2) 判断放大电路能否正常工作，首先检查放大电路是否建立了合适的静态工作点，其次分析交流通路是否能正常放大交流信号。

(3) 检查振荡电路是否满足相位平衡条件，即通过顺时极性法判断电路是否引入了正反馈。

(4) 检查振荡电路是否满足幅值平衡条件。

任务二　常见的正弦波振荡电路

根据选频网络组成元件的不同，正弦波振荡电路通常分为 RC 正弦波振荡电路、LC 正弦波振荡电路和石英晶体振荡电路。

一、RC 正弦波振荡电路

RC 正弦波振荡电路的选频网络由电阻、电容元件组成，具有结构简单、性能可靠等特点，用来产生 1 Hz～1 MHz 的低频信号。常见的 RC 正弦波振荡电路有 RC 串并联振荡电路、移相式正弦波振荡电路和双 T 网络正弦波振荡电路，本项目只介绍 RC 串并联振荡电路。

(一) RC 串并联网络的频率特性

图 5-3 为 RC 串并联网络，RC 串联臂的复阻抗用 Z_1 表示，RC 并联臂的复阻抗用 Z_2 表示，输出电压 $\dot{U}_2$ 与输入电压 $\dot{U}_1$ 之比为 RC 串并联网络的反馈系数 $\dot{F}$，则：

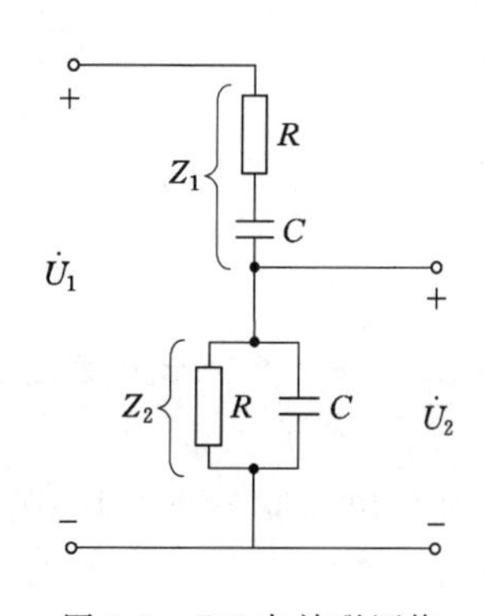

图 5-3　RC 串并联网络

$$\dot{F}=\frac{\dot{U}_2}{\dot{U}_1}=\frac{Z_2}{Z_1+Z_2}=\frac{R\ /\!/\ \frac{1}{j\omega C}}{\left(R+\frac{1}{j\omega C}\right)+\left(R\ /\!/\ \frac{1}{j\omega C}\right)}=\frac{1}{3+j\left(\omega RC-\frac{1}{\omega RC}\right)} \tag{5-5}$$

令$\omega_0=\frac{1}{RC}$，ω_0为电路固有频率，则式(5-5)可写成：

$$\dot{F}=\frac{1}{3+j\left(\frac{\omega}{\omega_0}-\frac{\omega_0}{\omega}\right)} \tag{5-6}$$

式(5-6)即为RC串并联网络的频率特性，其幅频特性和相频特性分别为：

$$|\dot{F}|=\frac{1}{\sqrt{3^2+\left(\frac{\omega}{\omega_0}-\frac{\omega_0}{\omega}\right)^2}} \tag{5-7}$$

$$\varphi=-\arctan\frac{\left(\frac{\omega}{\omega_0}-\frac{\omega_0}{\omega}\right)}{3} \tag{5-8}$$

由式(5-7)和式(5-8)可知：

(1) 当$\omega=\omega_0$时，$|\dot{F}|=1/3$，且为最大，相角$\varphi=0°$；

(2) 当$\omega\gg\omega_0$时，$|\dot{F}|\to 0$，$\varphi\to +90°$；

(3)当$\omega\ll\omega_0$时，$|\dot{F}|\to 0$，$\varphi\to -90°$。

RC串并联网络的幅频特性和相频特性曲线如图5-4所示。由图可知，当$\omega=\omega_0$，即$f=f_0=\frac{1}{2\pi RC}$时，RC串并联网络输出电压最大，且为输入电压的1/3，且此时相移为0°；在其他频率时，输出电压衰减很快，且存在相位差。所以，RC串并联网络具有选频特性。

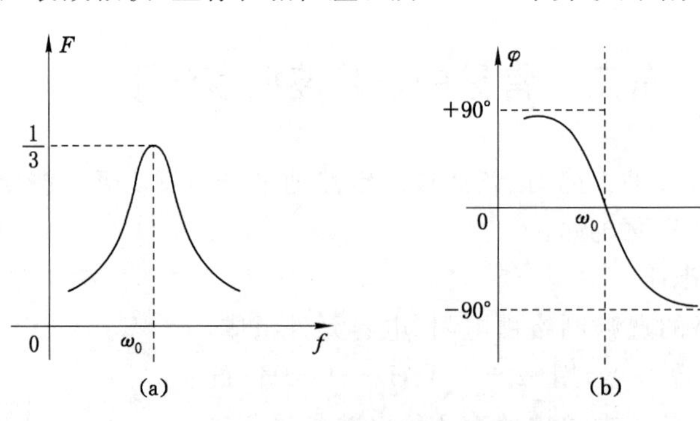

图5-4 RC串并联网络频率特性

(a) 幅频特性；(b) 相频特性

(二) RC串并联正弦波振荡电路

1. 电路组成

RC串并联正弦波振荡电路也称为RC桥式振荡电路或文氏桥振荡器，如图5-5所示。其中，集成运放为振荡电路的放大电路。当$f=f_0$时，RC串并联网络的相位移为零，放大器是同相放大器即构成正反馈，电路的总相位移是零，满足相位平衡条件，而对于其他频率的信号，RC 串并联网络的相位移不为零，不满足相位平衡条件，所以 RC 串并联网络既作为正反馈网络又具有选频作用。负反馈支路构成稳幅环节。

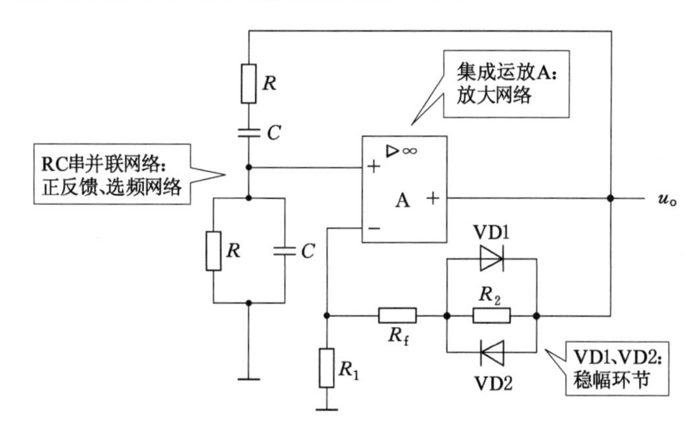

图 5-5 RC 串并联正弦波振荡电路

2. 振荡频率

电路的振荡频率由 RC 串并联网络的选频特性决定，即：

$$f_0 = \frac{1}{2\pi RC} \tag{5-9}$$

3. 起振条件

根据起振条件，$|\dot{A}\dot{F}|>1$，而 $f=f_0$ 时，$|\dot{F}|=1/3$，因此要求集成运放组成的同相放大电路的电压放大倍数$A_f=1+\dfrac{R_f}{R_1}>3$，即$R_f>2R_1$，只要适当选择 R_f 与 R_1 的比值，就能实现$A_f>3$ 的要求。

4. 稳幅措施

(1) 采用热敏电阻。为了抑制温度对振荡电路的影响，在 RC 串并联正弦波振荡电路中选择负温度系数的热敏电阻作为反馈电阻R_f。当电路起振时，输出电压幅值较小，R_f功耗较小，阻值较大，所以$A_f=1+\dfrac{R_f}{R_1}$值较大，有利于起振。当输出电压幅值增大后，R_f功耗增大，温度上升，其阻值减小，A_f 值减小，当 $A_f=3$ 时，输出电压的值稳定，达到自动稳幅的目的。

(2) 利用二极管的非线性实现自动稳幅。在图 5-5 所示负反馈支路中，二极管 VD1、VD2 与 R_2并联，不论输出信号在正半周或负半周，总有一只二极管正向导通，若两只二极管参数一致，设其正向电阻为 r_d，则 $A_f=1+\dfrac{R_f+R_2/\!/r_d}{R_1}$。电路起振时，输出电压幅值较小，根据二极管特性，此时 r_d 阻值较大，使 A_f 值较大，有利于起振。当输出电压幅值增大后，通过二极管的电流增大，r_d 阻值减小，使 A_f 值减小，从而达到自动稳幅的目的。

5. 电路特点

(1) 电路结构简单，容易起振。

(2) 频率调节方便，但振荡频率不能太高，一般适用于产生较低频率($f_0<1$ MHz)的场合。

二、LC 正弦波振荡电路

LC 正弦波振荡电路选频网络采用 LC 并联电路来实现，主要用来产生高频正弦信号(一般在 1 MHz 以上)。常见的 LC 正弦波振荡电路有变压器反馈式、电感三点式、电容三点式三种。

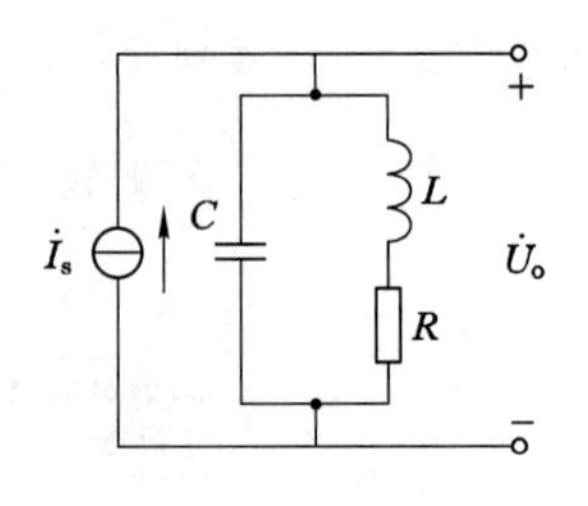

图 5-6　LC 并联电路

(一) LC 并联电路的频率特性

LC 并联电路如图 5-6 所示，R 为电感线圈和电路中其他损耗的总等效电阻，一般 R 很小。

1. 谐振频率

图 5-6 中，电路的复阻抗为：

$$Z=\frac{\frac{1}{\mathrm{j}\omega C}(R+\mathrm{j}\omega L)}{\frac{1}{\mathrm{j}\omega C}+(R+\mathrm{j}\omega L)}\approx\frac{\frac{1}{\mathrm{j}\omega C}\times\mathrm{j}\omega L}{R+\mathrm{j}\left(\omega L-\frac{1}{\omega C}\right)}=\frac{\frac{L}{C}}{R+\mathrm{j}\left(\omega L-\frac{1}{\omega C}\right)} \tag{5-10}$$

当 $\omega L=\frac{1}{\omega C}$ 时，Z 为实数，电路呈现纯阻性，发生并联谐振。

谐振角频率为：

$$\omega_0=\frac{1}{\sqrt{LC}} \tag{5-11}$$

谐振频率为：

$$f_0=\frac{1}{2\pi\sqrt{LC}} \tag{5-12}$$

2. 谐振阻抗

定义谐振时电路的品质因数为 Q，即：

$$Q=\frac{\omega_0 L}{R}=\frac{1}{RC\omega_0}=\frac{1}{R}\sqrt{\frac{L}{C}} \tag{5-13}$$

则谐振时阻抗为：

$$Z_0=\frac{L}{RC}=Q\omega_0 L=\frac{Q}{\omega_0 C}=Q\sqrt{\frac{L}{C}} \tag{5-14}$$

从上述公式可知，LC 并联谐振时，电路呈现纯阻性，此时谐振阻抗 Z_0 最大，且 Q 值越大 Z_0 越大。

3. 频率特性曲线

LC 并联电路的频率特性如图 5-7 所示，由图可知，当 $f=f_0$ 时具有选频特性，此时 $|Z|=Z_0$，$\varphi=0°$，Z 达到最大。Q 值越大，幅频特性曲线越尖锐，相频特性曲线随频率的变化越剧烈，选频特性就越好，组成振荡器时频率稳定性就越好。

(二) 变压器反馈式 LC 正弦波振荡电路

变压器反馈式 LC 正弦波振荡电路如图 5-8 所示。LC 并联谐振电路为选频网络，同时作为三极管 VT 的负载，与 R_{B1}、R_{B2}、C_E、C_B 等元器件构成了单管共射极放大电路。假设在三极管基极引入一个正极性信号，如图 5-8 中所示，根据顺时极性法，三极管集电极输出信号极性为负，L_1 线圈同名端极性为正，由于变压器二次与一次侧同名端极性与 L_2 线圈同名

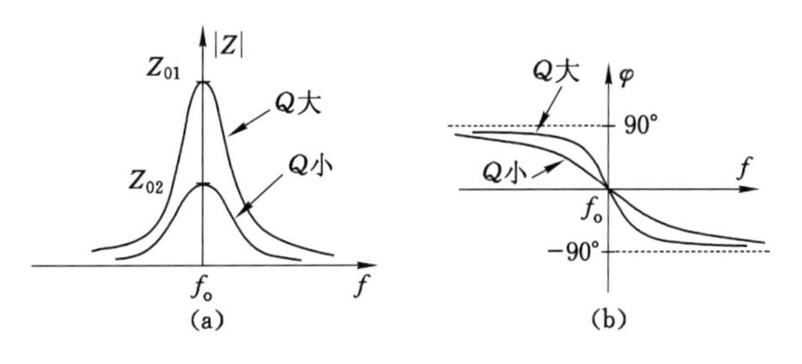

图 5-7　LC 并联电路的频率特性

(a) 幅频特性;(b) 相频特性

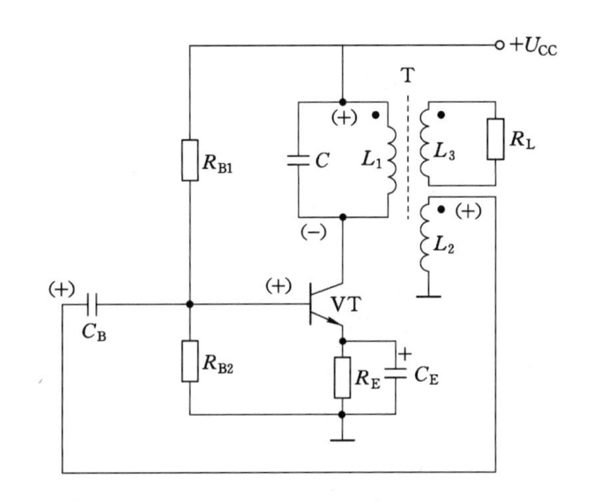

图 5-8　变压器反馈式 LC 正弦波振荡电路

端相同,所以 L_2 线圈同名端极性为正,并将反馈信号送入三极管的输入回路。综合上述分析可知,L_2 线圈为反馈网络,引入了正反馈,调整反馈线圈的匝数可以改变反馈信号的强度,可以使正反馈的幅值平衡条件得以满足。同时,放大电路和反馈网络的相移 $\varphi_A=-180°$,$\varphi_F=+180°$,$\varphi_A+\varphi_F=0°$,满足相位平衡条件。

变压器反馈式 LC 振荡电路的振荡频率与并联 LC 谐振电路相同,为:

$$f_0=\frac{1}{2\pi\sqrt{LC}} \tag{5-15}$$

变压器反馈式 LC 正弦波振荡电路的特点是:电路结构简单,易于产生振荡,输出电压波形失真不大,频率调节方便,但由于变压器绕组中存在匝间分布电容,耦合不紧密时损耗较大,一般适用于振荡频率不太高的场合(几兆赫兹到十几兆赫兹)。

(三) 电感三点式正弦波振荡电路

电感三点式正弦波振荡电路又称哈特莱振荡电路,如图 5-9 所示。电感线圈的三个引出端分别与三极管的三个电极相连,故被称为电感三点式。L_2 线圈为反馈网络,根据顺时极性法判断,该电路满足相位平衡条件;通常 L_2 线圈匝数为电感线圈总匝数的 1/8~1/4 时就能达到起振条件,所以幅值平衡条件也容易满足。

电感三点式正弦波振荡电路的振荡频率与并联 LC 谐振电路相同,为:

$$f_0=\frac{1}{2\pi\sqrt{LC}}=\frac{1}{2\pi\sqrt{(L_1+L_2+M)\cdot C}} \tag{5-16}$$

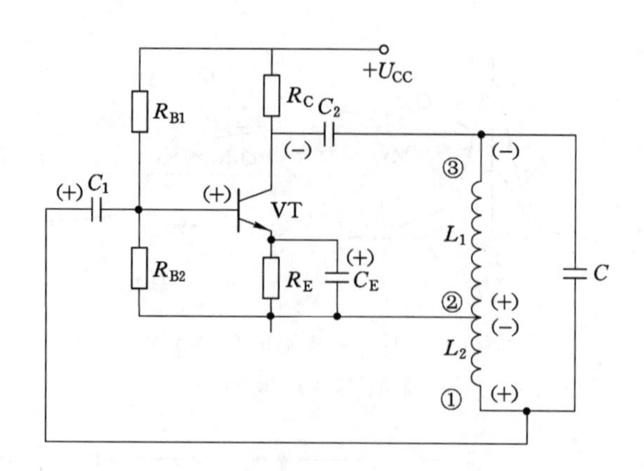

图 5-9 电感三点式正弦波振荡电路

在电感三点式正弦波振荡电路中，线圈 L_1、L_2 耦合紧密、容易起振，振荡频率的调节范围较宽，且调节方便。但由于输出波形中含有较大的高次谐波，波形较差，频率稳定度不高，通常用于要求不高的设备中。

（四）电容三点式正弦波振荡电路

电容三点式正弦波振荡电路又称考毕兹振荡电路，如图 5-10 所示。由于在 LC 并联电路中，电容 C_1 和 C_2 的三个引出端分别与三极管的三个电极相连，故被称为电容三点式。反馈电压为电容 C_2 两端电压，利用顺时极性法可判断出电路为正反馈，满足相位平衡条件。适当选取 C_1、C_2 值也容易满足幅值平衡条件。

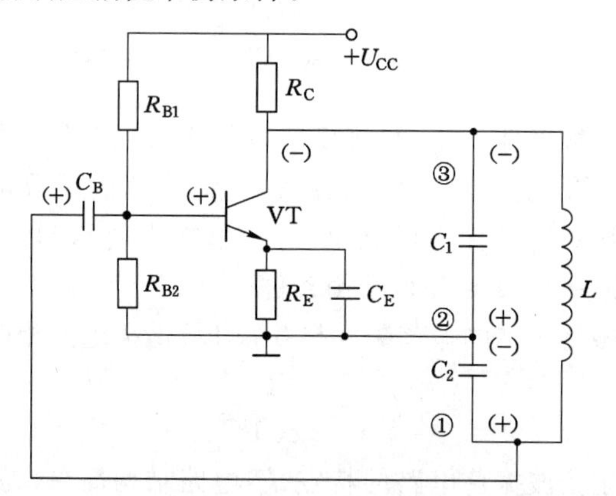

图 5-10 电容三点式正弦波振荡电路

电容三点式正弦波振荡电路的振荡频率为：

$$f_0 = \frac{1}{2\pi\sqrt{LC}} = \frac{1}{2\pi\sqrt{L}} \tag{5-17}$$

电容三点式正弦波振荡电路的反馈电压取自电容两端，由于电容对高次谐波的容抗小，反馈电压中谐波分量很小，输出波形较好；振荡频率较高，一般可达到 100 MHz 以上；频率调节不便，适用于产生固定频率的电路中，若要改变频率，可进行改进。

三、石英晶体振荡电路

在实际应用中通常要求振荡频率有一定的稳定度，而频率的稳定度与谐振回路的 Q 值有关，Q 值越大，频率稳定度越高。一般 LC 谐振回路的 Q 值只有几百，而石英晶体的 Q 值可达 $10^4 \sim 10^6$，因此在要求频率稳定度高的场合，常采用石英晶体振荡电路。

（一）石英晶体的基本特性

1. 等效电路

石英晶体的主要成分是二氧化硅，具有稳定的物理和化学性能。从一块晶体上按一定方位角切割下来的薄片，称为石英晶片，在晶片的两面涂上银层，添加电极并封装后，就构成了石英晶体谐振器。图 5-11 所示为石英晶体的电路符号和等效电路，C_0 为晶片极板间的静电电容，约几到几十皮法；L、C 分别为模拟晶片振动时的惯性和弹性；R 为模拟晶片振动时的摩擦损耗。通常晶片的 L 很大，C 和 R 很小，所以石英晶体的 Q 值较高，利用石英晶体谐振器组成的正弦波振荡电路，可以获得很高的频率稳定度。

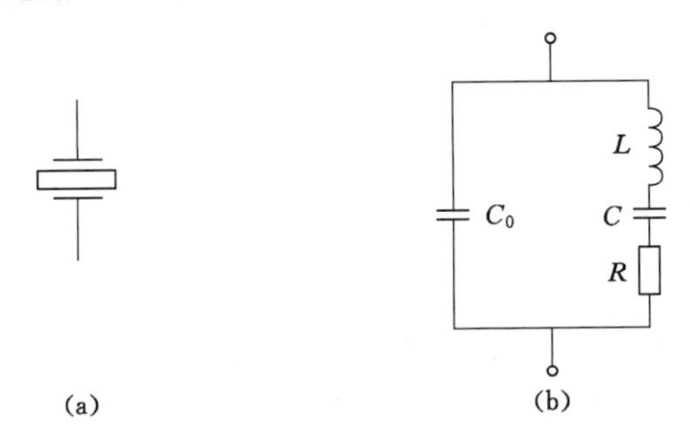

图 5-11　石英晶体

(a) 电路符号；(b) 等效电路

2. 压电效应及压电谐振

给石英晶片外加交变电压时，石英晶片将按交变电压的频率发生机械振动，同时晶片的机械振动又会产生交变电场，即所谓的压电效应，通常这种机械振动和交变电场的幅度很小。当外加交变电压的频率等于石英晶片的固有机械振动频率时，晶片发生共振，此时机械振动幅度最大，晶片两面的电荷量以及电路中的交变电流也最大，产生了类似于回路的谐振现象，此现象称为压电谐振。石英晶片的压电谐振频率与石英晶体的外形尺寸、切片方向和切割方式等有关。

3. 频率特性

石英晶体的电抗特性如图 5-12 所示。由图可知，它具有两个谐振频率，一个是 L、C、R 支路发生串联谐振时的串联谐振频率 f_s，另一个是 L、C、R 支路与 C_0 支路发生并联谐振时的并联谐振频率 f_p。由等效电路得：

$$f_s = \frac{1}{2\pi\sqrt{LC}} \tag{5-18}$$

$$f_p = \frac{1}{2\pi\sqrt{L}} \approx f_s\sqrt{1+\frac{C}{C_0}} \tag{5-19}$$

由于 $C \ll C_0$，所以 f_p 与 f_s 很接近。当出现串联谐振时，石英晶体两端的阻抗最小，为纯阻性；当出现并联谐振时，石英晶体两端的阻抗最大，也为纯阻性。在 $f_s \sim f_p$ 的频率范围内，石英晶体呈现的阻抗是感性的，而在其余高、低频区域工作时，石英晶体的阻抗呈容性。石英晶体振荡器主要工作在感性区。

（二）石英晶体振荡电路

利用石英晶体构成的振荡电路有两类：并联型和串联型。

1. 并联型晶体振荡电路

并联型晶体振荡电路利用石英晶体工作在并联谐振状态下，频率在 $f_s \sim f_p$ 之间晶体阻抗呈感性的特点，与两个外接电容组成三点式振荡电路，如图 5-13 所示。

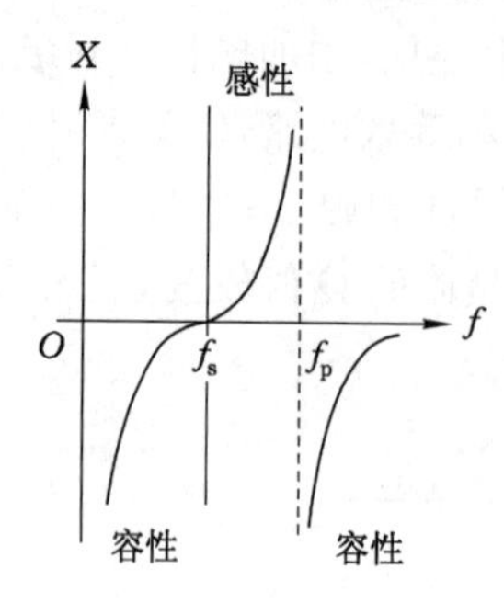

图 5-12　石英晶体电抗特性

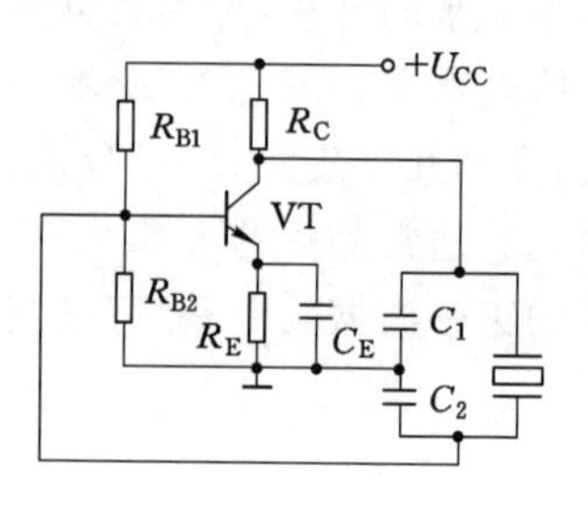

图 5-13　并联型晶体振荡电路

2. 串联型晶体振荡电路

串联型晶体振荡电路利用石英晶体工作在串联谐振 f_s 时阻抗最小，且为纯阻性的特点来构成石英晶体振荡电路，如图 5-14 所示。用顺时极性法可判断出电路满足相位平衡条件，且在 $f=f_s$ 时，正反馈最强，电路产生谐振，振荡频率等于晶体的串联谐振频率 f_s。

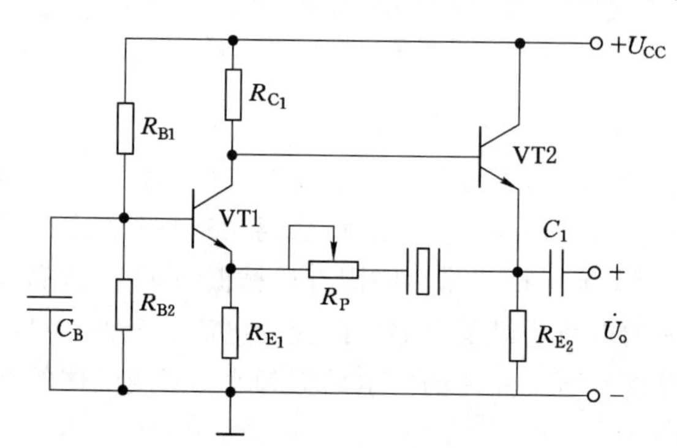

图 5-14　串联型晶体振荡电路

由于石英晶体特性好、安装简单、调试方便，所以石英晶体振荡电路广泛应用在频率发生器、脉冲计数器及电子计算机等精密设备中。

RC 正弦波振荡器的制作与测试

1. 项目实施目的

(1) 进一步了解 RC 正弦波振荡器的组成和基本工作原理。

(2) 掌握 RC 正弦波振荡器的制作与测试方法。

(3) 培养分析电路、解决实际问题的能力以及团结协作能力。

2. 准备清单

(1) 测试的仪器仪表：万用表、示波器、直流稳压电源(可提供±12 V 电源)。

(2) 工具：电烙铁、焊锡丝、松香等。

(3) 搭接、测试电路及配套电子元件及材料表 5-1。

表 5-1　元器件材料清单

序号	名称	型号及规格	单位	数量	代号
1	固定电阻	8.2 kΩ,1/4 W	只	2/人	R
2	固定电阻	6.2 kΩ,1/4 W	只	1/人	R_1
3	固定电阻	4.3 kΩ,1/4 W	只	1/人	R_2
4	瓷片电容	0.01 μF/25 V	只	2/人	C
5	电位器	30 kΩ/1/2 W	个	1/人	R_P
6	二极管	IN4007	只	2/人	VD1、VD2
7	集成运放	uA741	个	1/人	A
8	印制电路板	直纹板	块	1/人	
9	镀银裸导线	0.3 mm	m	若干	

3. 安全

(1) 正确使用万用表、示波器等仪器仪表。

(2) 使用电烙铁时注意防止烫伤；使用完毕应及时断电。

(3) 切断元器件引线时，应避免线头飞射伤人；穿戴好劳保用品。

(4) 使用万用表测量电阻时，不允许在被测电路中通电测试。

4. 装配电路原理图(图 5-15)

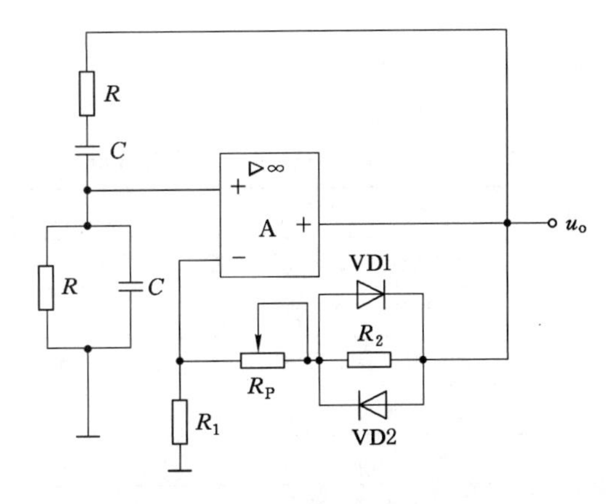

图 5-15　RC 正弦波振荡器原理图

5. 操作步骤

(1) 读电路图，认识电路中各元件符号及参数大小，各元件的特性和作用；清点并测试元器件。

(2) 按照图 5-15 所示电路在万能板上进行布线，注意元器件位置及电源与地线的线路走向。

(3) 按照元器件布局进行元器件引线成形，原则上按先低后高的顺序安放元器件并进行焊接。

(4) 对元器件进行焊接，剪去多余的导线及元器件引线，使用万用表检查电路是否有短路现象。

(5) 检查电路是否组装正确。

(6) 在电路连接无误的情况下，给集成运放接上正、负直流稳压电源 12 V，将示波器接在运放输出端观察输出波形，调节 R_P 使电路起振且波形失真最小，并观察电阻 R_P 的变化对输出波形的影响。

(7) 用示波测量所产生正弦信号的频率，观测并记录运放反相、同相端电压 u_N、u_P 和输出电压 u_o 波形幅值与相位关系，测出 f_o，将测试 f_o 与理论值进行比较，将结果记录于表 5-2 中。

表 5-2　　测试结果记录表

测试值				理论计算值
u_N	u_P	u_o	f_o	f_o
u_N与 u_o的相位关系：				
u_P与 u_o的相位关系：				

6. 操作要求

(1) 在焊接前，先把所有元器件的引脚焊上一层薄薄的焊锡。

(2) 焊接电子元器件时，应注意电烙铁的温度不要太高。

(3) 实训中注意合理使用工具，焊接完成后要整理桌面，防止测试时短路。

7. 项目考核

考核项目、内容及标准见表 5-3。

表 5-3　　RC 正弦波振荡器的制作与测试考核表

考核项目	评分内容与标准	配分	扣分	得分
电位器识别与检测	能检测识别固定端和滑动端	5		
二极管识别与检测	能正确检测正负极	5		
	能正确测量正反向电阻	5		
电容识别与检测	能识别出电容容量、耐压	5		
电阻识别与检测	能识别阻值及误差	5		
布线与焊接质量	连线正确	5		
	布线合理	5		
	焊点光滑	10		
	无虚焊	5		

续表 5-3

考核项目	评分内容与标准	配分	扣分	得分
仪器仪表使用	万用表挡位选用正确	5		
	万用表读数正确	5		
	示波器波形稳定	5		
	示波器读数正确	5		
测试结果	测量结果正确	10		
	回答问题正确	10		
工作态度	积极主动、协助、规范	10		
合计		100		

思考与练习

一、填空题

1. 电路自激振荡必须满足__________和__________两个条件。

2. 正弦振荡器常以选频网络所用元件来命名，分为________正弦振荡器、______正弦振荡器和__________正弦振荡器。

3. 正弦振荡器一般由________、________、________和__________四部分组成。

4. LC 振荡器分为________式、________式和__________式三种。

5. 石英晶体正弦振荡电路有______________型和____________型两种。

二、判断题

1. 正弦振荡电路的振荡频率由选频网络中元件参数决定。（　　）

2. 正弦波振荡电路中，必须有正反馈才能起振。（　　）

3. RC 正弦波振荡电路的振荡频率较高，一般在 1 MHz 以上。（　　）

4. 石英晶体振荡器都是工作在线性区。（　　）

5. LC 正弦振荡电路与 RC 正弦振荡电路的组成原则上是相同的。（　　）

三、选择题

1. 正弦波振荡电路的幅值平衡条件，要满足 $|AF|$（　　）。

A. $=-1$　　B. $=0$　　C. $=1$　　D. 不确定

2. 正弦波振荡电路必须引入正反馈，即放大电路与反馈电路的总相移必须等于（　　）。

A. 90°　　B. 180°　　C. 270°　　D. 360°

3. RC 正弦波振荡电路的选频网络是由（　　）电路构成。

A. RC 串并联电路　　B. LC 并联电路

C. LC 串联电路　　D. RC 串联电路

4. 石英晶体振荡器的固有频率与晶片的（　　）有关。

A. 质量　　B. 几何尺寸　　C. 形状　　D. 体积

5. 石英晶体振荡器呈感性，必须满足（　　）的条件。

A. $f>f_s$　　B. $f<f_p$　　C. $f<f_s$　　D. $f_p>f>f_s$

四、简答题

1. 正弦波振荡电路产生自激振荡的条件是什么？

2. 正弦波振荡电路由哪些部分组成？各部分有什么功能？

五、计算题

1. 图 5-16 所示电路为 RC 文氏电桥振荡器。

(1) 计算振荡频率 f_0；

(2) 分析 R_t 应具有怎样的温度特性。

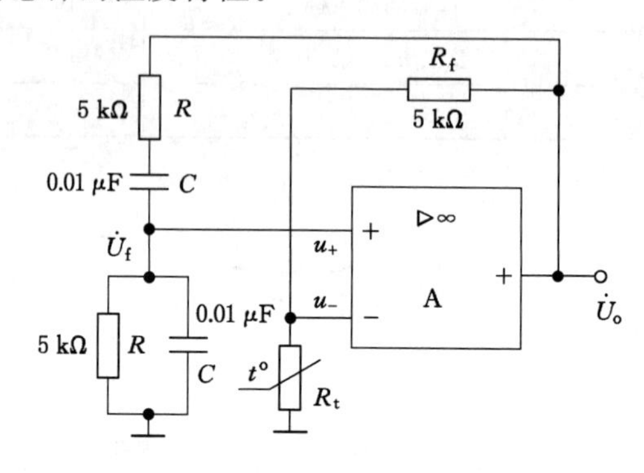

图 5-16　RC 文氏电桥振荡器

2. 若石英晶片的参数为：$L=4$ H，$C=9\times10^{-2}$ pF，$C_0=3$ pF，$R=100$ Ω，试求：

(1) 串联谐振频率 f_s；

(2) 并联谐振频率 f_p。

项目六　台灯调光电路的分析与制作

【知识要点】 理解晶闸管、单结晶体管的结构、符号；掌握晶闸管导通和关断条件；熟悉晶闸管型号及主要参数，理解晶闸管单相可控整流电路、单结晶体管触发电路的工作原理；掌握晶闸管单相可控整流电路相关参数的计算方法；熟悉单结晶体管触发电路元器件参数选择方法。

【技能目标】 熟练进行晶闸管和单结晶体管的识别与检测；掌握台灯调光电路的装配、调试、测试与故障分析技能；理实结合，培养分析解决问题的能力。

任务导入

在日常生产和生活中，不同的场合对灯光照明亮度的要求不同，因此调光灯应运而生，被广泛使用。图 6-1 为典型的台灯调光电路原理图，如何运用所学知识进行该电路的分析、制作及测试呢？通过本项目的学习，我们将解决上述问题。

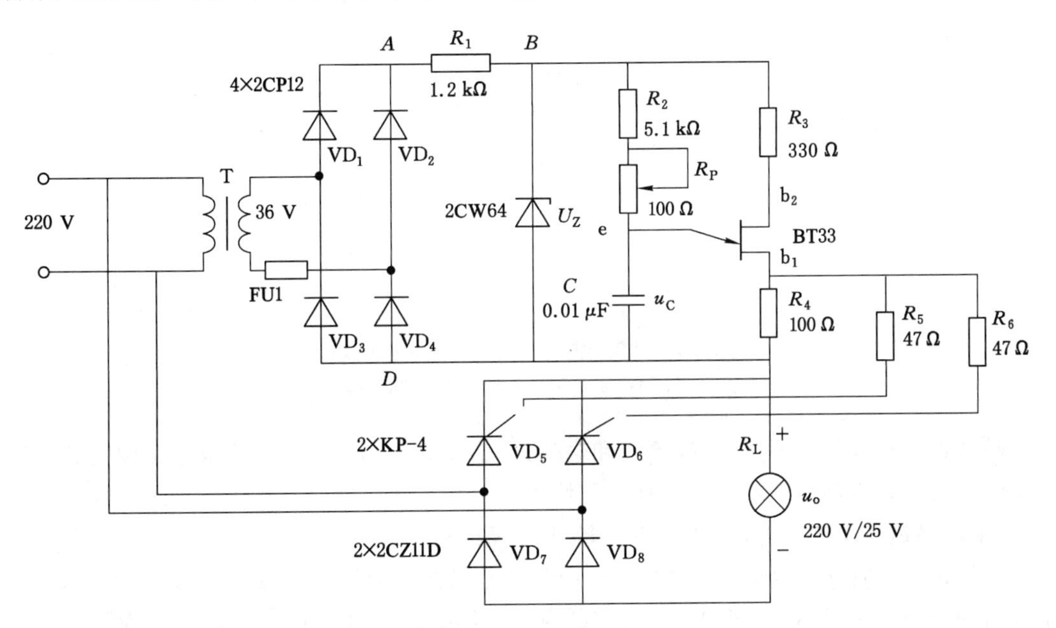

图 6-1　台灯调光电路原理图

任务分析

在 6-1 所示电路中，除二极管整流电路、限幅电路等已学知识外，还有晶闸管、单结晶体管所构成的单项可控整流电路及触发电路。

要完成台灯调光电路的分析及制作，必须掌握以下知识：

(1) 晶闸管及单相可控整流电路的分析。

(2) 单结晶体管及触发电路的分析。

任务一 晶闸管及单相可控整流电路的分析

一、晶闸管的基本知识

晶闸管也称为可控硅(Silicon Controlled Rectifier，简称 SCR)，是一种大功率半导体器件，具有体积小、质量轻、容量大、耐压高、响应速度快、控制灵活、寿命长、使用维护方便等优点。晶闸管是一种具有单向导电性能的可控整流器件，被广泛应用于强电系统、弱电系统及自动控制系统中。

(一) 晶闸管结构

晶闸管的结构和电路符合如图 6-2(a)、(b)所示。它是具有三个 PN 结的四层结构，由最外边的 P 层、N 层和中间的 P 层各引出一个电极，分别为晶闸管的阳极 A(或 a)、阴极 K(或 k)和控制极 G(或 g)，晶闸管在电路中常用 SCR、V 表示。

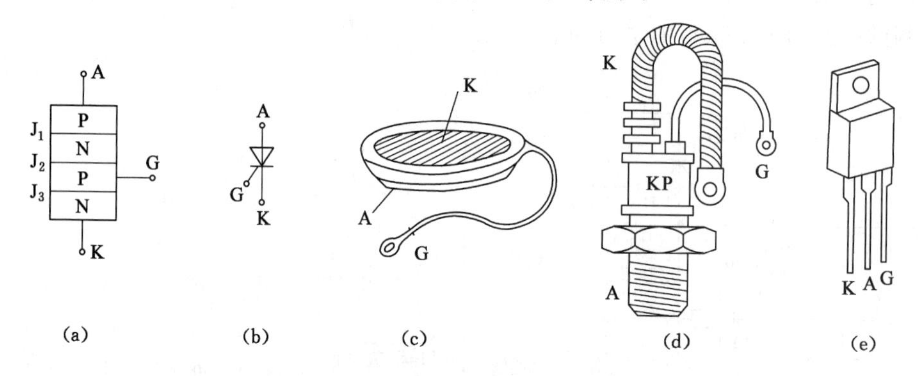

图 6-2 晶闸管结构、电路符号及外形图

(a) 结构；(b) 电路符号；(c) 平板式；(d) 螺栓式；(e) 塑封式

晶闸管常见外形有平板式、螺栓式和塑封式，如图 6-2(c)、(d)、(e)所示。平板式晶闸管的中间金属环是控制极 G，上面是阴极 K，使用时由相互绝缘的两个散热器将晶闸管固定在中间，采用强迫风冷或水冷，散热效果比较好；一般 200～500 A 以上的晶闸管多采用平板式。螺栓式晶闸管的阳极 A 是个螺栓，使用时把它紧拧在散热器上，另一端有两根引线，其中较粗的一根是阴极 K，较细的一根是控制极 G。塑封式晶闸管工作电流较小，通常在 10A 以下。

(二) 晶闸管的工作原理

晶闸管内部等效结构如图 6-3(a)所示，可将其等效成由 PNP(T_1)和 NPN(T_2)两个三极管，每个三极管的基极与另一个三极管的集电极相连；与外接元器件组成的电路如图 6-3(b)所示，U_{AA}为阳极电源，U_{GG}为控制极电源，要求在 A、K 间加正向电压，G、K 间加正向控制电压。

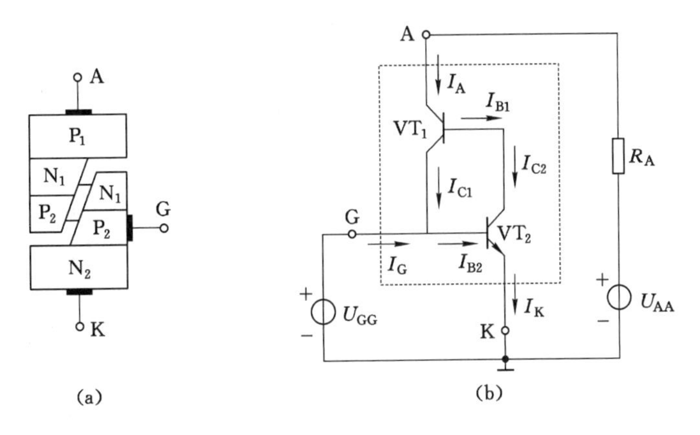

图 6-3　晶闸管工作原理图

(a) 等效结构；(b) 等效工作原理图

在控制极正向电压的作用下，VT_2管基极便产生输入电流 I_G，经 VT_2管放大，形成集电极电流 $I_{C2}=\beta_2 I_G$，而 $I_{C2}=I_{B1}$，经过 VT_1管放大，产生集电极电流 $I_{C1}=\beta_1\beta_2 I_G$，$I_{C1}$又注入$VT_2$的基极再进行放大，循环往复，形成正反馈，使晶闸管电流越来越大，内阻急剧下降，管压降减小，并在几微秒内处于导通状态，这一过程称为晶闸管的触发导通。晶闸管一旦导通，控制极电压就不再起作用，不管 U_{GG}存在与否，晶闸管仍能依靠自身的正反馈作用维持导通状态。晶闸管在导通状态时，A、K 之间的正向压降约为 0.6～1.2 V。

若要晶闸管由导通到关断，只要减小阳极正向电压 U_{AA}，使阳极电流 I_A小于维持电流 I_H，使之不能维持正反馈过程。

综上所述，晶闸管导通和关断的条件如下：

(1) 导通条件：晶闸管阳极与阴极之间加正向电压；控制极与阴极之间加正向触发电压，晶闸管从截止到导通后，控制极电压即失去作用。

(2) 关断条件：要使晶闸管从导通到关断，必须把正向阳极电压降到一定值，使阳极电流小于维持电流或使阳极电压反向。

(三) 晶闸管的主要参数

1. 电压参数

(1) 正向转折电压 U_{BO}：在额定结温和控制极开路的条件下，阳极-阴极间加正弦半波正向电压，晶闸管由断态发生正向转折变成通态所对应的电压峰值。

(2) 正向阻断重复峰值电压 U_{DRM}：在控制极开路、正向阻断条件下，允许重复加在晶闸管两端的正向峰值电压，又称为正向阻断峰值电压，其值低于正向转折电压 U_{BO}。

(3) 反向重复峰值电压 U_{RRM}：在控制极开路条件下，允许重复加在管子上的反向峰值电压。

(4) 通态平均电压 U_F：正常导通时的平均管压降，一般为 0.6～1.2 V。

(5) 额定电压 U_D：加在管子上的最大允许电压值，俗称耐压。为了安全，使用中一般取额定电压为正常工作时峰值电压的 2～3 倍。

(6) 反向击穿电压 U_{BR}：晶闸管反向击穿时所加的反向电压。

2. 电流参数

(1) 额定正向平均电流 I_F：允许通过单相工频正弦半波电流的平均值。为在使用中不使管子过热，一般取 I_F是正常工作平均电流的 1.5～2 倍。

(2) 维持电流 I_H：晶闸管被触发导通后维持导通所必需的最小电流。

(3) 浪涌电流 I_{FSM}：晶闸管所能承受的最大过载电路峰值。

3. 控制极参数

(1) 控制极触发电压 U_G和触发电流 I_G：使晶闸管从阻断状态转变为导通状态所需的最小控制极直流电压和最小控制极直流电流，分别称为控制极触发电压、触发电流。一般 U_G为 1～5 V，I_G为几十毫安到几百毫安，使用时为保证可靠触发，实际值应大于额定值。

(2) 控制极反向电压 U_{GR}：控制极与阴极之间所能加的最大反向电压峰值叫控制极反向电压，一般不超过 10 V。

除此之外，还有反映晶闸管动态性能的参数，如导通时间 t_{on}、关断时间 t_{off}、通态电流上升率 d_i/d_t、断态电压上升率 d_u/d_t等。

二、单相可控整流电路

晶闸管的阳极和阴极间在正向电压的作用下，改变控制极触发信号的时间即可控制晶闸管的导通时间。利用该特点，可以把交流电变成大小可调的直流电，这种电路称为可控整流电路。本任务主要讨论电阻性负载单相半控桥式整流电路。

如图 6-4(a)所示，将二极管组成的单相桥式整流电路中的两个二极管用晶闸管 V_1、V_2代替，就构成了半控桥式整流电路，其中 R_L 为电阻性负载。若四只二极管都用晶闸管代替，则构成了全控桥式整流电路。

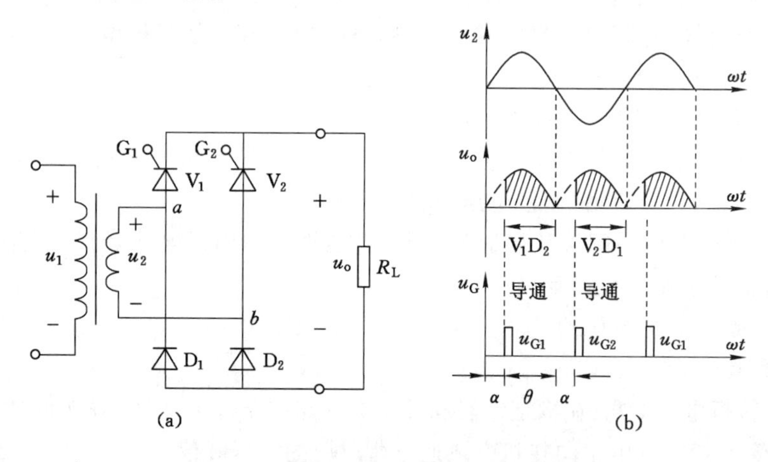

图 6-4 电阻性负载单相半控桥式整流电路

(a) 电路图；(b) 波形图

1. 工作原理

设 $u_2=U_2\sin\omega t$，各点波形如图 6-4(b)所示。

(1) 在 u_2正半周，a 端电位高于 b 端，V_1和 VD_2承受正向电压，当 $\omega t=\alpha$ 时，晶闸管 V_1在控制极触发电压 u_{G1}作用下开始导通，其电流回路为：电源 a 端→V_1→R_L→D_2→电源 b 端。若忽略 V_1、D_2的正向压降，输出电压 u_o与 u_2相等，V_2和 D_1承受反向电压而阻断、截止。当 $\omega t=\pi$，u_2过零时，V_1 阻断，电流为零。

(2) 在 u_2负半周，b 端电位高于 a 端，V_2和 D_1承受正向电压，当 $\omega t=\pi+\alpha$ 时触发 V_2使之导通，其电流回路为：电源 b 端→V_2→R_L→D_1→电源 a 端。负载电压大小和极性与 u_2在

正半周时相同，这时 V_1 和 D_2 承受反向电压而阻断、截止。当 $\omega t=2\pi$，u_2 由负值过零时，V_2 阻断，电流为零。在 u_2 的第二个周期内，电路将重复下去，以至无穷。

综上所述，V_1、D_2 及 V_2、D_1 分为两组，轮流在 u_2 正、负半周导通和截止。其中，α 称为控制角，$\theta=\pi-\alpha$ 称为导通角，α 角能变化的范围称为触发脉冲的移相范围，调节 α 即可调整输出直流平均电压的大小。

2. 输出电压、电流平均值计算

(1) 输出电压的平均值为：

$$U_{\mathrm{OAV}}=\frac{1}{2\pi}\int_0^{2\pi}\sqrt{2}\sin\omega t\,\mathrm{d}(\omega t)=\frac{1}{\pi}\int_\alpha^\pi\sqrt{2}\sin\omega t\,\mathrm{d}(\omega t)=0.9U_2\,\frac{1+\cos\alpha}{2} \tag{6-1}$$

(2) 输出电流的平均值为：

$$I_{\mathrm{OAV}}=\frac{U_{\mathrm{OAV}}}{R_{\mathrm{L}}}=0.9U_2\,\frac{1+\cos\alpha}{2R_{\mathrm{L}}} \tag{6-2}$$

由式(6-1)、式(6-2)可知，输出电压和电流平均值的大小与控制角 α 有关。

3. 晶闸管选择

(1) 通过晶闸管和二极管的电流平均值为：

$$I_{\mathrm{VAV}}=I_{\mathrm{DAV}}=\frac{1}{2}I_{\mathrm{OAV}} \tag{6-3}$$

(2) 晶闸管与二极管所承受的最大反向电压为：

$$U_{\mathrm{VM}}=U_{\mathrm{RM}}=\sqrt{2}U_2 \tag{6-4}$$

在选择晶闸管时，一般重复电压取峰值电压 U_{VM} 的 2～3 倍，额定电流取平均电流 I_{F} 的 1.5～2 倍。

【例 6-1】 在图 6-4 所示的单相半控桥式整流电路中，负载电阻为 20 Ω，交流电压 U_2 为 220 V，控制角 α 的调节范围在 60°～180°，请计算：

(1) 直流输出电压可调范围；

(2) 晶闸管两端的最大反向电压；

(3) 晶闸管承受的最大平均电流。

解：

(1) 直流输出电压可调范围为：

当 $\alpha=60°$ 时：

$$U_{\mathrm{OAV}}=0.9U_2\,\frac{1+\cos\alpha}{2}=0.9\times220\,\frac{1+\cos 60^\circ}{2}=148.5\ (\mathrm{V})$$

当 $\alpha=180°$ 时：

$$U_{\mathrm{OAV}}=0.9U_2\,\frac{1+\cos\alpha}{2}=0.9\times220\,\frac{1+\cos 180^\circ}{2}=0\ (\mathrm{V})$$

因此，输出电压的可调范围为 0～148.5 V。

(2) 晶闸管所承受的最大反向电压为：

$$U_{\mathrm{VM}}=\sqrt{2}U_2=311\ (\mathrm{V})$$

(3) 晶闸管承受的最大平均电流为：

$$I_{\mathrm{VAV}}=\frac{1}{2}I_{\mathrm{OAV}}=\frac{1}{2}\times\frac{148.5}{20}=3.7\ (\mathrm{A})$$

任务二 单结晶体管及触发电路的分析

晶闸管的导通除了在阳极与阴极之间加正向电压之外，还必须在控制极加上合适的触发信号，一般采用脉冲电压作为控制极的触发信号。向晶闸管控制极提供触发信号的电路称为触发电路。对触发电路的基本要求是：

(1) 触发脉冲应与晶闸管阳极电压同步，且有足够的移相范围以满足控制需要，一般移相范围为 180°。

(2) 触发脉冲上升沿要陡峭，以保证触发时间的准确性。

(3) 触发脉冲应有足够宽度，由于晶闸管开通时间约为 6 μs，因此触发脉冲宽度应不低于 6 μs，最好为 20～50 μs。

(4) 为了保证可靠触发，触发脉冲电压和电流要足够大。

触发电路的种类很多，在中小功率可控装置中常采用单结晶体管触发电路，本任务仅介绍单结晶体管触发电路。

一、单结晶体管基本知识

(一) 单结晶体管符号及等效电路

单结晶体管的外形与普通三极管相似，具有三个电极，但管内只有一个 PN 结，所以称之为单结晶体管。在三个电极中，有一个发射极 e(或 E)，两个基极 b_1、b_2(或 B_1、B_2)，又称为双基极二极管。图 6-5 所示为单结晶体管的符号及等效电路。其中，R_{b1} 为 b_1 与 e 间的电阻，阻值随发射极电流 i_E 而变化，R_{b2} 为 b_2 与 e 间的电阻，阻值维持不变；$R_{bb}=R_{b1}+R_{b2}$，阻值范围为 2～15 kΩ。若在 b_1 与 b_2 之间加一个电压 U_{BB}(b_1 接负，b_2 接正)，则 $U_A=\dfrac{R_{b1}}{R_{b1}+R_{b2}}U_{BB}=\eta U_{BB}$，其中 $\eta=\dfrac{R_{b1}}{R_{b1}+R_{b2}}$，称为分压比，一般在 0.3～0.9 之间。

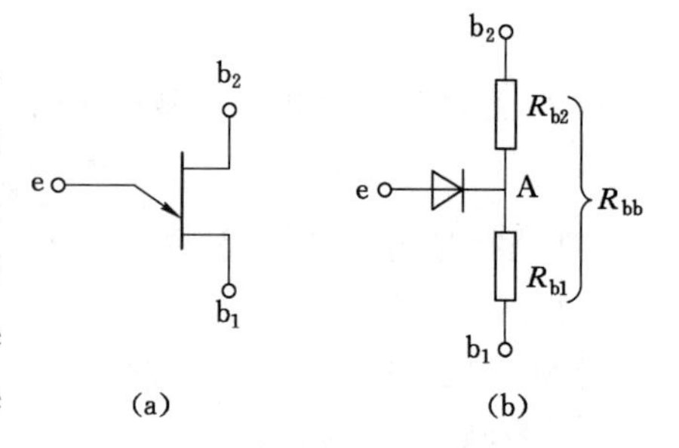

图 6-5 单结晶体管符合及等效电路
(a) 符号；(b) 等效电路

(二) 伏安特性

单结晶体管的伏安特性是指它的发射极电压 u_E 与发射极电流 I_E 之间的关系。在 b_2、b_1 间加上直流电源 U_{BB}，E 与 b_1 间加可调电压 U_{EE}，电路连接如图 6-6(a)所示，则：

当 $U_E<U_A+U_D$ 时，PN 结承受反向电压，发射极上只有微安级的反向电流，单结晶体管子处于截止状态，这段特性区称为截止区，即图 6-6(b)中的 AP 段。

当 $U_E<U_A+U_D$ 时，PN 结正偏，i_E 明显增大，R_{b1} 减小，η 减小，u_A 下降，使得 PN 结正偏电压增加，i_E 更大。这一正反馈过程使 u_E 减小，呈现负阻效应，如图 6-6(b)中的 PV 段，称为负阻区。P 点称为峰点，对应的电压 U_P 称为峰点电压，且 $U_P=\eta U_{BB}+U_D$；电流 I_P 称为峰点电流，这是单结晶体管导通时所需的最小电流，一般为 4 μA。

在 V 点以后，当 i_E 增加，u_E 也有所增加，R_{b1} 不再减小，恢复正阻特性，管子进入饱和区，即图 6-6(b)中的 VQ 段曲线。V 点被称为谷点，对应电压 U_V 称为谷点电压，I_V 称为谷点电

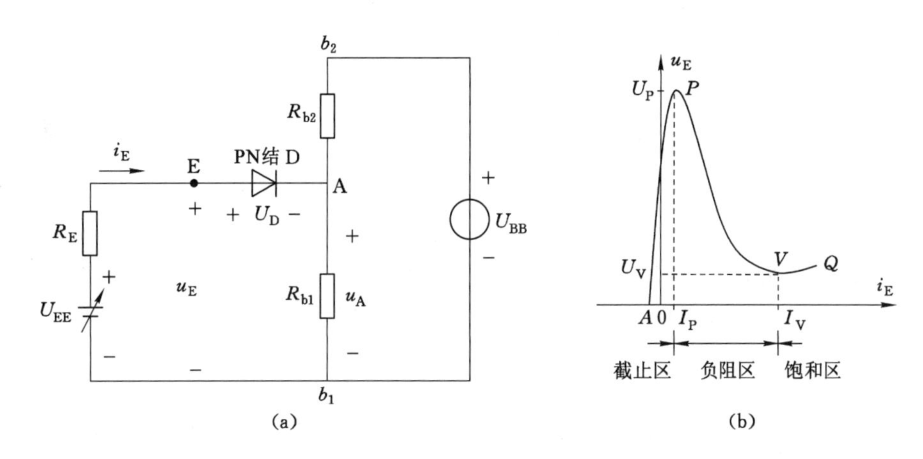

图 6-6　单结晶体管的伏安特性

(a) 等效电路;(b) 伏安特性

流。管子导通后,如果使 $U_E<U_V$,管子会跳回到截止区,所以 U_V是维持管子导通的最小发射极电压。

二、单结晶体管振荡电路

(一) 工作原理

利用单结晶体管的负阻特性和 RC 充放电特性可构成振荡电路,如图 6-7 所示,工作原理如下。

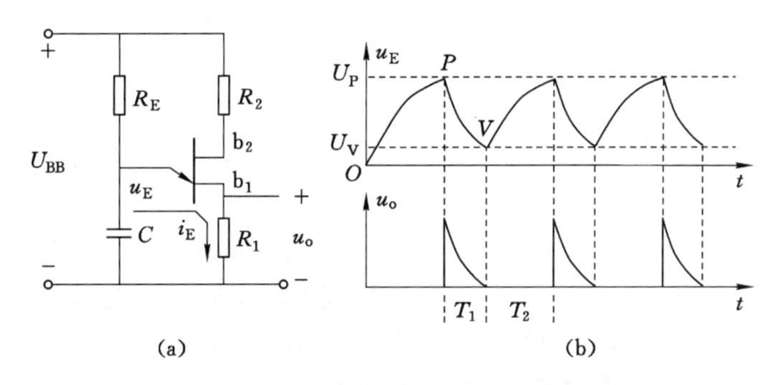

图 6-7　单结晶体管振荡电路

(a) 电路图;(b) 波形图

当电源接通后,单结晶体管截止,U_{BB}通过 R_E向电容器 C 充电,使电容两端电压逐渐升高,对应图 6-7(b)中的 OP 段。当$u_E \geqslant u_P$时,管子导通,因电容两端电压不能突变,电容 C 通过发射极 E、第一基极 b_1 及 R_1迅速放电,u_E迅速下降,降至谷点 V 时,单结晶体管重新处于截止状态,电源又重新开始对 C 充电,这样周而复始形成振荡。电容 C 两端获得锯齿波电压,而在负载电阻 R_1上输出周期性尖脉冲电压u_o,波形如图 6-7(b)所示。

(二) 参数选择

(1) R_E的选择应使得单结晶体管工作在负阻区内,通常 R_E取值为几千欧到几兆欧。

(2) 电容 C 的选择与放电周期 T_1、充电周期 T_2都有关,一般 $T_1 \ll T_2$,C 取 0.1~1 μF。

(3) R_1 用于调节输出脉冲宽度。R_1过小,放电过快,输出脉冲较窄,不能满足触发脉冲宽度要求；R_1过大，单结晶体管未导通时，R_1上压降过大，容易引起误触发，一般取 R_1 为 50～100 Ω。

(4) R_2用于温度补偿，使振荡频率稳定，一般取 R_2 为 200～600 Ω。

三、单结晶体管同步触发电路

各种可控整流电路中，晶闸管连接在主回路中用于调节输出电压的大小。在晶闸管每半周承受正向电压期间，要求第一个触发脉冲出现的时间均相同，这样可以获得稳定的直流电压输出。由此可见，触发脉冲出现时刻必须与主电源电压变化周期保持一定的同步关系。用于晶闸管控制极触发脉冲的单结晶体管同步触发电路如图 6-8 所示。

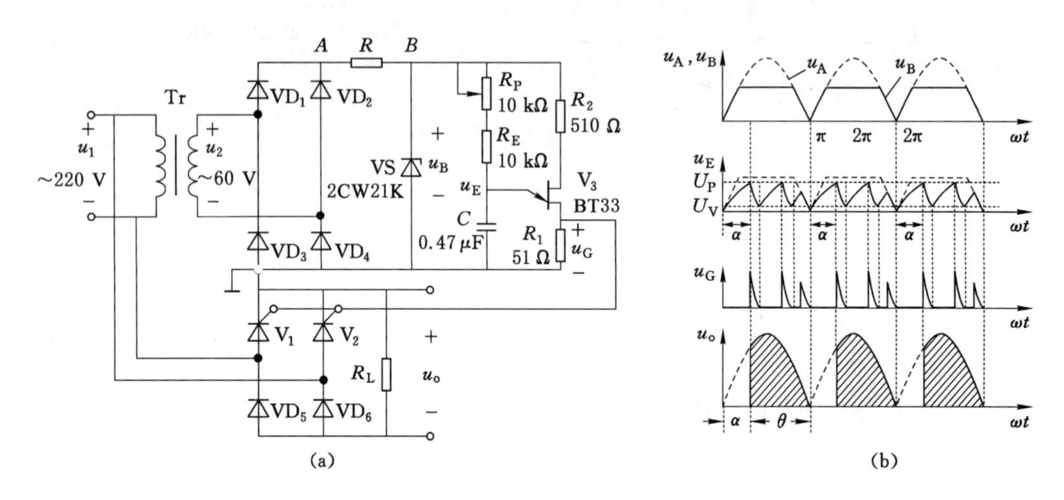

图 6-8 单结晶体管同步触发电路

(a) 电路图；(b) 波形图

图中，Tr 为同步变压器，用于使二次侧供给触发电路电源与一次侧主回路电源为同一频率。u_2经过桥式整流后，经过 R 与 VS 构成的削波限幅电路后，使 u_B输出为梯形电压，如图 6-8(b)所示，其中 R 为稳压管的限流电阻，当交流电源 u_1在 π、2π 过零时，u_2、u_B也同时过零，使电容 C 上迅速放电。在下一个半周开始时，基本从零开始充电，以保证每个半周触发电路送出的第一个脉冲距过零时刻的 α 角一致，起到同步作用。

R_P、R_E、R_1、R_2、C 及单结晶体管 V_3组成振荡电路，调节 R_P可改变电容充电时间常数，即调节控制角 α 的大小，达到调节输出电压的目的。这种用 R_P来改变电容充电时间常数，控制 α 的大小的方法，即为触发脉冲的相移。

触发脉冲从 R_1两端输出，加到晶闸管 V_1、V_2 控制极和阴极间。由波形图可知，在一个周期内能产生多个触发脉冲，但起作用的只有第一个脉冲，使承受正向电压的晶闸管导通，后续脉冲因晶闸管已导通，不起作用。虽然触发脉冲同步加到两个晶闸管的控制极上，但只有一个晶闸管能被触发导通，是否触发导通，取决于 u_{AK}是否正偏。

目前，移相触发器已有专用集成电路，具有移相性能好、范围宽、漂移小、控制角与控制电压成比例、可靠性高等特点，被广泛应用。

项目实施

台灯调光电路的制作与测试

1. 项目实施目的

(1) 进一步了解晶闸管单相可控整流电路、单结晶体管触发电路的组成和基本工作原理。

(2) 掌握晶闸管、单结晶体管及其他常用电子元器件的选择和测试方法。

(3) 掌握常用电子仪器仪表、工具的使用方法。

(4) 掌握台灯调光电路的制作和测试方法,并能进行故障分析及处理。

(5) 培养学生查阅资料、分析电路、解决实际问题的能力以及团结协作能力。

2. 材料清单

(1) 测试的仪器仪表:万用表、示波器、直流稳压电源、调压器。

(2) 工具:电烙铁、焊锡丝、松香、剥线钳、斜口钳、螺丝刀、镊子、紧固件等。

(3) 搭接、测试电路及配套电子元件及材料见表 6-1。

表 6-1　　元器件材料清单

序号	名称	型号及规格	单位	数量	代号
1	固定电阻	1.2 kΩ,1/4 W	只	1/人	R_1
2	固定电阻	5.1 kΩ,1/4 W	只	1/人	R_2
3	固定电阻	330 Ω,1/4 W	只	1/人	R_3
4	固定电阻	100 Ω,1/4 W	只	1/人	R_4
5	固定电阻	47 Ω,1/4 W	只	2/人	R_5、R_6
6	电位器	100 kΩ,1/2 W	只	1/人	R_P
7	瓷片电容	0.01 μF/50 V	只	1/人	C
8	整流二极管	2CP12	只	4/人	VD_1～VD_4
9	稳压二极管	2CW64	只	4/人	VS
10	单结晶体管	BT33	只	1/人	BT33
11	晶闸管	KP-4	只	2/人	V_5、V_6
12	整流二极管	2CZ11	只	2/人	VD_7、VD_8
13	白炽灯	220 V,25 W	只	1/人	R_L
14	变压器	220 V,36 V	只	1/人	T
15	印制电路板	直纹板	块	1/人	配件
16	灯座	与 220 V/25 W 白炽灯配套	套	1/人	配件
17	排线	0.1 mm	m	若干	配件

3. 安全注意事项

(1) 正确使用万用表、示波器等仪器仪表。

(2) 使用电烙铁时注意防止烫伤，使用完毕应及时断电；

(3) 切断元器件引线时，应避免线头飞射伤人；穿戴好劳保用品；

(4) 使用万用表测量电阻时，不允许在被测电路中通电测试。

4. 装配电路原理图(图 6-9)

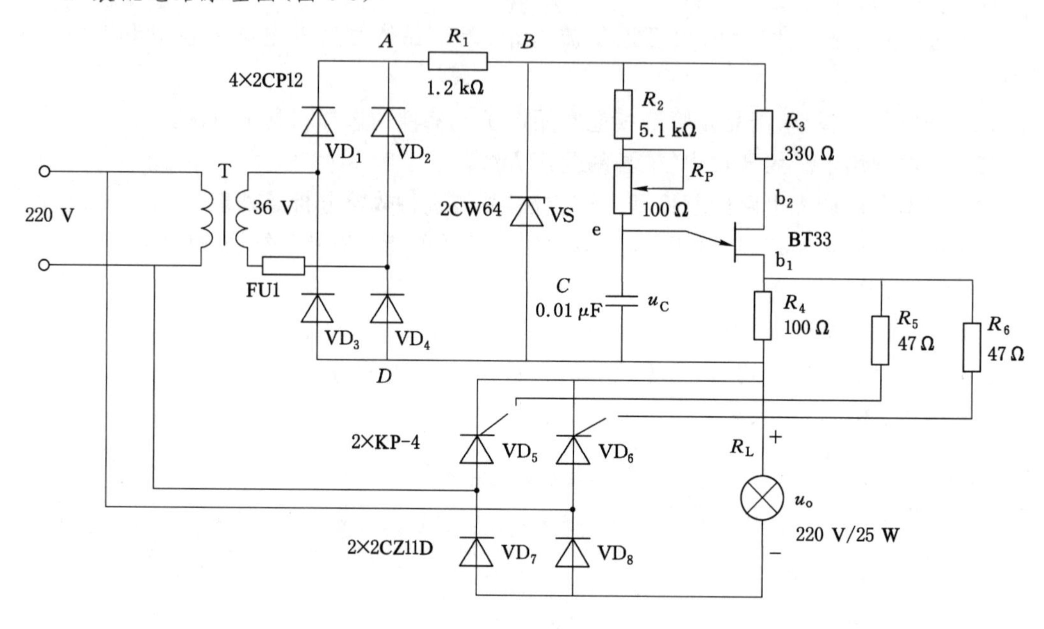

图 6-9　台灯调光电路原理图

5. 操作步骤

(1) 识读电路图，认识电路中各元件符号及参数大小，各元件的特性和作用。

(2) 清点并测试元器件，确定各元件的参数和质量是否符合要求。

(3) 按照图 6-9 所示，在万能板上进行电路装配的布局与布线，注意元器件的管脚和极性。

(4) 按照元器件布局进行元器件引线成形。

(5) 按设计的装配布局图进行装配，装配时注意：

① 电阻器、整流二极管、稳压二极管采用水平安装方式，可贴板安装。

② 晶闸管、单结晶体管、电容器采用垂直安装方式，底部离电路板 5 mm。

③ 白炽灯座垂直安装，其上引出接线端。

④ 电位器垂直安装，贴紧电路板安装，不能歪。

(6) 电路板检查。检查电路的布线是否正确，元器件极性及参数是否符合要求，焊接是否可靠，有无漏焊、虚焊、短路等现象。

(7) 电路的调试与测试。在电路组装无误的情况下，按正确的连接方法进行电源、负载(灯)的连接。观察灯是否亮，改变电位器，观察灯的亮度是否改变。用万用表测试 A、B 两点的电压，并用示波器观察 A、B 点及电容器两端、单结晶体管输出端 R_4 的波形，并进行记录，看是否与理论分析一致，若灯不亮或不能调光，应进行检查。并将测试结果记录于表6-2中。

表 6-2　台灯调光电路测试记录表

测试点	U_A	U_B	U_C	U_{R_4}	U_{R_L}
测试电压值					
示波器波形					

6. 操作要求

(1) 在焊接前,先把所有元器件的引脚焊上一层薄薄的焊锡。

(2) 焊接电子元器件时,应注意电烙铁的温度不要太高。

(3) 实训中注意合理使用工具,焊接完成后要整理桌面,防止测试时短路。

7. 项目考核

考核项目、内容及标准见表 6-3。

表 6-3　台灯调光电路的制作与测试考核表

考核项目	评分内容与标准	配分	扣分	得分
电阻、电位器、二极管、晶闸管、单结晶体管的识别与检测	(1) 准确识别色环电阻值及误差; (2) 准确识别与检测出电位器的固定端和滑动端; (3) 准确识别并检测出二极管的正负极; (4) 识别并检测晶闸管三个电极; (5) 识别并检测出单结晶体管的三个电极	25		
布局、布线与焊接质量	布局合理	5		
	布线合理	5		
	连线正确	5		
	焊接质量及工艺	10		
仪器仪表使用	万用表挡位选用正确	5		
	万用表读数正确	5		
	示波器波形稳定	5		
	示波器读数正确	5		
测试结果	测量结果正确	10		
	回答问题正确	10		
工作态度	积极主动、协助、规范	10		
合计		100		

思考与练习

一、填空题

1. 晶闸管由________个半导体区、________个 PN 结、________个电极组成。

2. 晶闸管导通,必须在阳极和阴极间加________电压,控制极与阴极之间加______电压,导通后______极失去控制作用。

3. 导通的晶闸管，当增大负载电阻 R_L 使阳极电流小于________时，晶闸管便由导通变为关断。

4. 在晶闸管单向可控桥式整流电路中，改变晶闸管的________，便可平滑地调节输出电压大小。

5. 在具有电阻负载的单相可控桥式整流电路中，晶闸管的导通角 θ 与控制角 α 的关系为________。

6. 为了保证可靠地触发晶闸管，触发信号不但要有一定幅度的________，而且要有一定幅度的________，以便有效地使晶闸管由________转为________。

7. 向晶闸管提供触发信号的电路称为________。

8. 单结晶体管有________个 PN 结，三个电极分别是________、________和________。

9. 单结晶体管的伏安特性有________、________、________三个工作区。

10. 单结晶体管同步触发电路在一个周期内可以产生________个触发脉冲，但只有第________个脉冲对晶闸管起作用。

二、判断题

1. 由于平板式晶闸管较螺栓式晶闸管的散热效果好，故目前 200 A 及以上的晶闸管都为平板式。（　　）

2. 晶闸管导通后，去掉控制极的触发电压，管子就会由导通状态转为阻断状态。（　　）

3. 把处于导通状态的晶闸管的阳极断开，或使阳极电压反向时，晶闸管便会阻断。（　　）

4. 在可控整流电路中，触发电路的触发脉冲必须与晶闸管的阳极电压同步，以保证阳极电压每个正半周的控制角相同。（　　）

5. 为了使触发时间准确，要求触发信号的上升沿要陡，并有一定的宽度，且具有一定的抗干扰能力。（　　）

6. 利用单结晶体管的负阻特性和 RC 充放电特性，可以组成频率可变的锯齿波振荡电路。（　　）

7. 在实际应用中单结晶体管的两个基极可任意交换使用。（　　）

8. 触发脉冲在一个周期内可以产生多个，但只有第一个脉冲对晶闸管起作用。（　　）

三、简答题

1. 晶闸管导通的条件是什么？已经导通的晶闸管在什么条件下才能从导通转为截止？

2. 晶闸管导通时，通过管子的电流大小由电路中哪些因素决定？

四、计算题

1. 在晶闸管单向可控桥式整流电路中，负载电阻为 8 Ω，交流电压有效值 $U_2=220$ V，控制角 α 的调节范围为 30°～180°，试求：

（1）直流输出电压的调节范围；

（2）晶闸管中最大的平均电流；

（3）晶闸管两端出现的最大反向电压。

2. 有一电阻性负载，需要直流电压 60 V，电流 30 A。采用晶闸管单相可控半波桥式整流电路，由电网 220 V 电压供电，试计算晶闸管的导通角、电流的有效值以及管子承受的最高反向电压。

下　篇

数字电子技术

项目七　裁判表决器的制作

【知识要点】 理解模拟信号与数字信号的区别；掌握基本逻辑门、复合逻辑门的逻辑功能和图形符号，会使用真值表；了解 TTL、CMOS 门电路的型号、引脚功能；了解集成门电路的外形与封装，能合理使用集成门电路；会用逻辑代数基本公式化简逻辑函数，了解其在工程应用中的实际意义。

【技能目标】 掌握数字集成电路的识别；掌握仿真测试集成电路逻辑功能的方法；掌握如何选用数字集成电路芯片，能按照逻辑电路图搭建实际电路；能使用仿真软件进行应用电路的设计。

任务导入

在举重比赛中，运动员的成绩是否合格，取决于裁判组的意见。表决器电路就是为解决裁判的表决问题而设计的，裁判同意，只需按下对应的开关，结果可以通过灯光直接显示。制作表决器，重点是根据实际任务要求确定输入、输出的逻辑关系，选择合适的逻辑门电路。

任务分析

裁判表决器电路设计的流程如图 7-1 所示。

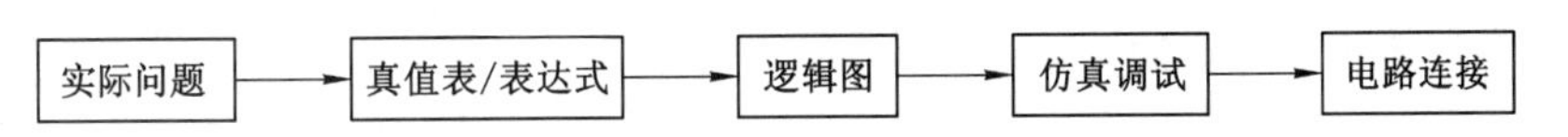

图 7-1　裁判表决电路设计流程图

从 7-1 可以看出，要完成裁判表决器的制作，首先要根据裁判判决要求，确定输入、输出变量，然后列出真值表，写出逻辑表达式，画出逻辑电路图，最后进行电路连接。

本项目需完成以下任务：

(1) 认识脉冲与数字信号。

(2) 认识逻辑门电路。

(3) 逻辑函数化简。

(4) 组合逻辑电路的分析与设计。

相关知识

任务一　认识脉冲与数字信号

在电子技术中，电信号可分为两大类：一类是模拟信号，如图 7-2(a)所示。它在时间上是连续变化的，幅值上也是连续取值的信号。在模拟电子技术中介绍的放大电路、集成运算放大器、正弦波振荡电路等是模拟信号的放大、产生、处理电路。另一类是数字信号，如图 7-2(b)所示。它是在时间和幅度上不连续的、离散的信号。数字电子技术则是有关数字信号的产生、整形、存储、计数和传输的技术。处理数字信号的电路称为数字电路。

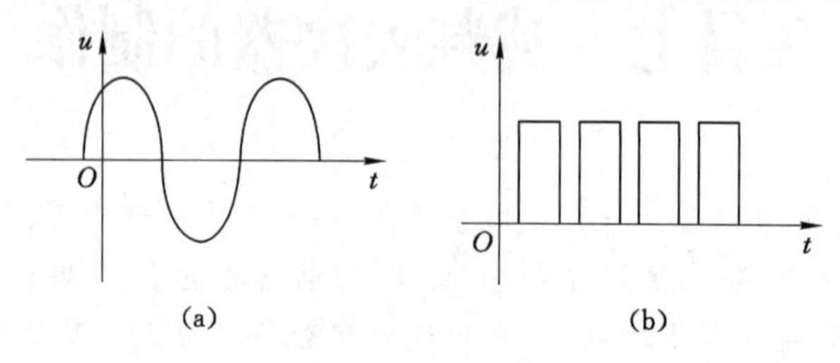

图 7-2 电信号波形

(a) 模拟信号；(b) 数字信号

数字电路的结构和模拟电路一样，同样是由二极管、三极管、集成电路以及电阻、电容等元器件组成的，但与模拟电路相比，数字电路主要有如下优点：

(1) 构成数字电路的基本单元电路结构比较单一，允许元器件性能有一定的离散性，只要能区分 1 态和 0 态就可正常工作。因此，电路结构简单，稳定可靠，功耗小，便于集成。

(2) 数字电路能完成数值运算，能进行逻辑运算和判断，还可方便地对数字信号进行保存、传输和再现。因此，数字电路数据处理能力强。

随着新技术的发展，集成数字电路类型层出不穷，大量使用大规模功能模块已成为现实。数字电路在众多领域已取代模拟电路，可以肯定的是，这一趋势将会继续发展下去。

一、脉冲信号

脉冲信号是指持续时间极短的电压或电流信号。广义的定义：凡是不连续的非正弦电压或电流都称为脉冲信号。如图 7-3 所示。

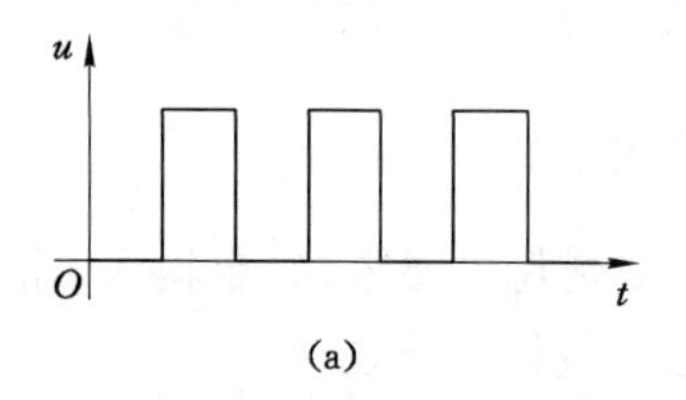

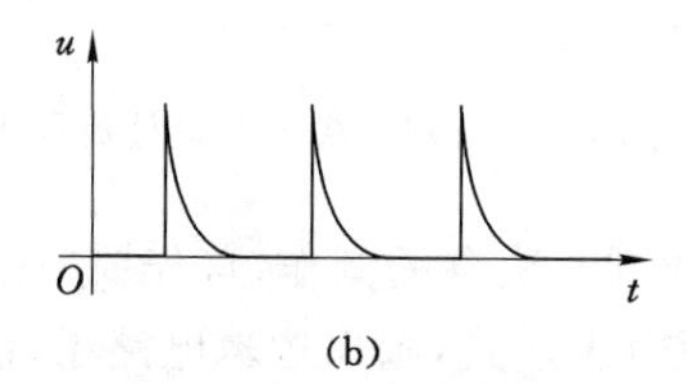

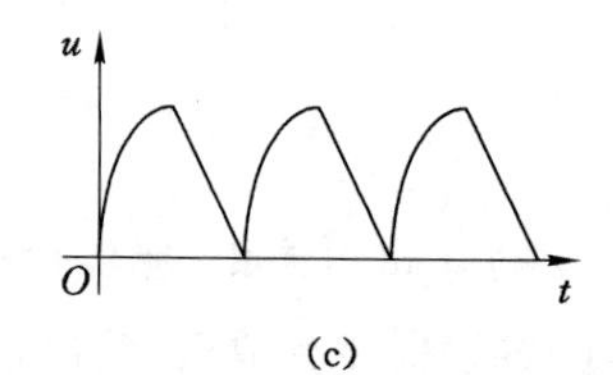

图 7-3 常见脉冲波形

(a) 矩形波；(b) 尖脉冲；(c) 锯齿波

矩形波和尖脉冲可以作为自动控制系统的开关信号或触发信号。锯齿波可作为电视机、示波器的扫描信号。脉冲信号中最典型的是矩形脉冲，实际应用中矩形脉冲信号如图 7-4 所示。为了定量描述其性能，这里介绍几个常用的参数。

(1) 脉冲幅值 U_m：脉冲电压的最大值，用 U_m 表示。

(2) 脉冲上升时间 t_r：脉冲前沿从 $0.1U_m$ 上升到 $0.9U_m$ 所需的时间，用 t_r 表示。

(3) 脉冲下降时间 t_f：脉冲后沿从 $0.9U_m$ 下降到 $0.1U_m$ 所需的时间，用 t_f 表示。

(4) 脉冲宽度 t_w：由脉冲前沿 $0.5U_m$ 到脉冲后沿 $0.5U_m$ 之间的时间，用 t_w 表示。

(5) 脉冲周期 T：相邻两脉冲波对应点之间的间隔时间，用 T 表示。

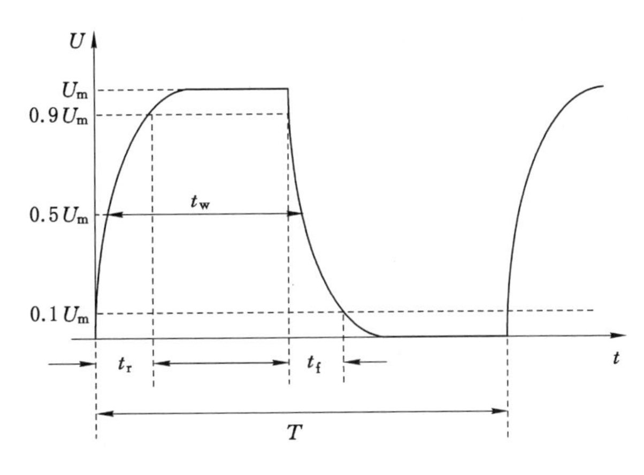

图 7-4　矩形脉冲

(6) 占空比 D:脉冲宽度 t_w与脉冲周期 T 之比。

二、数字信号

把脉冲的出现或消失用 1 和 0 来表示,这样一串脉冲就变成由一串 1 和 0 组成的代码,这种信号称为数字信号。如图 7-5 所示。

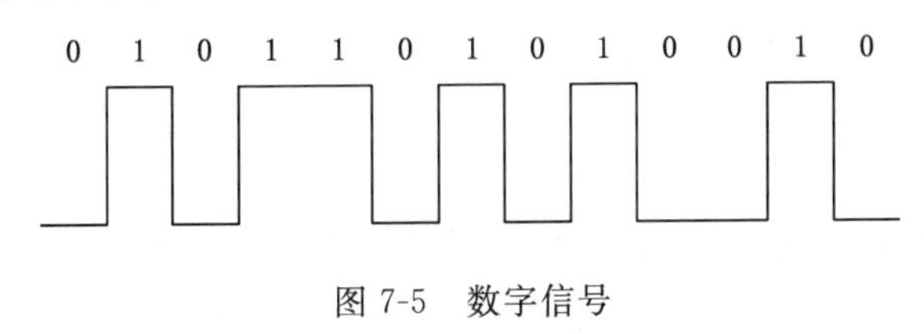

图 7-5　数字信号

数字电路的输入信号和输出信号只有两种情况:高电平或低电平,且输出与输入信号之间存在着一定的逻辑关系。

规定用 1 表示高电平(3～5 V)状态,用 0 表示低电平(0～0.4 V)状态,称为正逻辑;反之,称为负逻辑。若无特殊说明,本书采用正逻辑。

任务二　认识逻辑门电路

数字电路中往往用输入信号表示"条件",用输出信号表示"结果",而条件与结果之间的因果关系称为逻辑关系,能实现某种逻辑关系的数字电路称为逻辑电路。基本的逻辑关系有:与逻辑、或逻辑和非逻辑,与之相对应的基本逻辑门电路有:与门、或门和非门。

一、基本逻辑门

(一) 与门电路

1. 与逻辑关系如

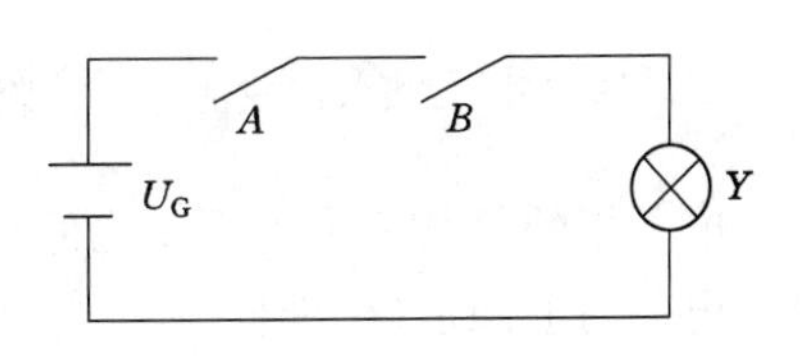

图 7-6　与逻辑实例

图 7-6 所示,开关 A 与 B 串联在回路中,只有当两个开关都闭合时,灯 Y 才亮;只要有一个开关断开,灯 Y 就不亮。这就是说,当一件事情(灯亮)的几个条件(两个开关均闭合)全部具备之后,这件事情(灯亮)

才能发生,否则不发生。这样的因果关系称为与逻辑关系,也称逻辑乘。

2. 与逻辑关系的表示

与逻辑关系可用逻辑函数表达式表示:

$$Y=A\cdot B \quad 或 \quad Y=AB$$

除了用逻辑函数表达式表示外,还可以用真值表表示,即将全部可能的输入组合及其对应的输出值用表格表示。表7-1是与逻辑真值表。

表7-1 与逻辑真值表

输入		输出	备注
A	B	Y	
0	0	0	开关闭合规定为1,断开规定为0;灯亮规定为1,灯灭规定为0
0	1	0	
1	0	0	
1	1	1	

从真值表可以看出,与逻辑功能为"有0出0,全1出1",A、B两个输入变量有两种可能的取值情况,满足以下运算规则:

$$0\cdot 0=0,\quad 0\cdot 1=0,\quad 1\cdot 0=0,\quad 1\cdot 1=1$$

3. 与门电路

能实现与逻辑功能的电路称为与门电路,简称与门。与门电路可以用二极管、三极管、MOS管和继电器等具有两种状态的分立元器件组成,也可以由集成电路组成。

图7-7所示是由二极管组成的与门电路,图中A、B为输入信号,Y为输出信号,根据二极管导通与截止条件,若输入全为高电平(1)时,二极管VD1、VD2都导通,则输出端为高电平(1);若输入端有低电平(0)时,则二极管正偏而导通,输出端电压被下拉为低电平(0)。图7-8所示为与门电路的图形符号。

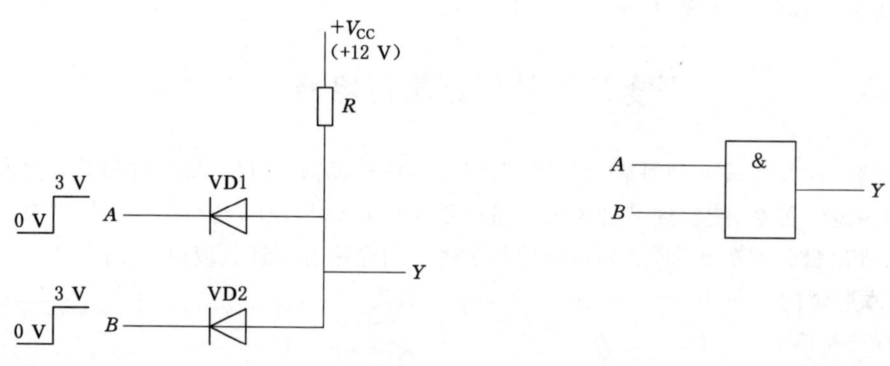

图7-7 二极管组成的与门电路

图7-8 与门电路的图形符号

电平指的是某一个电压变化的范围,通常规定一个高电平的下限值(标准高电平V_{SH})和低电平的上限值(标准低电平V_{SL}),产品不同其规定值也不同。在实际应用中,应保证实际的高电平不小于V_{SH},而实际的低电平不大于V_{SL}。高电平的电压值过低或是低电平的电压值过高都会破坏电路的逻辑功能。

（二）或门电路

1. 或逻辑关系

如图 7-9 所示，开关 A 与 B 并联在回路中，只要两个开关有一个闭合时，灯(Y)就亮；只有当开关全部断开时，灯(Y)才不亮。这就是说，当决定一件事情(灯亮)的各个条件中，至少具备一个条件(有一个开关闭合)，这件事情(灯亮)就会发生，否则不发生。这样的因果关系称为或逻辑关系，也称逻辑加。

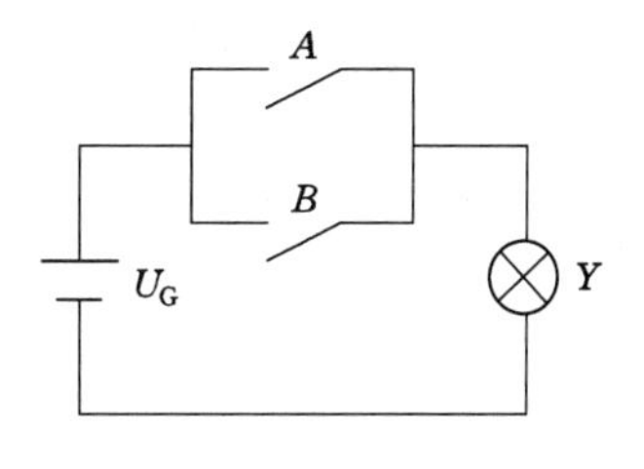

图 7-9　或逻辑实例

2. 或逻辑关系的表示

或逻辑关系可用逻辑函数表达式表示：

$$Y=A+B$$

或逻辑的真值表见表 7-2。从真值表分析可以看出，或逻辑功能为“有 1 出 1，全 0 出 0”，A、B 两个输入变量有四种可能的取值情况，满足以下运算法则：

$$0+0=0,\quad 0+1=1,\quad 1+0=1,\quad 1+1=1$$

表 7-2　或逻辑真值表

输入		输出
A	B	Y
0	0	0
0	1	1
1	0	1
1	1	1

3. 或门电路

能实现或逻辑功能的电路称为或门电路，简称或门。

图 7-10 所示是由二极管组成的或门电路，图中 A、B 为输入信号，Y 为输出信号。根据二极管导通与截止条件，只要输入有一个高电平(1)时，则与该输入端相连的二极管导通，输出端电压就为高电平(1)。图 7-11 所示为或门电路的图形符号。

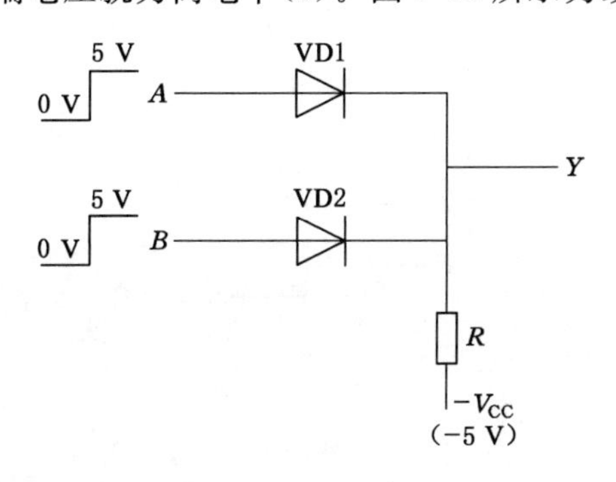

图 7-10　二极管组成的或门电路

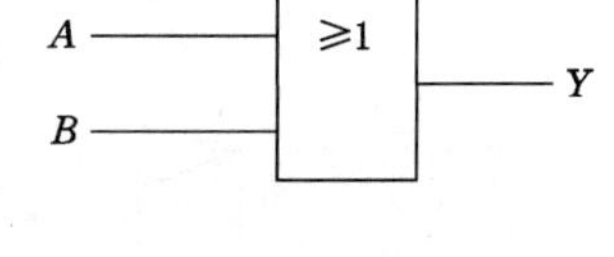

图 7-11　或门电路的图形符号

二极管门电路线路简单，元件少，概念直观。由于二极管导通电压和输出端杂散电容的存在，在实际使用时，会引起信号电平偏离，开关速度变慢，带负载能力差，造成逻辑功能的混乱。因此，实际应用中很少使用二极管门电路。

（三）非门电路

1. 非逻辑关系

如图 7-12 所示，开关（A）与灯（Y）并联，当开关断开时，灯（Y）亮；当开关闭合时，灯（Y）不亮。这就是说，事情（灯亮）和条件（开关）总是呈相反状态。这样的因果关系称为非逻辑关系，也称逻辑非。

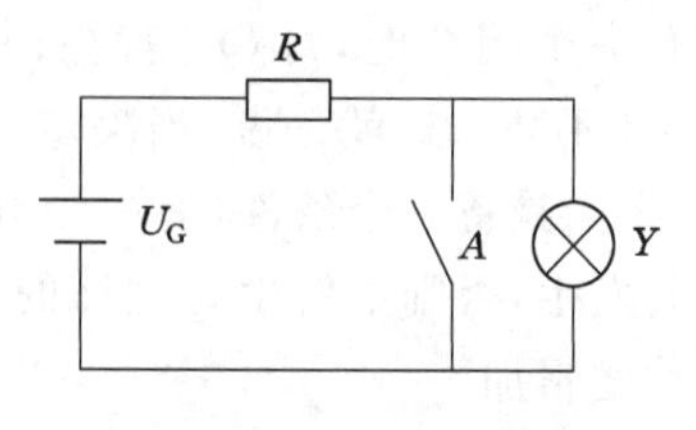

图 7-12　非逻辑实例

2. 非逻辑关系的表示

非逻辑关系可用逻辑函数表达式表示：

$$Y=\overline{A}$$

非逻辑真值表见表 7-3。从真值表分析可以看出，非逻辑功能为“入 0 出 1，入 1 出 0”。一个输入变量有两种可能的取值情况，满足以下运算规则：

$$\overline{1}=0,\quad \overline{0}=1$$

表 7-3　　**非逻辑真值表**

输入	输出
A	Y
0	1
1	0

3. 非门电路

能实现非逻辑功能的电路称为非门电路，又称反相器，简称非门。

图 7-13 所示是由三极管组成的非门电路。图中 A 为输入信号，Y 为输出信号，根据三极管饱和导通与截止条件，输入为高电平（1）时，三极管饱和导通，输出端电压就为低电平（0）；输入为低电平（0）时，三极管截止，输出端电压就为高电平（1）。图 7-14 所示为非门电路的图形符号。

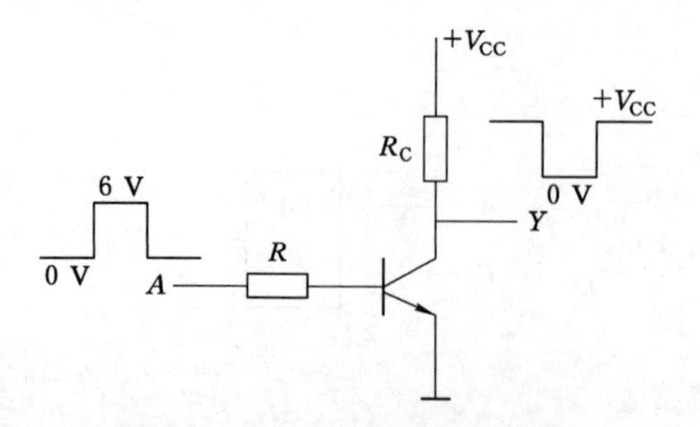

图 7-13　三极管组成的非门电路

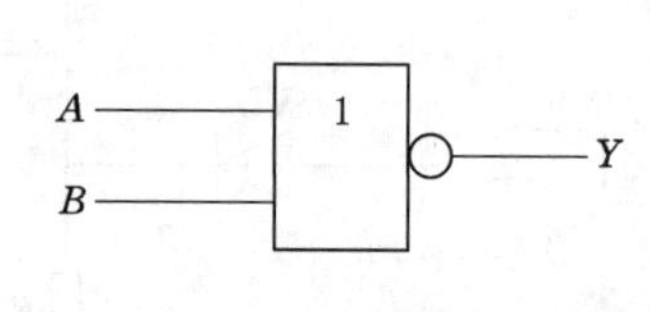

图 7-14　非门电路的图形符号

(四) 逻辑关系的波形图表表示方法

所谓波形图表示方法，就是用输入端在不同逻辑信号作用下所对应的输出端信号波形图表示门电路实现的逻辑关系。由于表示的直观性，波形图也是表示和分析电路逻辑关系的常用方法。图 7-15 所示为或逻辑关系的波形图，图中在 t_1 时间段内，A、B 输入信号均为高电平 1，由表 7-2 可知，此时输出信号 Y 为高电平 1，依照此方法，可得出 t_2、t_3 和 t_4 时间段内输出信号 Y 的波形。从波形图中可以直观地看出，对于或逻辑关系，只要输入有 1 输出就为 1，只有输入全为 0 时输出才为 0。

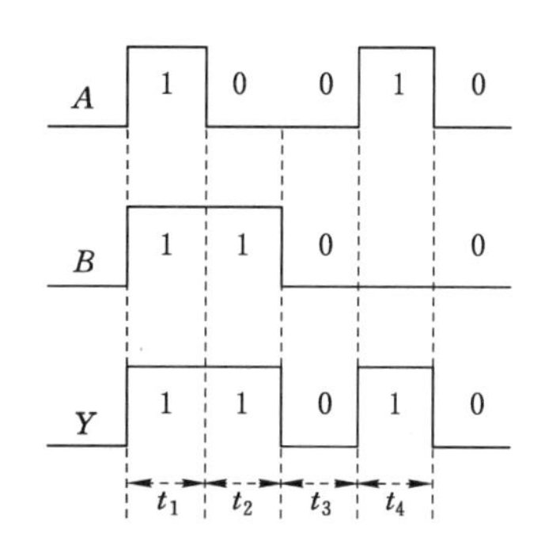

图 7-15　或门电路的波形图

逻辑函数表达式、真值表、逻辑电路图(简称逻辑图)和波形图这四种不同的表示方法所描述的是同一逻辑关系，因此它们之间有着必然的联系，可以从一种表示方法得到其他表示方法。

二、复合逻辑门

以上介绍的三种门电路是最基本的逻辑门电路，将这些门电路适当地组合，能构成多种复合逻辑门。

(一) 与非门

如图 7-16 所示，在与门后串接非门就构成了一个与非门。图 7-16(a)所示为与非门的逻辑结构，图 7-16(b)所示为与非门的图形符号。

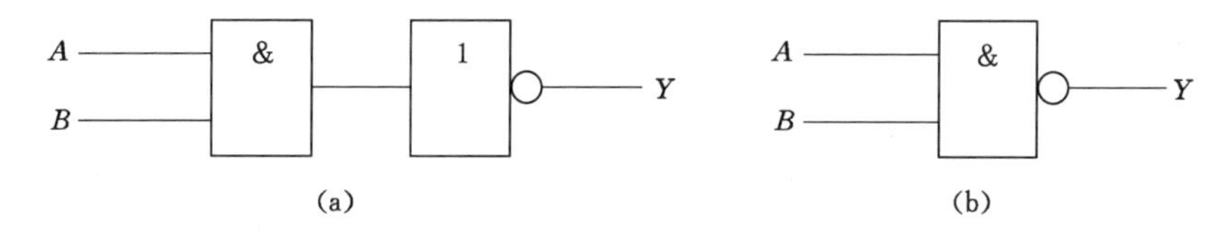

图 7-16　与非门

(a) 逻辑结构；(b) 图形符号

与非门的逻辑函数表达式为：

$$Y=\overline{A \cdot B}$$

与非门真值表见表 7-4，其逻辑功能可归纳为“有 0 出 1，全 1 出 0”。

表 7-4　　与非门真值表

输入		AB	输出
A	B		$Y=\overline{A \cdot B}$
0	0	0	1
0	1	0	1
1	0	0	1
1	1	1	0

（二）或非门

如图 7-17 所示，在或门后串接非门就构成了或非门。图 7-17(a)所示为或非门的逻辑结构，图 7-17(b)所示为或非门的图形符号。

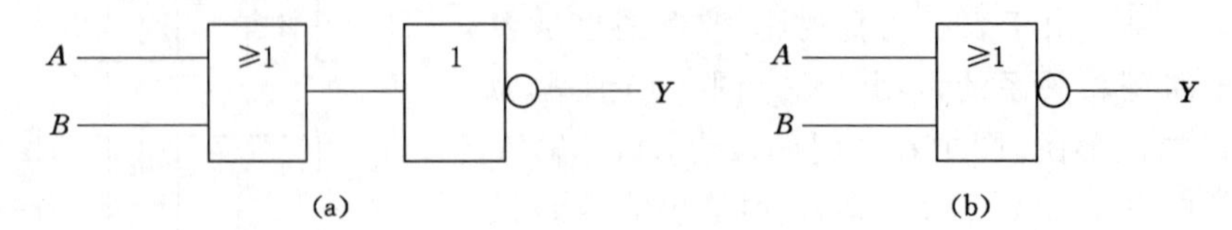

图 7-17　或非门

(a) 逻辑结构；(b) 图形符号

或非门的逻辑函数表达式为：

$$Y=\overline{A+B}$$

或非门真值表见表 7-5，其逻辑功能可归纳为“有 1 出 0，全 0 出 1”。

表 7-5　　或非门真值表

输入		$A+B$	输出
A	B		$Y=\overline{A+B}$
0	0	0	1
0	1	1	0
1	0	1	0
1	1	1	0

（三）与或非门

如图 7-18 所示，与或非门一般由两个或多个与门和一个或门，再和一个非门串联而成。图 7-18(a)所示为与或非的逻辑结构，图 7-18(b)所示为与或非门的图形符号。

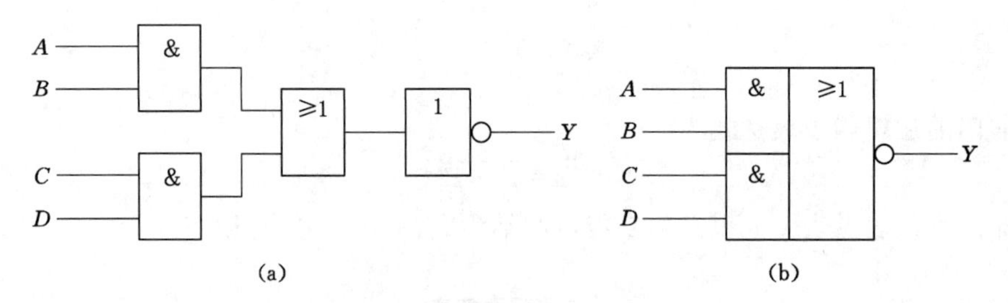

图 7-18　与或非门

(a) 逻辑结构；(b) 图形符号

与或非门的逻辑函数表达式为：

$$Y=\overline{AB+CD}$$

与或非门真值表见表 7-6 所示，A、B、C、D 四个输入变量有 16 种可能的取值情况。其逻辑功能可归纳为“一组全 1 出 0，各组有 0 出 1”。

表 7-6　　与或非门真值表

输入				输出	输入				输出
A	B	C	D	Y	A	B	C	D	Y
0	0	0	0	1	1	0	0	0	1
0	0	0	1	1	1	0	0	1	1
0	0	1	0	1	1	0	1	0	1
0	0	1	1	0	1	0	1	1	0
0	1	0	0	1	1	1	0	0	0
0	1	0	1	1	1	1	0	1	0
0	1	1	0	1	1	1	1	0	0
0	1	1	1	0	1	1	1	1	0

（四）异或门

图 7-19 所示为异或门的逻辑结构及图形符号。

异或门的逻辑函数表达式为：

$$Y=\overline{A}B+A\overline{B}$$

异或门真值表见表 7-7，其逻辑功能可归纳为“同出 0，异出 1”。

异或门在数字电路中可作为判断两个输入信号是否相同的门电路，是一种常用的门电路。其逻辑函数表达式还可写成：

$$Y=A\oplus B$$

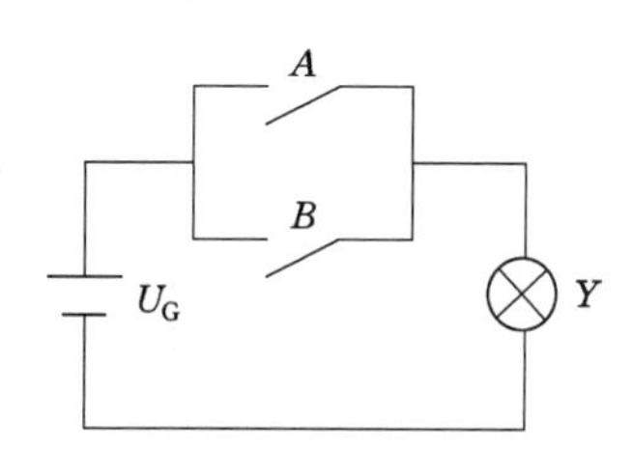

图 7-19　异或门

(a) 逻辑结构；(b) 图形符号

表 7-7　　异或门真值表

输入		输出
A	B	Y
0	0	0
0	1	1
1	0	1
1	1	0

上述讨论的各种逻辑门电路是由单个分立元器件，如二极管、三极管、电阻等连接而成的，在集成电路技术迅速发展和广泛应用的今天，分立元器件电路已很少使用，大量使用的是集成逻辑门电路，但不论功能多强大、结构多复杂的集成逻辑门电路，都是以分立元器件门电路为基础，经改造演变而来的。

三、集成逻辑门

集成逻辑门电路（简称集成门电路）是把构成门电路的元器件和连线制作在一块半导体芯片上，再封装起来而构成的。按内部所采用元器件的不同，可分为 TTL 和 CMOS 集成逻辑门电路两大类。

(一) TTL 集成逻辑门电路

若 TTL 集成逻辑门电路内部的输入、输出级都采用三极管，则这种集成电路也称三极管-三极管逻辑门电路。

1. 产品系列和外形封装

TTL 集成逻辑门电路的应用产品现主要有：74(标准中速)、74H(高速)、74S(肖特基超高速)、74LS(低功耗肖特基)和 74AS(先进的肖特基)等系列，74LS 系列为现代主要应用的产品。

TTL 集成逻辑门电路通常采用双列直插式外形封装，如图 7-20 所示。

图 7-20 常见双列直插式 TTL 集成逻辑门

TTL 集成逻辑门电路的型号由五部分构成，如 CT74LS××CP。第一部分字母 C 表示国标。第二部分字母 T 表示 TTL 电路。第三部分是器件系列和品种代号，74 表示国际通用 74 系列，54 表示军用系列；LS 表示低功耗肖特基系列；××为品种代号。第四部分字母表示器件工作温度，C 为 0～70 ℃，G 为－25～70 ℃，L 为－25～80 ℃，E 为－40～85 ℃，R 为－55～85 ℃。第五部分字母表示器件封装，P 为塑料封装双列直插式，J 为黑瓷封装双列直插式。

CTLS××CP 可简写(或简称)为 74LS××或 LS××。

2. 引脚识读

如图 7-21 所示为部分 74LS 系列集成逻辑门电路的引脚排列。引脚编号的判断方法是：把凹槽标志置于左方，引脚向下，逆时针自下而上顺序依次为引脚 1、2……

TTL 集成门电路使用技巧：

(1) TTL 集成门电路功耗较大，电源电压必须保证在 4.75～5.25 V，建议使用稳压电源供电。

(2) TTL 集成门电路不使用的多余输入端可以悬空，相当于高电平。但在实际使用中，这样处理抗干扰能力差，一般不建议采用。与门和与非门的多余输入端应接至固定的高电平，或门和或非门的多余输入端应接地。

(3) TTL 集成门电路的输入端不能直接与高于 5.5 V 或低于－0.5 V 的低内阻电源连接，否则会造成器件损坏。

(4) TTL 集成门电路的输出端不允许与正电源或地短接，必须通过电阻与正电源或地

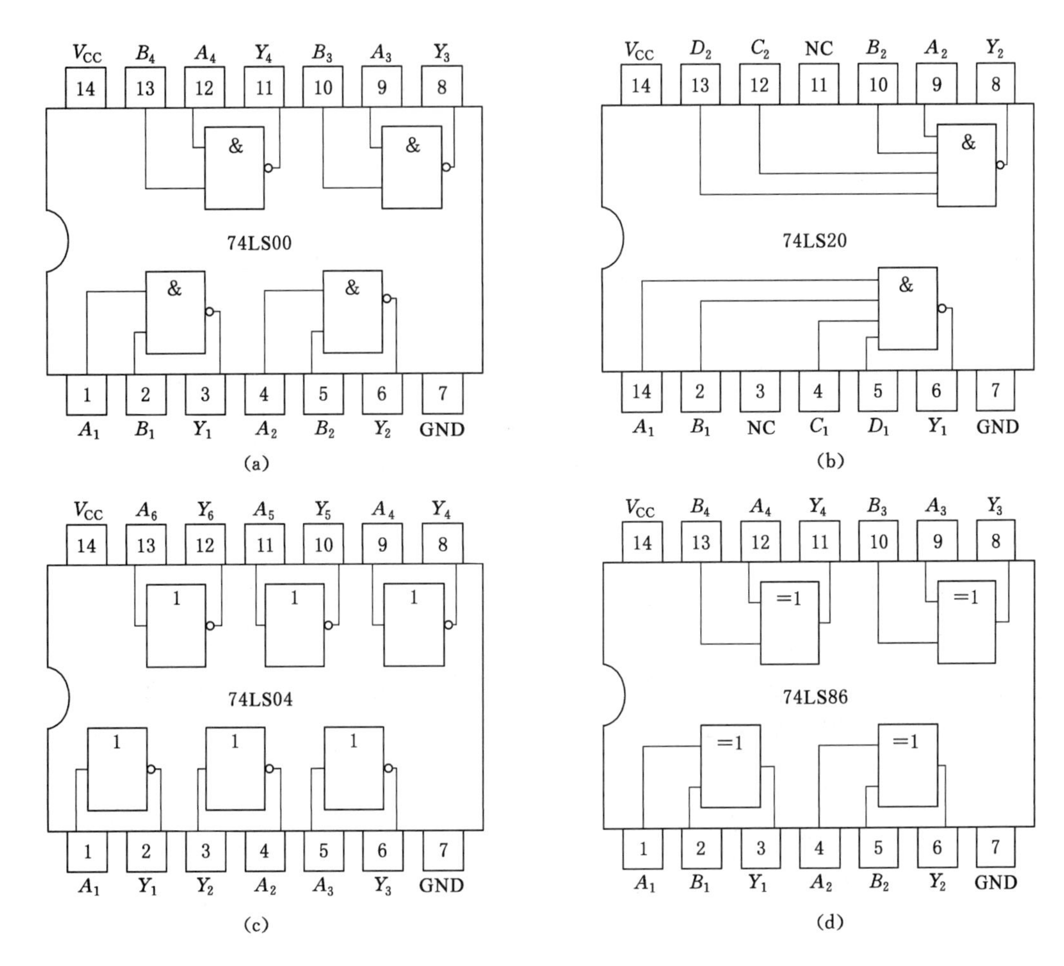

图 7-21　部分 74LS 系列集成逻辑门电路的引脚排列

(a) 四 2 输入与非门；(b) 双 4 输入与非门；(c) 六反相器；(d) 四 2 输入异或门

连接。

(二) CMOS 集成门电路

CMOS 集成门电路是由 PMOS 场效晶体管和 NMOS 场效晶体管组成的互补电路。

1. 产品系列和外形封装

CMOS 集成门电路系列较多，现主要有 4000（普通）、74HC（高速）、74HCT（与 TTL 兼容）等产品系列，外形封装与 TTL 集成门电路相同。其中 4000 系列品种多、功能全，现仍被广泛使用。

CMOS 集成门电路的型号由五部分构成，如 CC74HC××RP。第一部分字母 C 表示国标。第二部分字母 C 表示 CMOS 电路。第三部分是器件系列和品种代号，74 表示国际通用 74 系列，54 表示军用系列；HC 表示高速 CMOS 系列；××为品种代号。第四部分字母表示器件工作温度，G 为－25～70 ℃，L 为－25～80 ℃，E 为－40～85 ℃，R 为－55～85 ℃，M 为－55～125 ℃。第五部分字母表示器件封装，P 为塑料封装双列直插式，J 为黑瓷封装双列直插式。

CC74HC××RP 可简写（或简称）为 74HC××或 HC××（4000 系列为 40××）。

2. 引脚识读

CMOS集成门电路通常采用双列直插式外形，引脚编号判断方法与TTL相同，如CC4001是四2输入或非门，CC4011是四2输入与非门，都采用14引脚塑料封装双列直插式，其引脚排列如图7-22所示，V_{DD}、V_{SS}与TTL的V_{CC}、GND表示字符不同，以作区别。

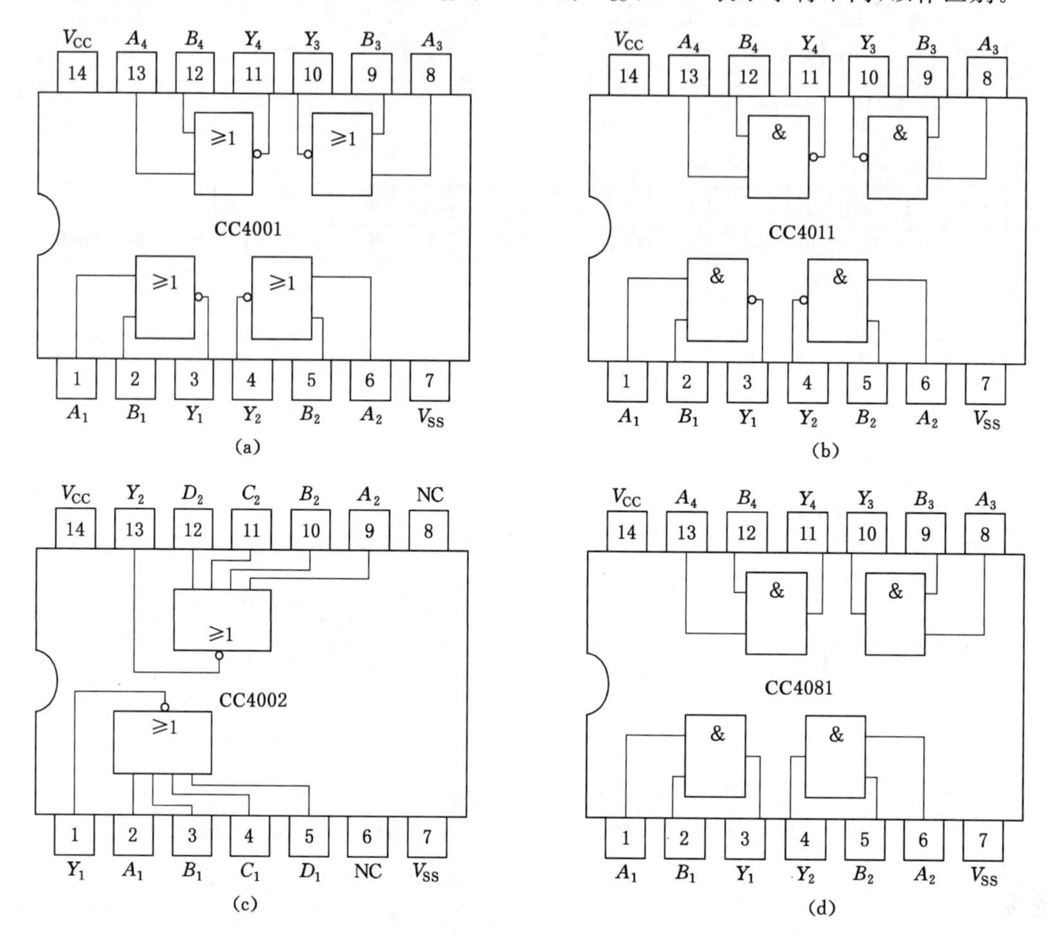

图7-22 部分CMOS集成门电路的引脚排列图

(a) 四2输入或非门；(b) 四2输入与非门；(c) 二4输入或非门；(d) 四2输入与非门

CMOS集成门电路使用技巧：

(1) CMOS集成门电路功耗低，4000系列的产品电源电压在4.75～18.00 V范围内均可正常工作，建议使用10 V电源供电。

(2) CMOS集成门电路不使用的多余输入端不能悬空。与门和与非门的多余输入端应接至固定的高电平，或门和或非门的多余输入端应接地。

(3) CMOS集成门电路在存放、组装和调试时，要有一定的防静电措施。

(4) CMOS集成门电路的输出端不允许与正电源或地短接，必须通过电阻与正电源或地连接。

(三) 集成逻辑门电路的选用

(1) 若要求功耗低、抗干扰能力强，则应选用CMOS集成逻辑门电路，其中4000系列一般用于工作频率 1 MHz 以下、驱动能力要求不高的场合；74HC 系列常用于工作频率 20 MHz 以下、要求较强驱动能力的场合。

(2) 若对功耗和抗干扰能力要求一般，可选用 TTL 集成逻辑门电路。目前多用 74LS 系列，它的功耗较小，工作频率一般可用至 20 MHz；如工作频率较高，可选用 CT74ALS 系列，其工作频率一般可用至 50 MHz。

四、仿真软件 Proteus 的基本操作

Proteus 软件是由英国 Labcenter Electronics 公司开发的 EDA 工具软件，已有近 30 年的历史，在全球得到了广泛应用。Proteus 具有和其他 EDA 工具一样的原理图编辑、印刷电路板(PCB)设计及电路仿真功能，最大的特点是其电路仿真的交互化和可视化，如图 7-23 所示。通过 Proteus 软件的 VSM(虚拟仿真模式)，用户可以对数字电路、模拟电路、模数混合电路、单片机及外围元器件等电子线路进行系统仿真。

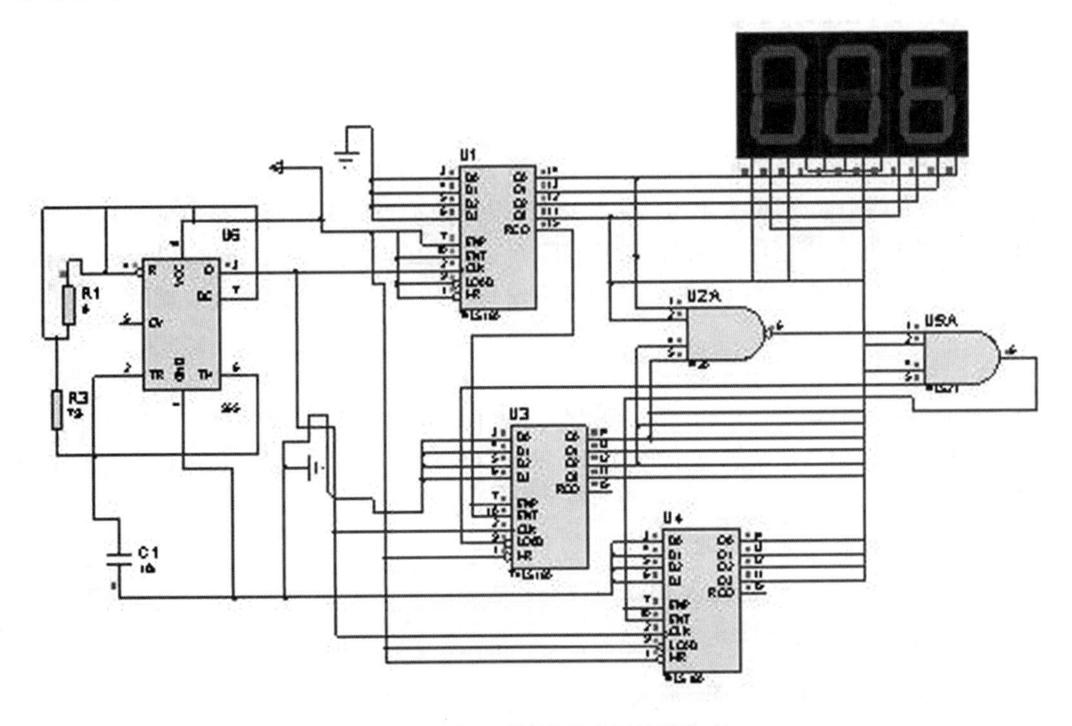

图 7-23　交互可视化的电子线路仿真

Proteus 软件由 ISIS 和 ARES 两部分构成，其中 ISIS 是一款便捷的电子系统原理设计和仿真平台软件，ARES 是一款高级的 PCB 布线编辑软件。本部分侧重于基于 Proteus 的数字电路设计与仿真。

Proteus ISIS 运行于 Window 98/2000/XP 环境，对 PC 的配置要求不高，一般的配置就能满足要求，运行 Proteus ISIS 的执行程序后，即进入如图 7-24 所示的 Proteus ISIS 编辑环境。

(一) Proteus ISIS 各窗口

点状的栅格区域为编辑窗口，左上方为预览窗口，左下方为元器件列表区，即对象选择器。

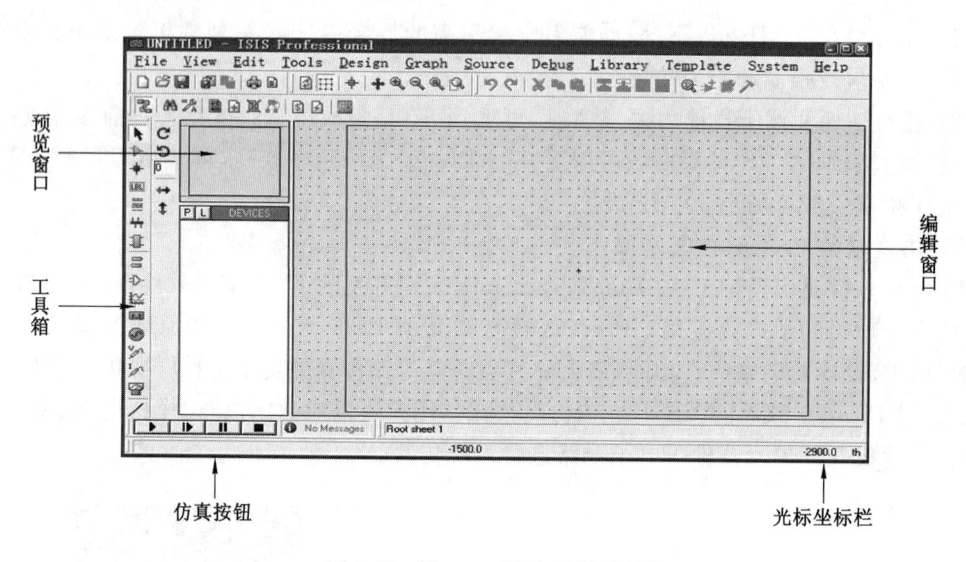

图 7-24 Proteus ISIS 的编辑环境

编辑窗口用于放置元器件，进行连线，绘制原理图。预览窗口可以显示全部原理图。在预览窗口中，有两个框，蓝框表示当前页的边界，绿框表示当前编辑窗口显示的区域。当从对象选择器中选中一个新的对象时，预览窗口可以预览选中的对象。在预览窗口上单击，Proteus ISIS 将会以单击位置为中心刷新编辑窗口。其他情况下，预览窗口显示将要放置的对象。

（二）工具箱

选择相应的工具箱图标按钮，系统将提供不同的操作工具。对象选择根据选择不同的工具箱图标按钮决定当前状态显示的内容。显示对象的类型包括元器件、终端、引脚、图标符号、标注和图标等。

工具箱中各图标按钮对应的操作如下：

Selection Mode 按钮：选择模式；

Component Mode 按钮：拾取元器件；

Junction Dot Mode 按钮：放置节点；

Wire Lable Mode 按钮：标注线段或网域名；

Text Script Mode 按钮：输入文本；

Buses Mode 按钮：绘制总线；

Subcircuit Mode 按钮：绘制子电路块；

Terminals Mode 按钮：在对象选择器中列出各种终端（输入、输出、电源和地等）；

Device Pins Mode 按钮：在对象选择器中列出各种引脚（如普通引脚、时钟引脚、反电压引脚和短接引脚等）；

Graph Mode 按钮：在对象选择器中列出各种仿真分析所需的图表（如模拟图表、数字图表、混合图表和噪声图表等）；

Tape Recorder Mode 按钮：当对设计电路分割仿真时采用此模式；

Generator Mode 按钮：在对象选择器中列出各种激励源(如正弦激励源、脉冲激励源和 FILE 激励源等)；

Voltage Probe Mode 按钮：可在原理图中添加电压探针，电路进行仿真时可显示各探针处的电压值；

Current Probe Mode 按钮：可在原理图中添加电流探针，电路进行仿真时可显示各探针处的电流值；

Virtual Instruments Mode 按钮：在对象选择器中列出各种虚拟仪器(如示波器、逻辑分析仪、定时/计数器和模式发生器)；

2D Graphics Line Mode 按钮：在编辑框中放置直线；

2D Graphics Box Mode 按钮：在编辑框中放置矩形；

2D Graphics Circle Mode 按钮：在编辑框中放置圆；

2D Graphics Arc Mode 按钮：在编辑框中放置圆弧；

2D Graphics Closed Path Mode 按钮：在编辑框中放置闭合线；

2D Graphics Text Mode 按钮 A：在编辑框中放置文字；

2D Graphics Symbol Mode 按钮：在编辑框中放置图形符号；

2D Graphics Markers Mode 按钮：在编辑框中放置图形标记；

Rotate Clockwise 按钮：顺时针方向旋转按钮，以 90°偏置改变元器件的放置方向；

Rotate Anti-clockwise 按钮：逆时针方向旋转按钮，以 90°偏置改变元器件的放置方向；

X-mirror 按钮：水平镜像旋转按钮，以 Y 轴为对称轴，按 180°偏置旋转元器件；

Y-mirror 按钮：垂直镜像旋转按钮，以 X 轴为对称轴，按 180°偏置旋转元器件。

另外，在某些状态下，对象选择器有一个“Pick”切换按钮，单击该按钮可以弹出 Pick Device、Pick Port、Pick Terminal、Pick Pins 或 Pick Symbols 窗体。通过不同窗体，可以分别添加元器件端口、终端、引脚等到对象选择器中，以便在今后的绘图中使用。

(三) 主菜单

Proteus ISIS 的主菜单栏包括 File(文件)、View(视图)、Edit(编辑)、Tools(工具)、Design(设计)、Graph(图形)、Source(源)、Debug(调试)、Library(库)、Template(模块)、System(系统)和 Help(帮助)，如图 7-25 所示。单击任一菜单后都将弹出其子菜单项。

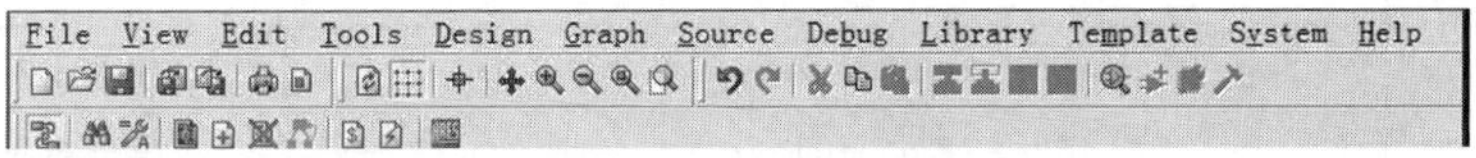

File View Edit Tools Design Graph Source Debug Library Template System Help

图 7-25　Proteus ISIS 的主菜单和主工具栏

File 菜单：包括常用的文件功能，如新建设计、打开设计、保存设计、导入/导出文件，也可打印、显示设计文档，以及退出 Proteus ISIS 系统等。

View 菜单：包括是否显示网格、设置格点间距、缩放电路图及显示与隐藏各种工具栏等。

Edit 菜单:包括撤销/恢复操作、查找与编辑元器件、剪切、复制、粘贴对象,以及设置多个对象的层叠关系等。

Library 菜单:库操作菜单。它具有选择元器件及符号、制作元器件及符号、设置封装工具、分解元件、编译库、自动放置库、校验封装和调用库管理器等功能。

Tools 菜单:工具菜单。它包括实时注解、自动布线、查找并标记、属性分配工具、全局注解、导入文本数据、元器件清单、电气规则检查、编译网格标号、编译模型、将网格标号导入 PCB 以及从 PCB 返回原理设计等工具栏。

Design 菜单:工程设计菜单。它具有编辑设计属性、编辑原理图属性,编辑设计说明,配置电源,新建,删除原理图,在层次原理图中总图与子图以及各子图之间互相跳转和设计目录管理等功能。

Graph 菜单:图形菜单。它具有编辑仿真图形,添加仿真曲线、仿真图形,查看日志,导出数据,清除数据和一致性分析等功能。

Source 菜单:源文件菜单。它具有添加/删除源文件,定义代码生成工具,设置外部文本编辑器和编译等功能。

Debug 菜单:调试菜单。它包括启动调试、执行仿真、单步运行、断点设置和重新排列及弹出窗口等功能。

Template 菜单:模板菜单。它包括设置图形格式、文本格式、设计颜色以及连接点和图形等。

System 菜单:系统设置菜单。它包括设置系统环境、路径、图纸尺寸、标注字体、热键以及仿真参数和模式等。

Help 菜单:帮助菜单。它包括版权信息、Proteus ISIS 学习教程和示例。

(四)主工具栏

Proteus ISIS 的主工具栏位于主菜单下面两行,以图表形式给出,包括 File 工具栏、View 工具栏、Edit 工具栏和 Design 工具栏四个部分。工具栏中每一个按钮都对应一个具体的菜单命令,主要目的是为了快捷而方便地使用命令,见表 7-8。

表 7-8 主工具栏按钮功能

按钮	对应菜单	功能
	File→New Design	新建设计
	File→Open Design	打开设计
	File→Save Design	保存设计
	File→Import Design	导入部分文件
	File→Export Design	导出部分文件
	File→Print	打印
	File→Set Area	设置区域
	View→Redraw	刷新
	View→Grid	栅格开关

续表 7-8

按钮	对应菜单	功能
	View →Origin	原点
	View →Pan	选择显示中心
	View →Zoom In	放大
	View →Zoom Out	缩小
	View →Zoom All	显示全部
	View →Zoom to Area	缩放一个区域
	Edit →Undo	撤销
	Edit →Redo	恢复
	Edit →Cut to clipboard	剪切
	Edit →Copy to clipboard	复制
	Edit →Paste from clipboard	粘贴
	Block Copy	(块)复制
	Block Move	(块)移动
	Block Rotate	(块)旋转
	Block Delete	(块)删除
	Library →Pick Device/Symbol	拾取元器件或符号
	Library →Make Device	制作元件
	Library →Packaging Tool	封装工具
	Library →Decompose	分解元器件
	Tools →Wire Auto Router	自动布线器
	Tools →Search and Tag	查找并标记
	Tools →Property Assignment Tool	属性分配工具
	Design→Design Explorer	设计资源管理器
	Design→New Sheet	新建图纸
	Design→Remove Sheet	移去图纸
	Exit to Parent Sheet	转到主原理图
	View BOM Report	查看元器件清单
	Tools→Electrical Rule Check	生成电气规则检查报告
	Tools →Netlist to ARES	创建网格表

用仿真软件 Proteus 7 仿真测试门电路逻辑功能

一、实训目的

(1) 掌握基本门电路的逻辑功能及测试方法。

(2) 熟悉仿真软件 Proteus 7 的使用。

二、实训器材

实训器材	计算机	仿真软件 Proteus 7	其他
数量	1台	1套	—

三、实训原理及操作

1. 元件拾取

仿真电路所用元件拾取途径如下：

74LS00："P"(Pick Devices) →Key words →74LS00→"OK"；

74LS20："P"(Pick Devices) →Key words →74LS20→"OK"；

双向开关(SW)："P"(Pick Devices) →Key words →SWITCH→SW-SPDT→"OK"；

发光二极管："P"(Pick Devices) →Key words →LEDS→LED-YELLOW→"OK"；

电阻："P"(Pick Devices) →Key words→RESISTORS→选择合适的电阻→"OK"；

电源：→POWER；

地：→GROUND。

2. 测试与非门集成电路 74LS00 逻辑功能

(1) 按图 7-26 所示电路图连线，发光二极管作为输出的指示，同时接有虚拟直流电压表 DC VOLTMETER 作为电平数值的测定。

(2) 自行设计真值表并将测试结果填入。

(3) 查阅集成电路 74LS00 的管脚图及其逻辑功能的相关资料。

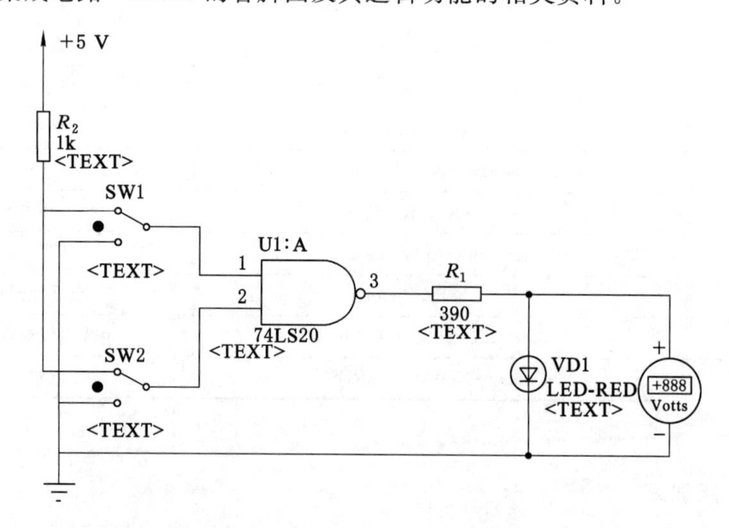

图 7-26　仿真测试 74LS00 接线图

3. 测试与非门集成电路 74LS20 逻辑功能

(1) 按图 7-27 所示电路图连线，发光二极管作为输出的指示，同时接有虚拟直流电压表 DC VOLTMETER 作为电平数值的测定。

（2）自行设计真值表并将测试结果填入。

（3）查阅集成电路 74LS20 的管脚图及其逻辑功能的相关资料。

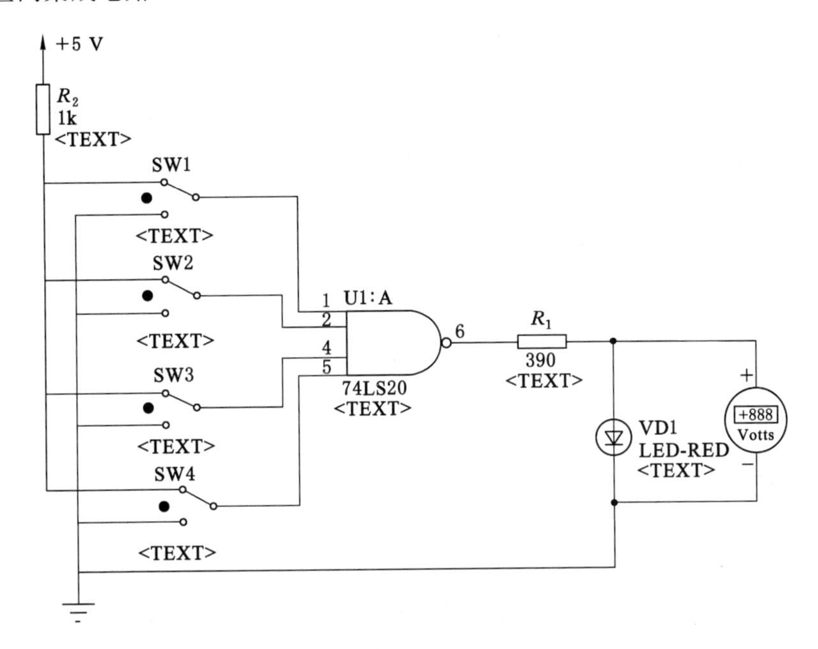

图 7-27　仿真测试 74LS20 接线图

3. 测试其他逻辑门电路的逻辑功能

参照上述测试电路，自行设计并测试逻辑门电路的逻辑功能。例如，与或非、异或等。

【想一想】

在仿真过程中，控制开关接高、低电平，以及输出指示发光二极管的亮、灭与真值表中逻辑数值 0 和 1 的对应关系如何？

四、注意事项

（1）首先要熟悉 Proteus 7 仿真软件的基本操作。

（2）Proteus 7 仿真软件的使用重在测试，相当于在计算机上进行电路的实验，所以学会测量相关参数很重要。

五、实训考核

见附表 1。

任务三　逻辑函数的化简

一、数制与编码

（一）数制

数制就是计数的方法。按进位方法的不同，有“逢十进一”的十进制计数，还有“逢二进一”的二进制计数和“逢十六进一”的十六进制计数等。

1. 十进制

十进制有如下特点：

(1) 十进制数有0、1、2、3、4、5、6、7、8、9共十个符号，这些符号称为数码。

(2) 相邻位的关系：高位为低位的十倍，逢十进一，借一当十。

(3) 数码的位置不同，所表示的值就不同，数码位置分十分位、个位、十位、百位……

例如：

$$(246.134)_{10}=2\times10^{2}+4\times10^{1}+6\times10^{0}+1\times10^{-1}+3\times10^{-2}+4\times10^{-3}$$

式中，10^2、10^1、10^0、10^{-1}、10^{-2}、10^{-3}是各位数码的“位权”。十进制中，位权是10的整数幂。

2. 二进制

(1) 二进制数仅有0和1两个不同的数码。

(2) 相邻位的关系：逢二进一，借一当二。

(3) 数码的位权是2的整数幂。

例如：

$$(1011)_2=1\times2^3+0\times2^2+1\times2^1+1\times2^0$$

$$(10011.01)_2=1\times2^4+0\times2^3+0\times2^2+1\times2^1+1\times2^0+0\times2^{-1}+1\times2^{-2}$$

(4) 二进制的加减运算以下面的例题形式介绍。

【例7-1】 求10101+1101=？

解：

在加法运算时，要注意“逢二进一”的原则，即遇到2就向相邻高位进1，本位为0。

$$\begin{array}{r} 10101 \\ +\ 1101 \\ \hline 100010 \end{array}$$

$$(10101)_2+(1101)_2=(100010)_2$$

【例7-2】 求1101−110=？

解：

减法运算时，运算法则是“借一当二”，即遇到0减1时，本位不够，需向高位借一，在本位作二使用。

$$\begin{array}{r} 1101 \\ -\ 110 \\ \hline 111 \end{array}$$

$$(1101)_2-(110)_2=(111)_2$$

当位数较多时，二进制数比较难以读取和书写，为了减少位数可将二进制数用十六进制数来表示。

3. 十六进制

十六进制数有0、1、2、3、4、5、6、7、8、9、A、B、C、D、E、F共十六个不同的数码。符号A～F分别代表十进制数的10～15。各位的位权是16的整数幂，其计数规律是：逢十六进一，借一当十六。

例如，十六进制数$(3AE)_{16}$可以表示为：

$$(3AE)_{16}=3\times16^2+A\times16^1+E\times16^0$$

表7-9列出了十六进制数与二进制数和十进制数的对照表。

表 7-9　数码对照表

数制	数码表示方法															
十六进制	0	1	2	3	4	5	6	7	8	9	A	B	C	D	E	F
二进制	0	1	10	11	100	101	110	111	1000	1001	1010	1011	1100	1101	1110	1111
十进制	0	1	2	3	4	5	6	7	8	9	10	11	12	13	14	15

4. 不同数制的转换

(1) 非十进制数转换为十进制数

【例 7-3】 将二进制数 11010 转化为十进制数。

解：

$$
\begin{aligned}
(11010)_2 &= 1\times2^4+1\times2^3+0\times2^2+1\times2^1+0\times2^0\\
&= 2^4+2^3+0+2^1+0\\
&= (26)_{10}
\end{aligned}
$$

【例 7-4】 将十六进制数 176 转化为十进制数。

解：

$$
\begin{aligned}
(174)_{16} &= 1\times16^2+7\times16^1+4\times16^0\\
&= 256+112+4\\
&= (372)_{10}
\end{aligned}
$$

(2) 十进制整数转换为二进制数

可将十进制整数逐次用 2 除取余数，一直到商为零。然后把全部余数按相反的次序排列起来，就是等值的二进制数。

【例 7-5】 将十进制数 19 转化为二进制数。

解：

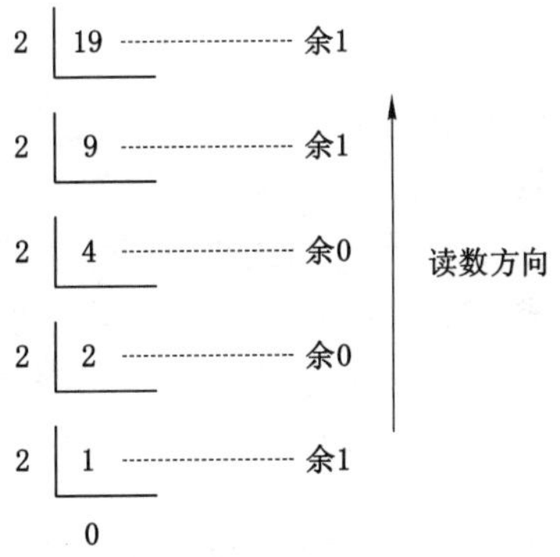

2 | 19 ………… 余1
2 | 9 ………… 余1
2 | 4 ………… 余0
2 | 2 ………… 余0
2 | 1 ………… 余1
　 0

读数方向（↑）

所以 $(19)_{10}=(10011)_2$。

(3) 二进制整数转换为十六进制数

可将二进制整数自右向左每 4 位分为一组，最后不足 4 位的，高位用零补足，再把每 4 位二进制数对应的十六进制数写出即可。

【例 7-6】 将二进制数 011010110101 转化为十六进制数。

解：

二进制数	0110	1011	0101
十六进制数	6	B	5

所以$(011010110101)_2=(6B5)_{16}$。

(4) 十六进制数转换为二进制数

将每个十六进制数用4位二进制数表示，然后按十六进制数的排序将这些4位二进制数排列好，就可得到相应的二进制数。

【例7-7】 将十六进制数4E6转化为二进制数。

解：

十六进制数	4	E	6
二进制数	0100	1110	0110

所以$(4E6)_{16}=(10011100110)_2$。

(二) 编码

数码不仅可以表示数值的大小，而且还能用来表示各类特定的对象。例如，一栋教学楼的每一间教室有自己的一个号码101、102……显然，这些号码只是用来区别不同的教室，已失去数值大小的含义。

这种用数码来表示特定对象的过程称为编码，用于编码的数码称为代码，编码的方法有很多种，各种编码的制式称为码制。

1. 二进制代码

数字电路处理的信息，一类是数值，另一类则是文字和符号，这些信息往往采用多位二进制数码来表示。通常把这种表示特定对象的多位二进制数称为二进制代码。

二进制代码与所表示的信息之间应具有一一对应的关系，用n位二进制数可以组合成2^n个代码，若需要编码的信息有N项，则应满足$2^n \geqslant N$。

2. BCD码

在数字电路中，各种数据要转换为二进制代码才能进行处理，但人们已习惯于使用十进制数，所以在数字电路的输入、输出中仍采用十进制数，电路处理时则采用二进制数。这样就产生了用4位二进制数分别表示0～9这10个十进制数码的编码方法，这种用于表示1位十进制数的4位二进制代码称为二-十进制代码，简称BCD码。

由于4位二进制数可以组成16($2^4=16$)个代码，而十进制数码只需要其中的10个代码，因此，在16种组合中选取10种组合方式，便可得到多种二-十进制编码的方案。表7-10是三种常见的BCD码。

表7-10　三种常见的BCD码

十进制数	8421码	5421码	余3码
0	0000	0000	0011
1	0001	0001	0100
2	0010	0010	0101
3	0011	0011	0110
4	0100	0100	0111

续表 7-10

十进制数	8421 码	5421 码	余 3 码
5	0101	1000	1000
6	0110	1001	1001
7	0111	1010	1010
8	1000	1011	1011
9	1001	1100	1100

8421 码是使用最多的一种编码，在用 4 位二进制数来表示 1 位十进制数时，每 1 位二进制数的位权依次为 2^3、2^2、2^1、2^0，即 8421，所以称为 8421 码。从表 7-10 中可以发现，8421 码选取 0000～1001 前十种组合来表示十进制数，而后六种组合会舍去不用。5421 码：每 1 位二进制数的位权依次为 5、4、2、1。余 3 码：每个代码表示的二进制数比它所代表的十进制数多 3。

【例 7-8】 将十进制数 123 用 8421 码表示。

解：

十进制数　1　　2　　3

8421 码　0001　0010　0011

所以 $(123)_{10}=(000100100011)_{BCD}$。

计算机不仅用于处理数字，而且用于处理字母、符号等文字信息。人们通过键盘上的字母、符号和数制向计算机发送数据和指令，每一个键符可用一个二进制码来表示，ASCⅡ码是目前国际上最通用的一种键符码。它用 7 位二进制码来表示 128 个十进制数、英文大小写字母、控制符、运算符以及特殊符号，见表 7-11。

表 7-11　　ASCⅡ码字符表

$b_3b_2b_1b_0$	$b_7b_6b_5$							
	000	001	010	011	100	101	110	111
0000	NUL	DLE	SP	0	@	P	‘	p
0001	SOH	DC1	!	1	A	Q	a	q
0010	STX	DC2	“	2	B	R	b	r
0011	ETX	DC3	#	3	C	S	c	s
0100	EOT	DC4	$	4	D	T	d	t
0101	ENQ	NAK	%	5	E	U	e	u
0110	ACK	SYN	&	6	F	V	f	v
0111	BEL	ETB	‘	7	G	W	g	w
1000	BS	CAN	(	8	H	X	h	x
1001	HT	EM	)	9	I	Y	i	y
1010	LF	SUB	*	:	J	Z	j	z
1011	VT	ESC	+	;	K	[	k	{

续表 7-11

<table>
<tr><td rowspan="2">$b_3b_2b_1b_0$</td><td colspan="8">$b_7b_6b_5$</td></tr>
<tr><td>000</td><td>001</td><td>010</td><td>011</td><td>100</td><td>101</td><td>110</td><td>111</td></tr>
<tr><td>1100</td><td>FF</td><td>FS</td><td>,</td><td><</td><td>L</td><td>\</td><td>l</td><td>|</td></tr>
<tr><td>1101</td><td>CR</td><td>CS</td><td>-</td><td>=</td><td>M</td><td>]</td><td>m</td><td>}</td></tr>
<tr><td>1110</td><td>SO</td><td>RS</td><td>.</td><td>></td><td>N</td><td>`</td><td>n</td><td>~</td></tr>
<tr><td>1111</td><td>SI</td><td>US</td><td>/</td><td>?</td><td>O</td><td>_</td><td>o</td><td>DEL</td></tr>
</table>

二、逻辑函数化简

在数字电路中，电路的状态用 1 和 0 表示，所以输入和输出之间的关系可以用二进制代数作为数学工具。二进制代数就是逻辑代数（又称布尔代数），它有一些基本的运算定律，应用这些定律可把一些复杂的逻辑函数式经恒等变换，化为较简单的函数表达式，从而用比较少的电路元器件实现相同的逻辑功能，这不仅可以降低成本，还可以提高电路工作的可靠性。

（一）逻辑代数的运算法则

1. 基本公式

表 7-12 列出了逻辑代数的基本公式。

表中定律的证明，最直接的办法就是通过真值表证明。若等式两边逻辑函数的真值表相同，则等式成立。

可以用表 7-13 所示的真值表验证摩根定律（$\overline{A\cdot B}=\overline{A}+\overline{B}$）。

表 7-12　逻辑代数的基本公式

说明	公式名称	与运算公式	或运算公式
变量与常量的关系	01 律	$A\cdot 1=A$	$A+1=1$
		$A\cdot 0=0$	$A+0=A$
和普通代数相似定律	交换律	$A\cdot B=B\cdot A$	$A+B=B+A$
	结合律	$A\cdot(B\cdot C)=(A\cdot B)\cdot C$	$A+(B+C)=(A+B)+C$
	分配律	$A\cdot(B+C)=A\cdot B+B\cdot C$	$A+(B\cdot C)=(A+B)\cdot(B+C)$
逻辑代数特有的定律	互补律	$A\cdot\overline{A}=0$	$A+\overline{A}=1$
	同一律	$A\cdot A=A$	$A+A=A$
	摩根定律	$\overline{A\cdot B}=\overline{A}+\overline{B}$	$\overline{A+B}=\overline{A}\cdot\overline{B}$
	还原律	$\overline{\overline{A}}=A$	

表 7-13　真值表验证摩根定律

输入		输出	
A	B	$\overline{A\cdot B}$	$\overline{A}+\overline{B}$
0	0	1	1
0	1	1	1
1	0	1	1
1	1	0	0

结论：$\overline{A \cdot B}=\overline{A}+\overline{B}$ 成立。

2. 常用公式

利用前面介绍的基本公式，可以推导出一些常用公式。表 7-14 列出了一些逻辑代数中常用的公式及推导证明。

表 7-14　逻辑代数中常用的公式及推导证明过程

说明	公式	证明
消去互为反变量的因子	$AB+A\overline{B}=A$	$AB+A\overline{B}=A(B+\overline{B})=A$
消去多余项	$A+AB=A$	$A+AB=A(1+B)=A$
消去含有另一项的反变量的因子	$A+\overline{A}B=A+B$	$A+B=(A+B)(A+\overline{A})=A+\overline{A}B$
消去冗余项	$AB+\overline{A}C+BC=AB+\overline{A}C$	$AB+\overline{A}C+BC=AB+\overline{A}C+BC(A+\overline{A})$ $=AB+\overline{A}C+ABC+\overline{A}BC$ $=AB+AC$

（二）逻辑函数的公式化简法

从实际逻辑问题概括出来的逻辑函数往往不是最简的，因此，一般对逻辑函数表达式都要进行化简。

1. 并项法

利用公式 $AB+A\overline{B}=A$，把两项合并为一项，并消去一个因子。

【例 7-9】 化简逻辑函数 $Y=ABC+AB\overline{C}$。

解：

$$Y=ABC+AB\overline{C}=AB(C+\overline{C})=AB$$

2. 吸收法

利用公式 $A+AB=A$ 消去多余的项。

【例 7-10】 化简逻辑函数 $Y=A\overline{C}+AB\overline{C}\,\overline{D}$。

解：

$$Y=A\overline{C}+AB\overline{C}\,\overline{D}=A\overline{C}(1+B\overline{D})=A\overline{C}$$

3. 消去法

利用公式 $A+\overline{A}B=A+B$ 消去多余的因子。

【例 7-11】 化简逻辑函数 $Y=AB+\overline{A}C+\overline{B}C$。

解：

$$Y=AB+\overline{A}C+\overline{B}C=AB+(\overline{A}+\overline{B})C=AB+\overline{AB}C=AB+C$$

如不能直接采用上述方法，可通过适当变换、添项等再设法化简。

【例 7-12】 化简逻辑函数 $Y=(A\overline{B}+D)(A+\overline{B})D$。

解：

$$\begin{aligned} Y &=(A\overline{B}+D)(A+\overline{B})D=(A\overline{B}+AD+\overline{B}D)D \\ &=A\overline{B}D+AD+\overline{B}D=AD+(A+1)\overline{B}D=AD+\overline{B}D \end{aligned}$$

由上述举例可见，用公式法化简逻辑函数表达式时往往需要灵活、交替地综合运用上述方法，才能得到最简的表达式。

（三）逻辑代数的卡诺图化简法

1. 最小项及最小项表达式

设有 n 个逻辑变量，由它们组成的与项中，每个变量以原变量或者反变量的形式出现一次，且仅出现一次，则称这个与项为最小项。

例如，由 A、B、C 三个变量组成的与项，它有 $\overline{A}\,\overline{B}\,\overline{C}$、$\overline{A}\,\overline{B}C$、$\overline{A}B\overline{C}$、$A\overline{B}\,\overline{C}$、$\overline{A}BC$、$A\overline{B}C$、$AB\overline{C}$、$ABC$ 共八个最小项。

为了表示方便，常常把最小项进行编号。用 m_i 表示最小项，下标 i 的确定方法是：把与最小项对应的那一组变量取值（变量为 1，变量非取 0）的组合当成二进制数，与二进制数对应的十进制数即为该最小项编号的下标。例如，$m_0=\overline{A}\,\overline{B}\,\overline{C}$，$m_3=\overline{A}BC$，$m_5=A\overline{B}C$ 等。

【例 7-13】 将逻辑函数 $Y(A、B、C)=AB+A\overline{B}C+A\overline{C}$ 展开成最小项之和的形式。

解：

按照最小项的定义可知，$A\overline{B}C$ 是最小项，而 AB、$A\overline{C}$ 不是最小项。

因为 $$AB=AB(C+\overline{C})=ABC+AB\overline{C}$$

$$A\overline{C}=A\overline{C}(B+\overline{B})=AB\overline{C}+A\overline{B}\,\overline{C}$$

所以 $$Y(A、B、C)=ABC+A\overline{B}C+AB\overline{C}$$

也可写成 $$Y(A、B、C)=m_7+m_5+m_6=\sum m(5、6、7)$$

2. 卡诺图

卡诺图是由若干个小方格有规律地排列成矩形的图形。其中每个小方格代表一个最小项，n 个变量函数的卡诺图有 2^n 个小方格。小方格排列的原则是：让几何位置上相邻的小方格代表的最小项在逻辑上也是相邻的。

所谓逻辑相邻是指在两个最小项中，只有一个变量不同，其余变量均相同。例如，$AB\overline{C}$ 和 $A\overline{B}\,\overline{C}$ 是逻辑相邻，$AB\overline{C}$ 和 $\overline{A}\,\overline{B}\,\overline{C}$ 逻辑不相邻。为了画图方便，一般把变量标注在左上角，而用 1 和 0 表示原变量和反变量，并标注在卡诺图的上方和左边。变量的取值与方格中的最小项编号一一对应。如图 7-28 所示。

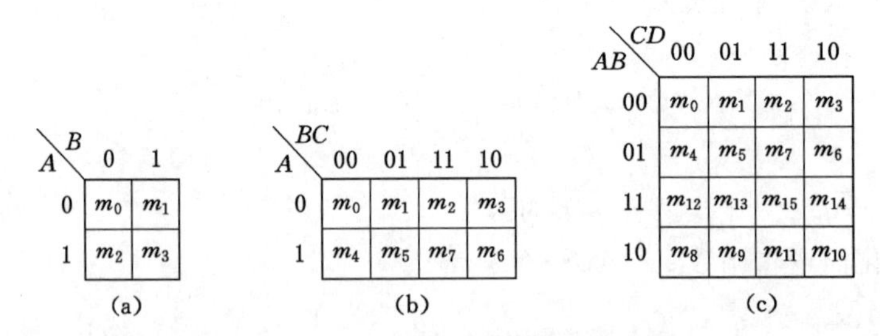

图 7-28 二、三、四变量卡诺图

(a) 二变量卡诺图；(b) 三变量卡诺图；(c) 四变量卡诺图

3. 用卡诺图表示逻辑函数

用卡诺图表示逻辑函数的具体方法是：根据逻辑函数所包含的变量数目，先画出相应卡诺图，然后将函数式中包含的最小项，在卡诺图对应的方格中填 1，函数式中不包含的最小项在对应的方格中填 0 或不填，所得的图形就是该逻辑函数的卡诺图。

【例 7-14】 用卡诺图表示下列逻辑函数：

$$Y_1 = A\overline{B} + \overline{A}B$$

$$Y_2 = \overline{A} + \overline{B}C + A\overline{B}$$

$$Y_3 = \overline{A}B\overline{C} + ABD + A\overline{C}D + \overline{A}CD$$

解：

先将各逻辑函数化成最小项表达式：

$$Y_1 = \sum m(1、2)$$

$$Y_2 = \sum m(3、4、5)$$

$$Y_3 = \sum m(3、4、5、7、9、13、15)$$

Y_1,Y_2,Y_3 分别是二、三、四变量的逻辑函数，先画出相应的卡诺图，然后再将函数式中包含的最小项在相应的方格中填 1，所得卡诺图分别如图 7-29(a)、(b)、(c)所示。

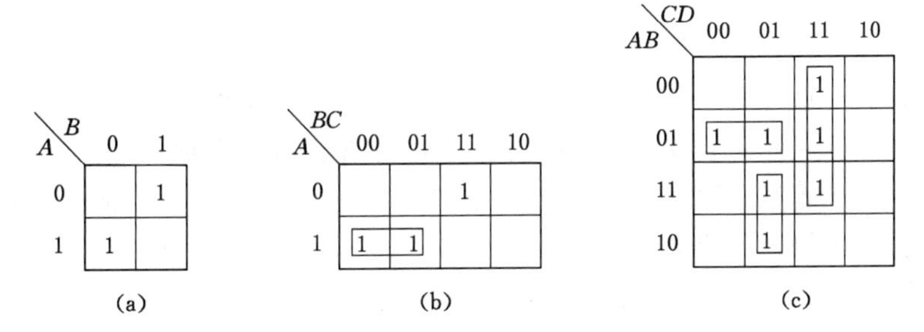

图 7-29　例 7-14 的卡诺图

(a) Y_1的卡诺图；(b) Y_2的卡诺图；(c) Y_3的卡诺图

4. 用卡诺图化简逻辑函数

根据常用公式 $AB + A\overline{B} = A$ 可知：两个逻辑相邻项之和可以合并成一项，消去一个不相同的因子，保留公因子；四个相邻之和可以合并成一项，消去两个不同的因子；以此类推，2^n 个相邻并排成矩形的最小项可以合并成一项，消去 n 个不同的因子，保留最小项的公因子。用卡诺图化简逻辑函数的步骤：

(1) 画出逻辑函数的卡诺图；

(2) 将能够合并的相邻的最小项圈起来，没有相邻项的最小项单独画圈；

(3) 每个包围圈作为一个与项，并将各项相或即是化简后的与或表达式。

【例 7-15】 用卡诺图化简下列逻辑函数：

$$Y_1(A、B、C、D) = \sum m(1、3、5、7、8、9、10、12、14)$$

$$Y_2(A、B、C、D) = \sum m(0、1、4、5、9、10、11、13、15)$$

$$Y_3(A、B、C、D) = \sum m(0、2、5、6、7、8、9、10、11、14、15)$$

解：

先将 Y_1、Y_2、Y_3 分别填入相应的卡诺图，再将能够合并的最小项画一个圈，如图 7-30(a)、(b)、(c)所示。最后将每个圈写成一个与项，再将这些与项相或，得：

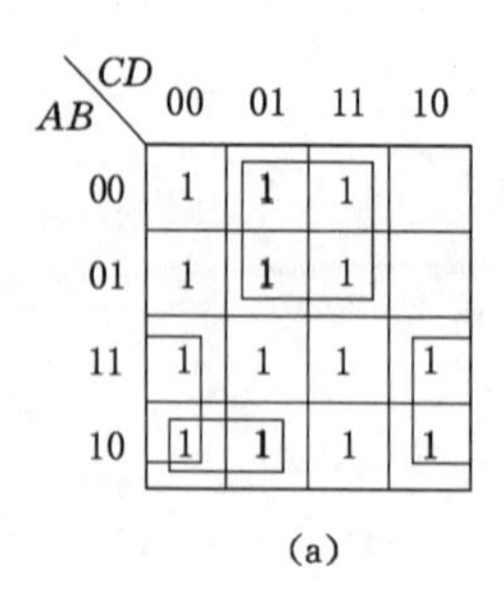

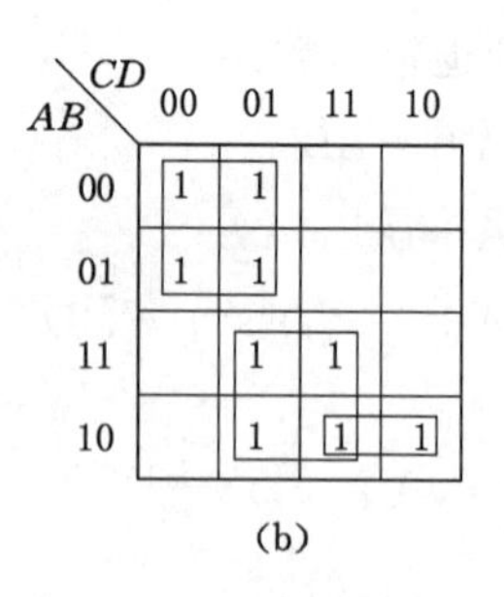

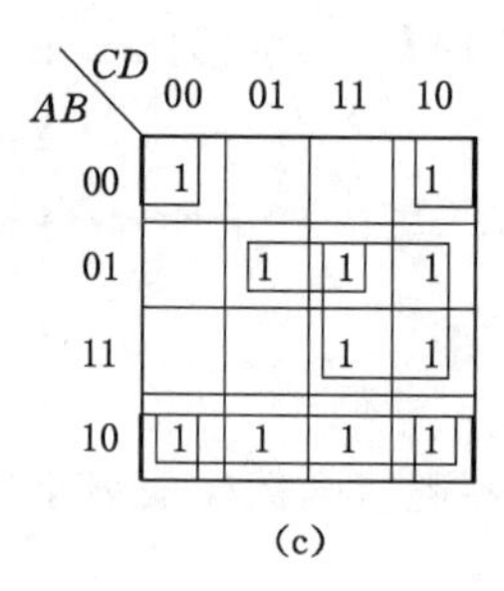

(a)　　(b)　　(c)

图 7-30　例 7-15 的卡诺图

(a) Y_1的卡诺图；(b) Y_2的卡诺图；(c) Y_3的卡诺图

$$Y_1(A、B、C、D)=\overline{A}D+A\overline{D}+A\overline{B}\,\overline{C}$$

$$Y_2(A、B、C、D)=\overline{A}\,\overline{C}+A\overline{D}+A\overline{B}C$$

$$Y_3(A、B、C、D)=\overline{B}\,\overline{D}+BC+A\overline{B}+\overline{A}BD$$

用卡诺图合并最小项时应注意以下几点：

(1) 合并相邻项的圈尽可能画得大一些，以减少化简后与项的因子数；

(2) 每个圈中至少有一个最小项只被圈过一次，以免出现多余项；

(3) 用最少的圈覆盖函数所包含的全部最小项，使化简后与项最少，但又不漏项。

用卡诺图化简逻辑函数比公式法化简容易得多，它形象、直观，便于掌握。所以在含变量数较少(5 个以下不含 5 个)的逻辑函数化简时，采用卡诺图化简更为便利。

(四) 具有无关项的逻辑函数及其化简

1. 逻辑函数的无关项

实际的数字系统中，有的逻辑函数只与一部分最小项有关系，而与其余的最小项无关，通常把这些最小项称为无关项。

无关项包含两种情况：一种是某些变量取值时，函数值是 1 和 0 皆可，并不影响电路的功能，这些变量取值所对应的最小项称为任意项；另一种由于逻辑变量之间具有一定的约束关系，使某些变量不可能出现，它所对应的最小项恒等于 0，通常称为约束项。例如，在 8421 码中 1010、1011、1100、1101、1110 和 1111 是不允许出现的，称之为伪码，它们是无关项。在逻辑函数式中表示为：

$$\sum d(10、11、12、13、14、15)=0$$

上式又称为约束方程。

2. 具有无关项的逻辑函数的化简

因为无关项在函数中既可看作 1 也可看作 0，画卡诺图时，在相应方格中填“×”。用卡诺图化简逻辑函数时，可以把某些无关项当作 1 对待，以使圈画得尽可能大，而所画圈数最少。凡未被圈的无关项则应当作 0，以便不增加多余项。

【例 7-16】　将函数 $Y(A、B、C、D)=\sum m(1、3、5、7、9)+\sum d(10、11、12、13、14、15)$ 化为最简与或表达式。

解：

函数 Y 的卡诺图如图 7-31 所示。将无关项 m_{11}、m_{13}、m_{15} 看作 1，其余的无关项看作 0，最简与或式为：

$$Y=D$$

本题如果不利用约束项，输出简化式则为：

$$Y=\overline{A}D+\overline{B}\ \overline{C}D$$

可见，利用约束项可以使化简结果进一步简化。

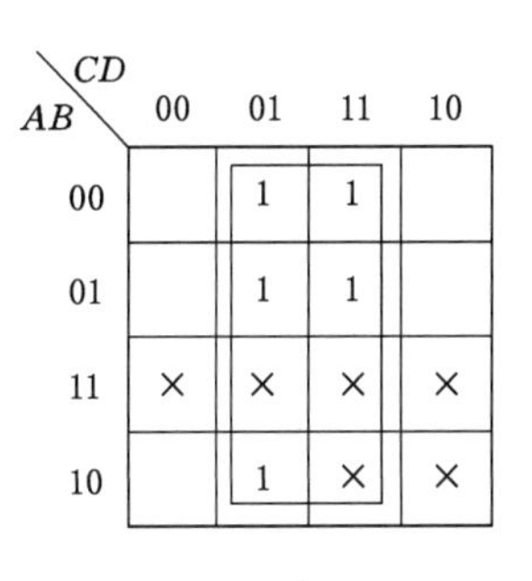

图 7-31　例 7-16 的卡诺图

（五）逻辑函数表达式的最简标准

对于任一逻辑函数，其表达式有多种形式，如与或式、或与式、与非-与非式等，其中最常用的为与或式。每一种表达形式的最简标准都不同，与或式的最简标准为：

（1）表达式中所含的或项数最少；

（2）每个或项所含的变量数最少。

但在具体实现电路时，往往可以根据手头现有的元器件写出相应的逻辑表达式。如与非门比较常用，则在化简过程中就需要将最简与或式转换成相应的与非-与非式。

【例 7-17】 逻辑函数 $Y=AB+\overline{B}C$ 是与或表达式，采用与门、或门和非门实现的逻辑电路如图 7-32(a)所示，若现只有 74LS00 四 2 输入与非门芯片一块，试用 74LS00 芯片实现该逻辑函数的功能，并画出 74LS00 引脚连接图。

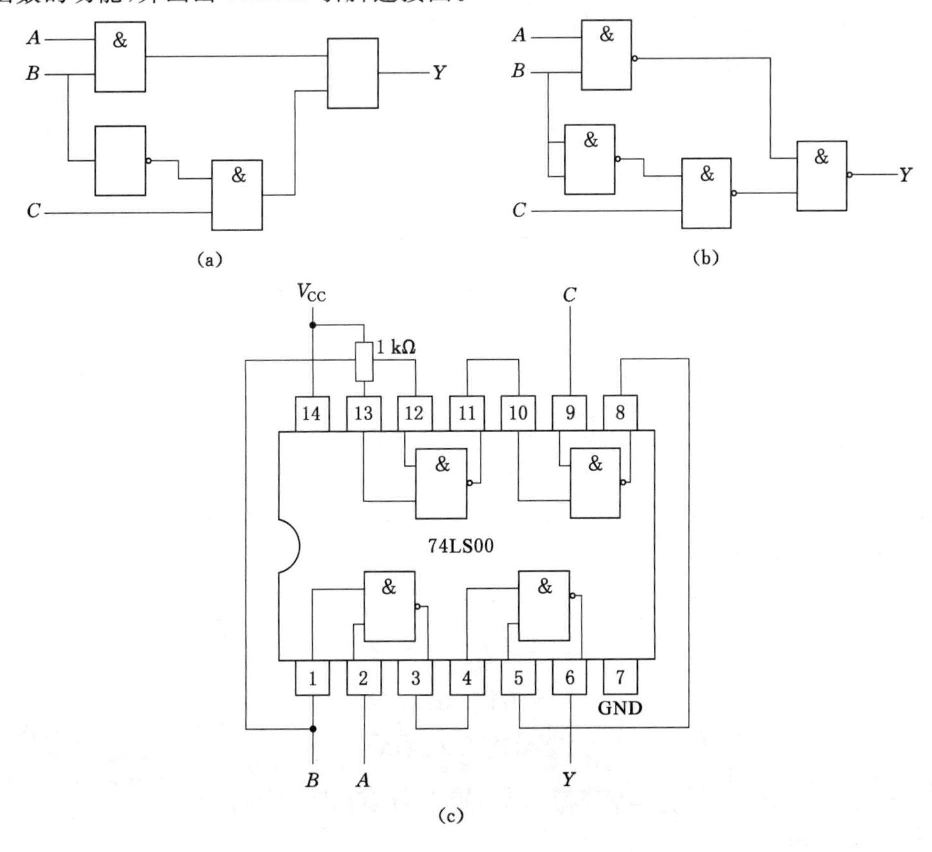

图 7-32　例 7-17 图

(a) 逻辑电路；(b) 转换后的逻辑电路；(c) 引脚连接

解：

将已知的最简与或式 $Y=AB+\overline{B}C$ 转换为与非-与非式，再画出相应的逻辑图，即

$$Y=AB+\overline{B}C=\overline{\overline{AB+\overline{B}C}}=\overline{\overline{AB}\cdot\overline{\overline{B}C}}$$

其逻辑电路如图 7-32(b)所示，引脚连接图如图 7-32(c)所示。

任务四　组合逻辑电路的分析与设计

一、组合逻辑电路的分析

（一）组合逻辑电路的特点

组合逻辑电路由逻辑门构成，不含具有记忆功能的器件，有多个输入端、一个或多个输出端，输出与输入之间无反馈。在组合电路中，任意时刻的输出信号仅取决于该时刻的输入信号，与信号作用前电路原来的状态无关，这就是组合电路的特点。

（二）组合电路的分析方法

（1）根据逻辑电路图，由输入到输出逐级写出逻辑表达式。

（2）用公式化简法或卡诺图化简法将得到的逻辑式化简。

（3）由最简逻辑表达式列出真值表。

（4）分析真值表，确定电路的逻辑功能。

【例 7-18】 分析图 7-33 所示电路的逻辑功能。

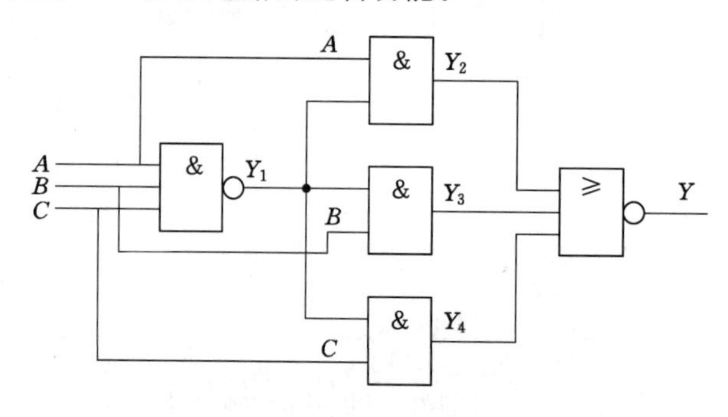

图 7-33　例 7-18 图

解：

（1）电路的逻辑表达式：

$$Y_1=\overline{ABC}$$

$$Y_2=AY_1=A\,\overline{ABC}$$

$$Y_3=BY_1=B\,\overline{ABC}$$

$$Y_4=CY_1=C\,\overline{ABC}$$

$$Y=\overline{Y_2+Y_3+Y_4}=\overline{A\,\overline{ABC}+B\,\overline{ABC}+C\,\overline{ABC}}$$

（2）化简逻辑表达式：

$$Y=\overline{Y_2+Y_3+Y_4}=\overline{A\,\overline{ABC}+B\,\overline{ABC}+C\,\overline{ABC}}=\overline{(A+B+C)\overline{ABC}}$$

$$=\overline{A+B+C}+ABC=\overline{A}\,\overline{B}\,\overline{C}+ABC$$

(3) 根据逻辑表达式,列出真值表,见表 7-15。

表 7-15　　真　值　表

输入			输出
A	B	C	Y
0	0	0	1
0	0	1	0
0	1	0	0
0	1	1	0
1	0	0	0
1	0	1	0
1	1	0	0
1	1	1	1

(4) 分析、确定电路逻辑功能。

三个输入变量 A、B、C 同时为 0 或 1 时,输出为 1,否则为 0。

该电路的功能是:用来判断输入信号是否相同,相同时输出为 1,不同时输出为 0。这是一个三变量一致的判别电路。

二、组合逻辑电路的设计

组合逻辑电路的设计就是根据具体的功能要求,设计出能够实现该功能的逻辑电路。组合逻辑电路的设计步骤为:

(1) 分析事件的因果关系,确定输入变量与输出变量及其 0 和 1 的含义。

(2) 根据给定事件的因果关系列出逻辑真值表。

(3) 根据真值表,写出逻辑表达式。

(4) 根据给定的元器件,化简或变换逻辑表达式。

(5) 根据化简或变换的逻辑表达式,画出逻辑电路图。

【例 7-19】 在举重比赛中,有 A、B、C 三名裁判,其中 A 为主裁判,当两名以上裁判(必须含 A)按动按钮,认为运动员举杠铃合格,才能发出裁决合格信号,绿灯亮。试用 74LS00 芯片实现该功能,并画出 74LS00 引脚连接图。

解:

(1) 逻辑状态赋值:

按功能要求,该电路有三个输入,即分别用 A、B、C 表示三个裁判,1 代表同意,0 代表不同意。

该电路只有一个输出 ,用 Y 表示,1 代表举重成功,0 代表举重失败。

(2) 列真值表:

根据电路的功能要求,列出输入和输出对应的真值表,见表 7-16。

表 7-16　　真 值 表

输入			输出
A	B	C	Y
0	0	0	0
0	0	1	0
0	1	0	0
0	1	1	0
1	0	0	0
1	0	1	1
1	1	0	1
1	1	1	1

(3) 写逻辑表达式：

$$Y=A\overline{B}C+AB\overline{C}+ABC$$

(4) 化简逻辑表达式,并变换成与非-与非表达式：

$$Y=AB+AC \quad \text{最简与或表达式}$$
$$=\overline{\overline{AB}\cdot\overline{AC}} \quad \text{与非-与非表达式}$$

(5) 画出逻辑电路图及引脚连接图,如图 7-34 所示。

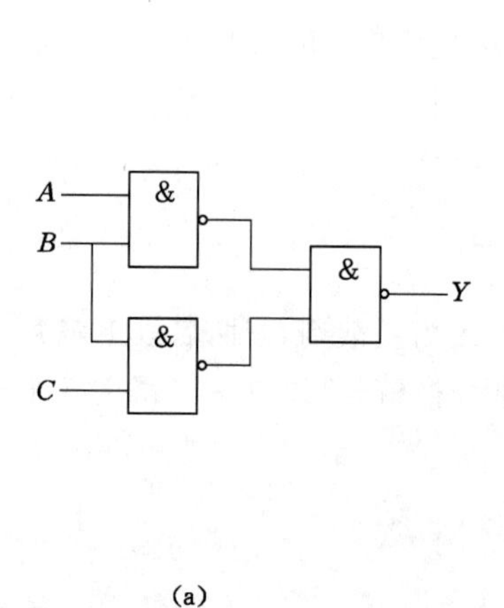

(a)

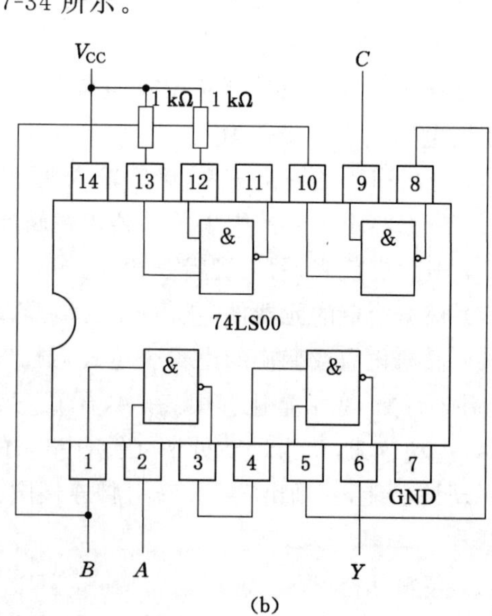

(b)

图 7-34　例 7-19 图

(a) 逻辑电路;(b) 引脚连接

仿真设计三人投票表决电路

一、实训目的

(1) 掌握简单应用电路的设计及测试方法。

(2) 掌握使用仿真软件 Proteus 7 进行电路的仿真测试方法。

(3) 熟悉逻辑电路设计步骤。

二、实训器材

实训器材	计算机	仿真软件 Proteus 7	其他
数量	1台	1套	—

三、实训原理及操作

1. 设计题目

设计一个三人表决电路，多数人同意，提案通过，否则提案不能通过。

2. 设计步骤

(1) 分析设计任务，确定输入、输出变量，找到输出与输入之间的逻辑关系，列出真值表。

(2) 由真值表写出逻辑表达式。

(3) 化简变换逻辑表达式。

(4) 由逻辑表达式画出逻辑图。

3. 仿真

(1) 根据逻辑图选择集成电路芯片。

(2) 连接电路，进行仿真，仿真电路如图 7-35 所示。

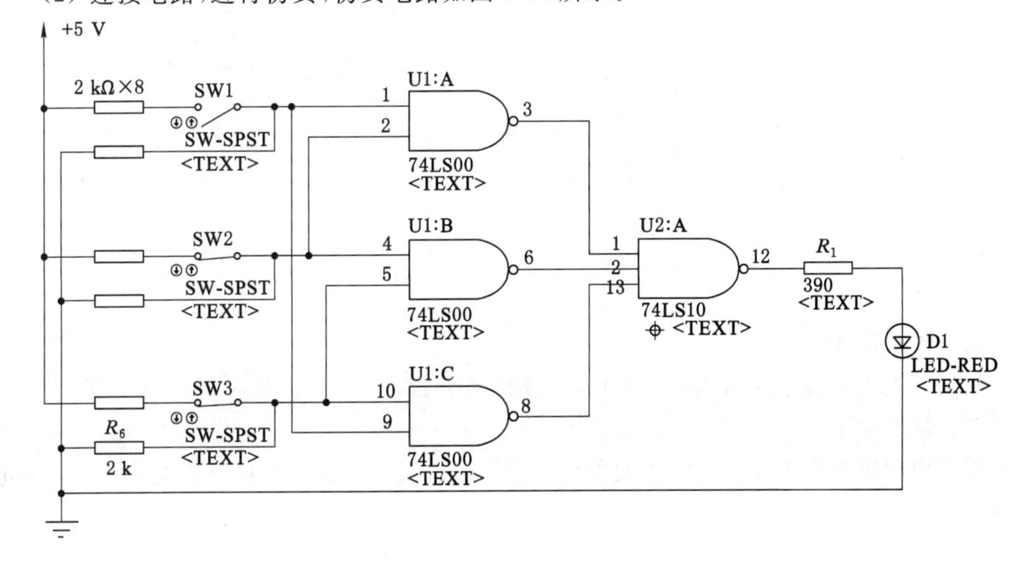

图 7-35　三人投票表决电路

4. 记录结果

自己设计表格，将仿真结果填入表格中。

【想一想】

针对本任务的设计题目，试用不同的逻辑电路及不同的集成电路芯片实现本题目的要求。

四、注意事项

(1) 熟悉 Proteus 7 仿真软件的基本操作，了解各个元件的拾取位置。

(2) 在操作过程中要体会仿真仅仅是对电路设计原理的验证、调试。

五、实训考核

见附表 1。

制作三人表决器

一、原理图

三人表决器原理图如图 7-36 所示。

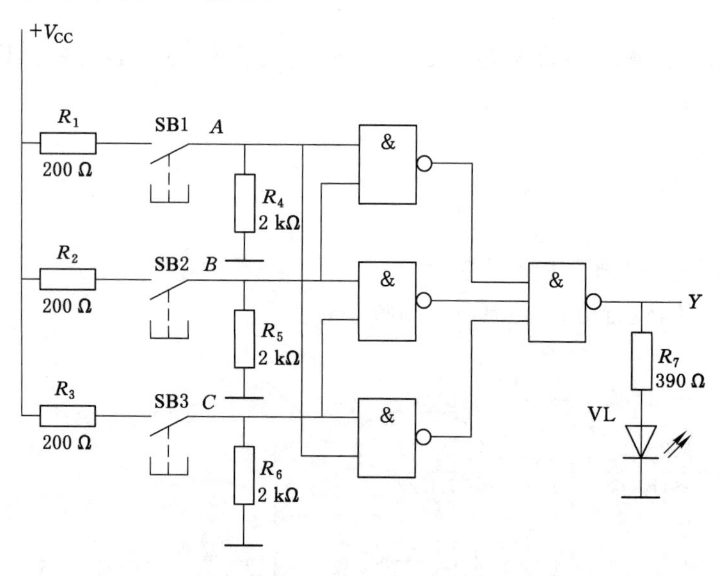

图 7-36 三人表决器原理图

二、选择元器件

根据三人表决器原理图选择元器件，具体见表 7-17。

三、制作步骤

根据原理图绘制布线图→清点元器件→元器件检测→插装和焊接→通电前检查→通电调试→数据记录。

表 7-17 三人表决器元器件

符号	名称	型号规格
$R_1 \sim R_3$	金属膜电阻	200 Ω
$R_4 \sim R_6$		2 kΩ
R_7		390 Ω
VL	发光二极管	$\phi 5$
IC1	四 2 输入与非门	74LS00
IC2	三 3 输入与非门	74LS10
	集成块底座	DIP14
SB1、SB2、SB3	不带自锁按钮	—

四、调试与记录

确认电源电压和元器件安装正确无误后，给线路接通电源。

(1) 检查电路的功能是否实现。

(2) 用万用表测试各种功能状态下输出端 Y 的电位，并自拟表格记录。

五、注意事项

(1) 在项目实施过程中，集成门电路 74LS00 和 74LS10 的多余输入端接至固定的高电平，以提高抗干扰能力。

(2) 使用电烙铁焊接元器件时，注意防止烫伤。

六、技能评价

见附表 2 和附表 3。

思考与练习

一、判断题

1. 在数字电路中，高电平和低电平指的是一定的电压范围，并不是一个固定不变的数值。 ( )

2. 由三个开关并联起来控制一只电灯时，电灯的亮与不亮同三个开关的闭合或断开之间的对应关系属于与逻辑关系。 ( )

3. 逻辑代数中的 0 和 1 代表两种不同的逻辑状态，并不表示数值的大小。 ( )

4. 负逻辑规定：逻辑 1 代表低电平，逻辑 0 代表高电平。 ( )

5. 与运算中，输入信号与输出信号的关系是“有 1 出 1，全 0 出 0”。 ( )

6. 逻辑代数式 $A+1=A$ 成立。 ( )

7. 逻辑是指事物的“因”“果”规律。逻辑电路所反映的是输入状态(因)和输出状态(果)逻辑关系的电路。 ( )

二、选择题

1. 凡在数值上或时间上不连续变化的信号，例如只有高、低电平的矩形波信号，称为( )。

A. 模拟信号　　　　B. 数字信号　　　　C. 直流信号

2. 在逻辑运算中，只有两种逻辑取值，它们是(　　)。

A. 0 V和5 V　　　　B. 正电位和负电位　　　　C. 0和1

3. 8位二进制数能表示十进制数的最大值是(　　)。

A. 255　　　　B. 248　　　　C. 192

4. 8421码0110表示的十进制数为(　　)。

A. 8　　　　B. 6　　　　C. 2

5. 逻辑函数式 $F=ABC+\overline{A}+\overline{B}+\overline{C}$ 的逻辑值为(　　)。

A. ABC　　　　B. 0　　　　C. 1

6. 图7-37所示为某逻辑门电路的输入 A、B 和输出 Y 的波形图，该逻辑门的逻辑功能是(　　)。

A. 与非　　　　B. 或非　　　　C. 与

图 7-37

7. 如图7-38所示逻辑图，其逻辑函数表达式正确的是(　　)。

A. $Y=1$　　　　B. $Y=A$　　　　C. $Y=\overline{A}$

图 7-38

三、填空题

1. 逻辑代数的三种基本运算是________、________、________。

2. 数字集成电路按组成的元器件不同，可分为________和________两大类。

3. 门电路中，最基本的逻辑门是________、________和________。

4. 二进制数1001转化为十进制数为________，将十进制数45用8421BCD码表示，应写为________，十六进制数3BD转化为十进制数为________。

5. 写出图7-39中各逻辑电路的输出状态。

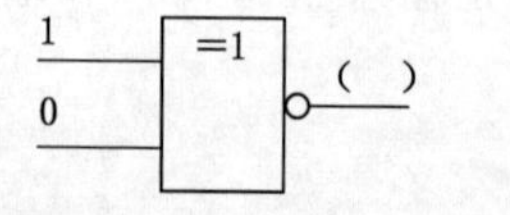

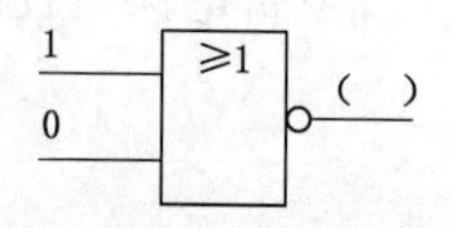

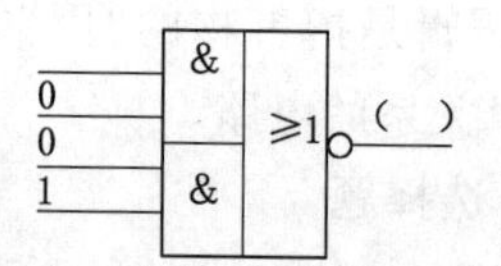

图 7-39

四、综合题

1. 若 A、B、C 为输入端，Y 为输出端，请分别列出或门、与非门真值表。

2. 根据输入信号波形，画出图 7-40 中各门电路所对应的输出波形。

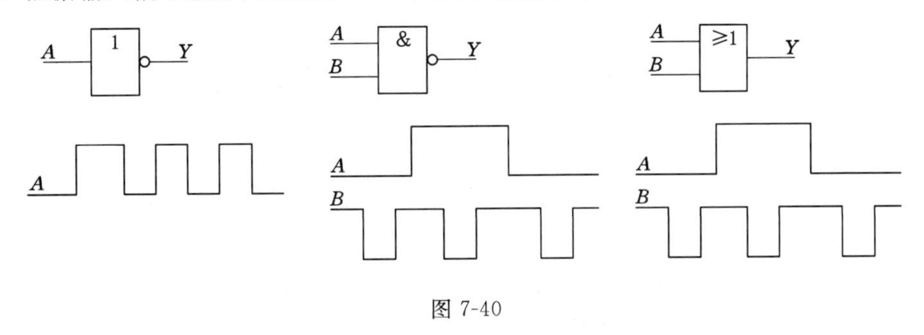

图 7-40

3. 化简函数 $Y=A\overline{B}+B+BCD$，并用与非门逻辑图实现。

4. 分析图 7-41 所示电路，写出电路的逻辑函数表达式。

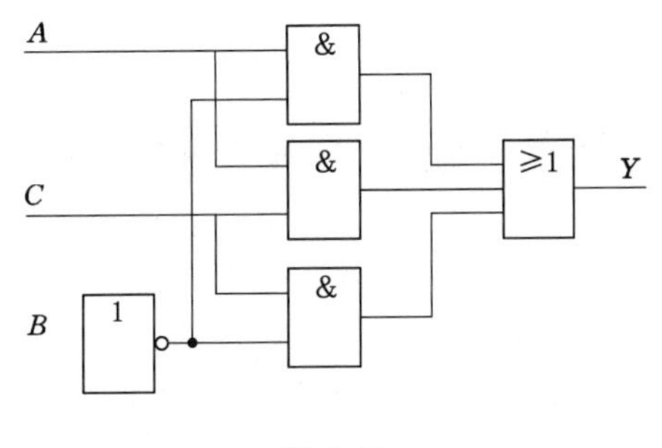

图 7-41

5. 采用与非门集成电路 74LS00 实现 $Y=\overline{AB}\cdot\overline{CD}$，如图 7-42 所示，使用 5 V 的稳压电源，试画出集成电路的接线图。

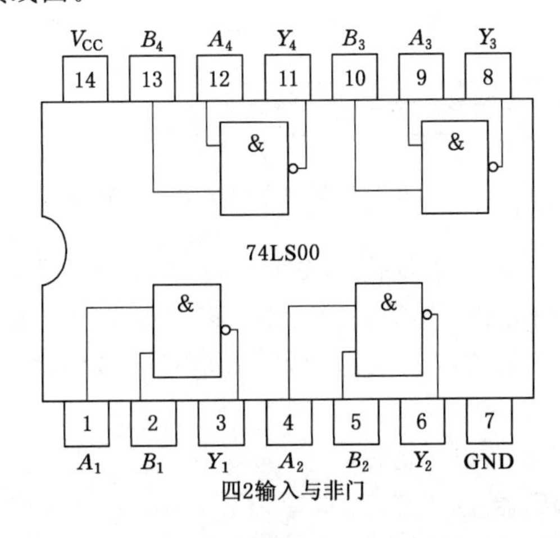

图 7-42

五、分析题

分析图 7-36 的工作原理，说明和图 7-35 的功能区别。

项目八　七段数码显示器电路制作

【知识要点】 了解编码、译码的概念；了解常见编码器、译码器的种类及原理，掌握其逻辑功能；熟悉集成编码器、集成译码器的拓展应用。

【技能目标】 会测试集成编码器 74LS147 的逻辑功能；会测试集成译码器的逻辑功能，能用编码器、译码器以及简单逻辑元件制作简单电路；通过编码器的功能表学会使用编码器。

任务导入

七段数码显示电路应具有以下功能：

(1) 输入信号由 9 个单刀双掷开关 S1～S9 输入，输出信号分别对应七段数码显示器的输出数值 1～9。

(2) 为保证数码显示管能正常工作，应在显示电路中设置一个试灯开关，即输入试灯信号后，各段数码管均有输出，其输出显示为“8”。

(3) 显示电路具有灭灯、灭零功能，即输入灭灯、灭零信号后，输出端始终无信号输出。

任务分析

七段数码显示器电路的总体设计流程如图 8-1 所示。

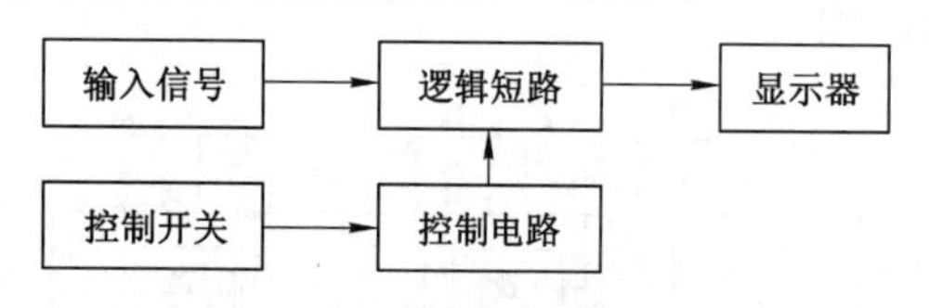

图 8-1　七段数码显示器电路总体设计流程

输入信号和控制开关可由单刀双掷开关组成，选用七段数码显示管，显示器开始工作时，首先要通过控制开关确定显示器的初始工作状态。本设计选用了编码器 74LS147 和译码器 74LS48 作为逻辑电路的主要组成部分，输入信号经过依次编码、译码之后由显示器输出。

集成编码器 74LS147 具备以下特点：

(1) 属于高阶优先编码器；

(2) 输入为低电平有效，输出为反码形式。

集成译码器 74LS48 有 4 个输入端，7 个输出端，3 个控制信号端：$\overline{LT}$、$\overline{RBI}$、$\overline{BI}/\overline{RBO}$，且$\overline{LT}$、$\overline{RBI}$、$\overline{BI}/\overline{RBO}$可组合应用形成不同的功能控制。本项目是基于编码器、译码器组合应用的电路设计。

任务一 编 码 器

用二进制的代码来表示数字或字符的过程称为编码，能实现编码的电路称为编码器。编码器的输入为要编码的信号，输出为二进制代码。n 位二进制代码最多可以表示 2^n 种不同状态。编码器有二进制编码器、二-十进制编码器和优先编码器等。二进制编码器和二-十进制编码器通常又被称为普通编码器。

一、二进制编码器

用 n 位二进制代码对 2^n 个信号进行编码的电路，称为二进制编码器。二进制编码器的种类很多，但其原理是一致的，下面以 3 位二进制编码器为例进行讨论。

图 8-2 所示为 3 位二进制编码器的逻辑电路图，因其有 8 个输入，3 个输出，故也称为 8 线-3 线编码器。其中 I_0、I_1、I_2、I_3、I_4、I_5、I_6、I_7 表示 8 个输入，分别表示 8 个编码对象；Y_0、Y_1、Y_2 表示输出的 3 位二进制码，从高位到低位分别为 Y_2、Y_1、Y_0。

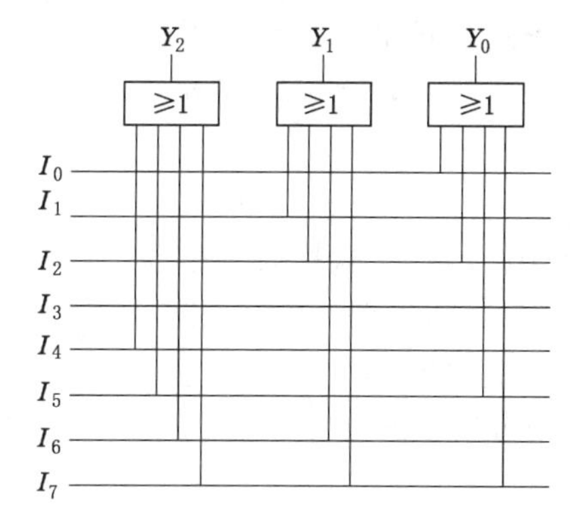

图 8-2 3 位二进制编码器的逻辑电路图

分析逻辑电路图可知，逻辑关系表达式为：

$$Y_2 = I_4 + I_5 + I_6 + I_7$$

$$Y_1 = I_2 + I_3 + I_6 + I_7$$

$$Y_0 = I_1 + I_3 + I_5 + I_7$$

根据逻辑关系表达式可以列出逻辑真值表，见表 8-1。

表 8-1 真 值 表

输入								输出		
I_7	I_6	I_5	I_4	I_3	I_2	I_1	I_0	Y_2	Y_1	Y_0
0	0	0	0	0	0	0	1	0	0	0
0	0	0	0	0	0	1	0	0	0	1
0	0	0	0	0	1	0	0	0	1	0

续表 8-1

输入								输出		
0	0	0	0	1	0	0	0	0	1	1
0	0	0	1	0	0	0	0	1	0	0
0	0	1	0	0	0	0	0	1	0	1
0	1	0	0	0	0	0	0	1	1	0
1	0	0	0	0	0	0	0	1	1	1

由表 8-1 可见，编码器在任意时刻只能对一个输入信号编码，即 8 个输入中只能有一个有效输入(高电平有效)，输入端每输入一个 1，就有对应一组二进制代码输出，从而实现编码。如要对 I_1 进行编码，令 $I_1=1$，其余输入均为 0(没有输入信号)，则输出二进制代码 $Y_2Y_1Y_0=001$，其余可以此类推。

二、二-十进制编码器

用二进制代码表示十进制数的编码器称为二-十进制编码器。要对 10 个信号进行编码，至少需要 4 位二进制代码，所以二-十进制编码器的输入信号为 10 位，输出信号为 4 位，图 8-3 所示为其示意图。10 个输入端 $I_0\sim I_9$ 分别表示十进制数 0～9，4 个输出端为 $Y_0\sim Y_3$。

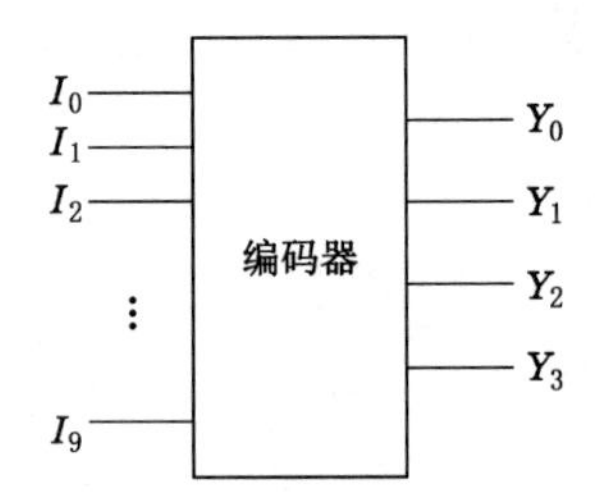

图 8-3 二-十进制编码器示意图

因为 4 位二进制代码有 16 种组合状态，故可以任意选出 10 种表示 0～9 这 10 个数字，这样就有很多编码方法，如 8421BCD 码、5421BCD 码、余 3BCD 码等，其中使用最广泛的是 8421BCD 码。表 8-2 为 8421BCD 码的编码表。从表中可以看出，1010～1111 为 6 种多余状态，称为禁用码，也称为伪码。

表 8-2　8421BCD 码编码表

十进制数	8421BCD 码			
N	Y_3	Y_2	Y_1	Y_0
0	0	0	0	0
1	0	0	0	1
2	0	0	1	0
3	0	0	1	1
4	0	1	0	0
5	0	1	0	1
6	0	1	1	0
7	0	1	1	1
8	1	0	0	0
9	1	0	0	1

续表 8-2

伪码	1	0	1	0
	1	0	1	1
	1	1	0	0
	1	1	0	1
	1	1	1	0
	1	1	1	1

根据其真值表，按照逻辑电路的设计方法，可以列出 8421BCD 编码器的逻辑函数表达式并画出逻辑电路，在此不再赘述。

二-十进制编码器与二进制编码器一样，输入的变量中，有一个为 1 时，其余必须为 0，否则将发生混乱。例如，当 I_5、I_3 同时为 1 时，编码器输出 $Y_3Y_2Y_1Y_0=0111$，而 0111 应为十进制数 7 的二进制代码，这时就会出现错误，因此常把二进制编码器和二-十进制编码器称为普通编码器。

三、优先编码器

为了克服普通编码器的局限性，实际集成编码器常设计成优先编码器。

采用优先编码方式的电路称为优先编码器。优先编码器是将编码器各输入赋予不同的优先级，电路运行时，允许同时输入两个或两个以上的信号，但电路只对其中优先级最高的的一个输入信号进行编码，对其他输入信号不予考虑，或者说优先级较低的输入信号无效。例如，当输入端 I_6、I_3 同时为 1 时，优先编码器只对优先级较高的输入 I_6 进行编码，输出 $Y_3Y_2Y_1Y_0=0100$，而优先级较低的 I_3 对输出没有影响，这样就不会发生混乱。下面介绍几种常见的优先编码器。

1. BCD 高阶优先编码器

如图 8-4 所示为 8 线-3 线优先编码器，该编码器有 8 个输入变量 $I_0,I_1,\cdots,I_7$，3 个输出变量 Y_0、Y_1、Y_2。

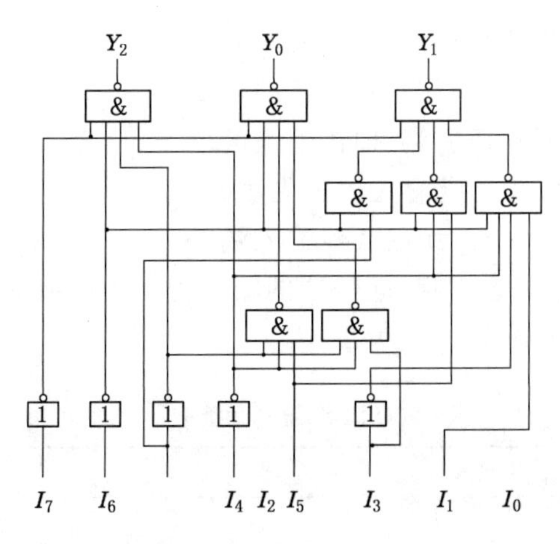

图 8-4　8 线-3 线优先编码器

由图 8-3 可以写出逻辑函数表达式，即：

$$Y_0=\overline{\bar{I}_7 \cdot \overline{\bar{I}_6 I_5} \cdot \overline{\bar{I}_6 \bar{I}_4 I_3} \cdot \overline{\bar{I}_6 \bar{I}_4 \bar{I}_2 I_1}}$$

$$Y_1=\overline{\bar{I}_7 \bar{I}_6 \cdot \overline{\bar{I}_5 \bar{I}_4 \bar{I}_3} \cdot \overline{\bar{I}_5 \bar{I}_{4\,2}}}$$

$$Y_2=\overline{\bar{I}_7 \bar{I}_6 \bar{I}_5 \bar{I}_4}$$

其真值表见表 8-3,表中“×”表示任意取值(0 或 1)。

表 8-3　　BCD 高阶优先编码器真值表

I_0	I_1	I_2	I_3	I_4	I_5	I_6	I_7	Y_2	Y_1	Y_0
×	×	×	×	×	×	×	1	1	1	1
×	×	×	×	×	×	1	0	1	1	0
×	×	×	×	×	1	0	0	1	0	1
×	×	×	×	1	0	0	0	1	0	0
×	×	×	1	0	0	0	0	0	1	1
×	×	1	0	0	0	0	0	0	1	0
×	1	0	0	0	0	0	0	0	0	1
1	0	0	0	0	0	0	0	0	0	0

从真值表可以看出,I_7 的优先级最高,I_0 的优先级最低,当 I_7 有信号输入时,即 $I_7=1$,不管其他输入端是否有信号输入,编码器只对 I_7 编码,其他输入对编码器没有影响,输出 $Y_2Y_1Y_0=111$。又如,I_5、I_6、I_7 都等于 0,$I_4=1$,其余输入是否有信号,编码器对 I_4 进行编码,输出 $Y_2Y_1Y_0=100$。

2. 74LS147 集成编码器

74LS147 为 10 线-4 线 BCD 码优先编码器,图 8-5所示为该编码器的逻辑符号。它有$\overline{I_9}\sim\overline{I_0}$优先级从高到低的 10 个输入端,$\overline{Y_3}$、$\overline{Y_2}$、$\overline{Y_1}$、$\overline{Y_0}$为 4 个输出端,输入为低电平有效,输出为反码形式,即 0 表示信号有效,1 表示信号无效。表 8-4 为 74LS147 的逻辑功能表,表中“×”号表示可取任意值,即该输入的取值不影响输出状态,由此可以判定输入的优先级别,$\overline{I_9}$为最高,$\overline{I_0}$为最低。当$\overline{I_9}=0$ 时,无论其他输入端是什么信号,均对编码器的输出无影响,编码器的输出为十进制数 9 的 BCD 码 1001 的反码 0110,即编码器只对 9 进行编码。

$\bar{I}_4$	1	16	V_{CC}
$\bar{I}_5$	2	15	$\bar{I}_0$
$\bar{I}_6$	3	14	$\bar{Y}_3$
$\bar{I}_7$	4	13	$\bar{I}_3$
$\bar{I}_8$	5	12	$\bar{I}_2$
$\bar{Y}_2$	6	11	$\bar{I}_1$
$\bar{Y}_1$	7	10	$\bar{I}_9$
GND	8	9	$\bar{Y}_0$

图 8-5　74LS147 逻辑符号

表 8-4　　74LS147 逻辑功能表

输入										输出			
$\overline{I_0}$	$\overline{I_1}$	$\overline{I_2}$	$\overline{I_3}$	$\overline{I_4}$	$\overline{I_5}$	$\overline{I_6}$	$\overline{I_7}$	$\overline{I_8}$	$\overline{I_9}$	$\overline{Y_3}$	$\overline{Y_2}$	$\overline{Y_1}$	$\overline{Y_0}$
×	×	×	×	×	×	×	×	×	0	0	1	1	0
×	×	×	×	×	×	×	×	0	1	0	1	1	1

续表 8-4

输入										输出			
×	×	×	×	×	×	×	0	1	1	1	0	0	0
×	×	×	×	×	×	0	1	1	1	1	0	0	1
×	×	×	×	×	0	1	1	1	1	1	0	1	0
×	×	×	×	0	1	1	1	1	1	1	0	1	1
×	×	×	0	1	1	1	1	1	1	1	1	0	0
×	×	0	1	1	1	1	1	1	1	1	1	0	1
×	0	1	1	1	1	1	1	1	1	1	1	1	0
0	1	1	1	1	1	1	1	1	1	1	1	1	1

3. 74LS148 集成编码器

74LS148 为 8 线-3 线高阶优先编码器，其逻辑符号如图 8-6 所示。$\overline{I_7}\sim\overline{I_0}$为优先级从高到低的 8 个输入端，$\overline{Y_2}$、$\overline{Y_1}$、$\overline{Y_0}$为 3 个输出端，输入低电平有效，输出为反码形式。

$\overline{EI}$——选通输入端，又称使能端，低电平有效；

$\overline{EO}$——选通输出端，低电平有效，为扩展功能用；

$\overline{CS}$——扩展输出端，又称优先编码标志输出端，低电平有效。

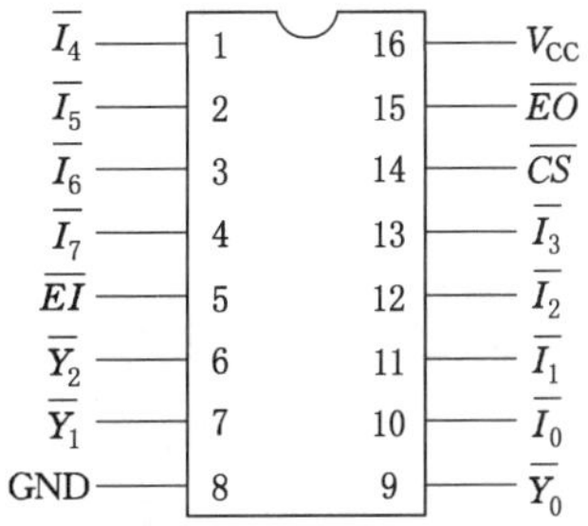

图 8-6　74LS148 逻辑符号

74LS148 的逻辑功能表见表 8-5。

表 8-5　　74LS148 逻辑功能表

输入									输出				
$\overline{EI}$	$\overline{I_0}$	$\overline{I_1}$	$\overline{I_2}$	$\overline{I_3}$	$\overline{I_4}$	$\overline{I_5}$	$\overline{I_6}$	$\overline{I_7}$	$\overline{Y_2}$	$\overline{Y_1}$	$\overline{Y_0}$	$\overline{EO}$	$\overline{CS}$
1	×	×	×	×	×	×	×	×	1	1	1	1	1
0	1	1	1	1	1	1	1	1	1	1	1	0	1
0	×	×	×	×	×	×	×	0	0	0	0	1	0
0	×	×	×	×	×	×	0	1	0	0	1	1	0
0	×	×	×	×	×	0	1	1	0	1	0	1	0
0	×	×	×	×	0	1	1	1	0	1	1	1	0
0	×	×	×	0	1	1	1	1	1	0	0	1	0
0	×	×	0	1	1	1	1	1	1	0	1	1	0
0	×	0	1	1	1	1	1	1	1	1	0	1	0
0	0	1	1	1	1	1	1	1	1	1	1	1	0

从表中可以看出，当$\overline{EI}=1$时，输入无效，此时编码器不工作；只有当$\overline{EI}=0$时，输入才

有效，编码器对输入进行编码。即$\overline{EI}=0$，编码器进行工作。当$\overline{EO}=0$、$\overline{CS}=1$时，表示编码器工作，但无信号输入，当$\overline{EO}=1$、$\overline{CS}=0$时，表示编码器正常工作。因此，$\overline{CS}$又叫优先编码标志输出端。

四、优先编码器的扩展

用两个8线-3线74LS148优先编码器实现一个16线-4线优先编码器，电路图如图8-7所示。芯片Ⅰ的$\overline{EI}$作编码器的$\overline{EI}$用，芯片Ⅰ的$\overline{EO}$与芯片Ⅱ的$\overline{EI}$相连。当芯片Ⅰ的$\overline{EI}=1$时，芯片Ⅱ的$\overline{EI}$与芯片Ⅰ的$\overline{EO}$均为1时，整个编码器不工作。当芯片Ⅰ的$\overline{EI}=0$，且$\overline{I_8}\sim\overline{I_{15}}$有编码信号输入时，芯片Ⅱ的$\overline{EI}$与芯片Ⅰ的$\overline{EO}$均为1时，芯片Ⅱ不工作；当芯片Ⅰ工作而无信号输入时，芯片Ⅰ的$\overline{EO}=0$，芯片Ⅱ可以进行编码。由此可知，芯片Ⅰ对高位（$\overline{I_8}\sim\overline{I_{15}}$）编码，芯片Ⅱ对低位（$\overline{I_0}\sim\overline{I_7}$）编码，芯片Ⅰ的优先级高。例如：

（1）$\overline{EI}=0$，$\overline{I_{10}}=0$，其余输入为1，芯片Ⅰ的$\overline{CS}=0$，其输出$\overline{Y_2}\ \overline{Y_1}\ \overline{Y_0}=101$，又有芯片Ⅱ的$\overline{EI}=1$，$\overline{Y_2}\ \overline{Y_1}\ \overline{Y_0}=111$，电路输出结果为$Y_3Y_2Y_1Y_0=1010$。

（2）$\overline{EI}=0$，$\overline{I_3}=0$，其余输入为1，芯片Ⅰ的$\overline{CS}=1$，其输出$\overline{Y_2}\ \overline{Y_1}\ \overline{Y_0}=111$，又有芯片Ⅱ的$\overline{EI}=0$，$\overline{Y_2}\ \overline{Y_1}\ \overline{Y_0}=100$，电路输出结果为$Y_3Y_2Y_1Y_0=0011$。

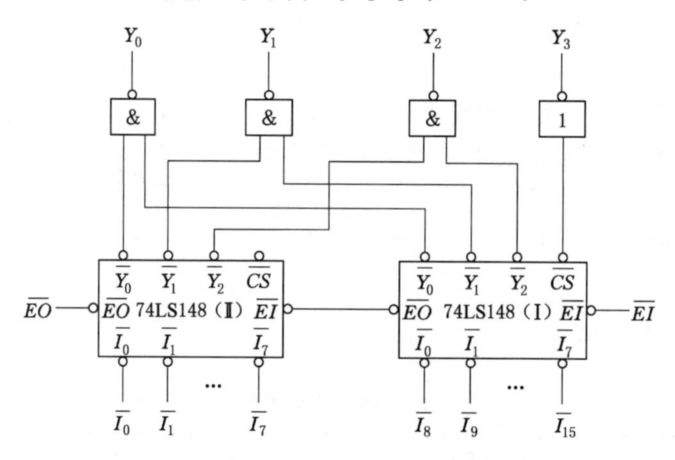

图8-7 两个74LS148实现一个16线-4线优先编码器

任务二 译 码 器

将输入的二进制代码翻译成对应的输出信号的过程称为译码，能实现译码的电路称为译码器。译码过程与编码过程相反。常见译码器有二进制译码器、十进制译码器、显示译码器等。

一、二进制译码器

二进制译码器的功能是将二进制代码翻译成对应的输出信号的逻辑器件。当有n位二进制代码输入时，则有2^n个输出，按二进制译码器输入和输出的线数，二进制译码器可分为2线-4线译码器、3线-8线译码器和4线-16线译码器等。图8-8所示是2

图8-8 2线-4线译码器示意图

线-4线译码器示意图，它有 2 条输入线 A_1、A_0，输入的是 2 位二进制代码(有 4 种输入信息：00、01、10、11)，有 4 条输出线 $Y_0 \sim Y_3$。当 A_1A_0 输入为 00 时，只有 Y_0 有输出，当 A_1A_0 输入为 11 时，只有 Y_3 有输出，这就实现了把输入的二进制代码译成特定的输出信号。

下面以 74LS138 为例介绍 3 线-8 线集成译码器。74LS138 是一种典型的二进制译码器，也是实际中使用最多的集成译码器之一，其逻辑符号和引脚图如图 8-9 所示。

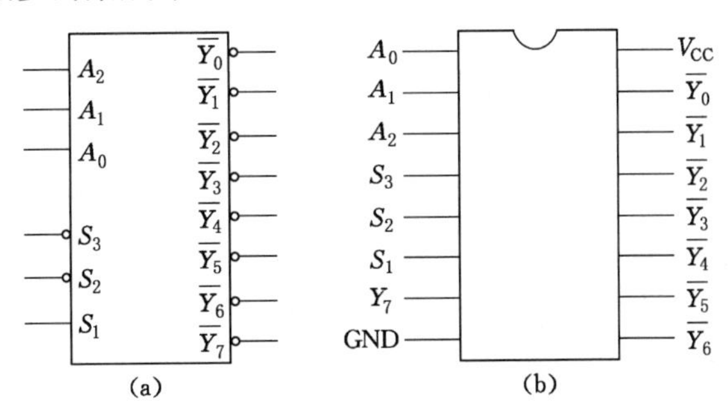

图 8-9　74LS138 的逻辑符号和引脚图

(a) 逻辑符号图；(b) 引脚图

74LS138 译码器有 3 个选通输入端 S_1、$\overline{S_2}$、$\overline{S_3}$，又称使能控制端，3 个输入端 A_2、A_1、A_0 和 8 个输出端 $\overline{Y_0} \sim \overline{Y_7}$。具体功能表见表 8-6。

表 8-6　　74LS138 功能表

输入						输出							
S_1	$\overline{S_2}$	$\overline{S_3}$	A_2	A_1	A_0	$\overline{Y_0}$	$\overline{Y_1}$	$\overline{Y_2}$	$\overline{Y_3}$	$\overline{Y_4}$	$\overline{Y_5}$	$\overline{Y_6}$	$\overline{Y_7}$
×	1	×	×	×	×	1	1	1	1	1	1	1	1
×	×	1	×	×	×	1	1	1	1	1	1	1	1
0	×	×	×	×	×	1	1	1	1	1	1	1	1
1	0	0	0	0	0	0	1	1	1	1	1	1	1
1	0	0	0	0	1	1	0	1	1	1	1	1	1
1	0	0	0	1	0	1	1	0	1	1	1	1	1
1	0	0	0	1	1	1	1	1	0	1	1	1	1
1	0	0	1	0	0	1	1	1	1	0	1	1	1
1	0	0	1	0	1	1	1	1	1	1	0	1	1
1	0	0	1	1	0	1	1	1	1	1	1	0	1
1	0	0	1	1	1	1	1	1	1	1	1	1	0

由功能表可以看出，只有当 $S_1=1$、$\overline{S_2}=0$、$\overline{S_3}=0$ 时，该译码器才有有效状态信号输出，即译码器处于译码工作状态，各输出状态由输入 A_2、A_1、A_0 决定；若 3 个使能端中有 1 个不满足上述条件，则译码器被封锁不工作，输出全为高电平。例如，当 $S_1=1$、$\overline{S_2}=\overline{S_3}=0$ 时，若输入 $A_2A_1A_0=101$，译码器输出端 $\overline{Y_5}=0$，其余输出均为 1，即实现了对二进制代码 101 的译码。

二、二-十进制译码器

二-十进制译码器也称 BCD 译码器，它的功能是将输入的 BCD 码（4 位二进制码）译成 0～9 十个十进制输出信号，因此也称为 4 线-10 线译码器。常用的二-十进制集成译码器型号有 74LS42、T1042、T4042 等。

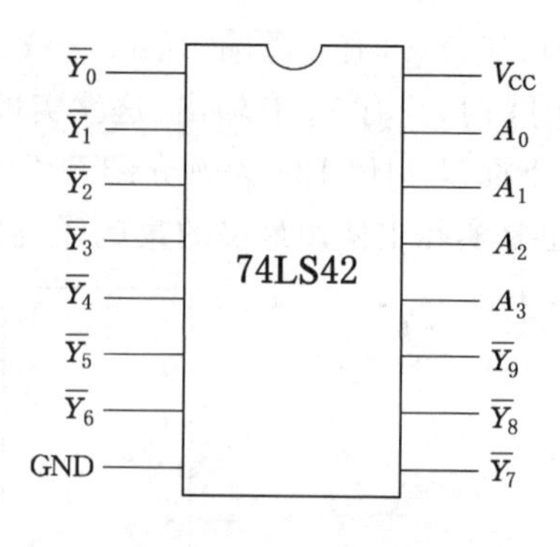

图 8-10 74LS42 引脚排列图

图 8-10 所示为二-十进制集成译码器 74LS42 的引脚排列图。图中 A_3、A_2、A_1、A_0 为 BCD 码的 4 个输入端，$\overline{Y_0}$～$\overline{Y_9}$为十条输出线，分别对应十进制数的 0～9 十个数码，输出为低电平有效。

二-十进制集成译码器 74LS42 的真值表见表 8-7。由于 4 位二进制输入有 16 种组合状态，故 74LS42 芯片可以自动将其中的 6 种状态识别为伪码，即当输入1010～1111 时，输出均为 1，译码器拒绝译出。

表 8-7　二-十进制集成译码器 74LS42 真值表

输入				输出										
A_3	A_2	A_1	A_0	$\overline{Y_0}$	$\overline{Y_1}$	$\overline{Y_2}$	$\overline{Y_3}$	$\overline{Y_4}$	$\overline{Y_5}$	$\overline{Y_6}$	$\overline{Y_7}$	$\overline{Y_8}$	$\overline{Y_9}$	
0	0	0	0	0	1	1	1	1	1	1	1	1	1	
0	0	0	1	1	0	1	1	1	1	1	1	1	1	
0	0	1	0	1	1	0	1	1	1	1	1	1	1	
0	0	1	1	1	1	1	0	1	1	1	1	1	1	
0	1	0	0	1	1	1	1	0	1	1	1	1	1	
0	1	0	1	1	1	1	1	1	0	1	1	1	1	
0	1	1	0	1	1	1	1	1	1	0	1	1	1	
0	1	1	1	1	1	1	1	1	1	1	0	1	1	
1	0	0	0	1	1	1	1	1	1	1	1	0	1	
1	0	0	1	1	1	1	1	1	1	1	1	1	0	
1	0	1	0	1	1	1	1	1	1	1	1	1	1	伪码
1	0	1	1	1	1	1	1	1	1	1	1	1	1	
1	1	0	0	1	1	1	1	1	1	1	1	1	1	
1	1	0	1	1	1	1	1	1	1	1	1	1	1	
1	1	1	0	1	1	1	1	1	1	1	1	1	1	
1	1	1	1	1	1	1	1	1	1	1	1	1	1	

三、显示译码器

能完成译码并将结果显示出来的逻辑电路，称为显示译码器。与二进制译码器不同，显示译码器是用来驱动显示器件，以显示数字或字符的中规模集成电路，实际上是译码器和显示器的组合，其逻辑框图如图 8-11 所示。

显示译码器随显示器件的类型而异，常用的有半导体数码管（LED 数码管）、液晶数码管、荧光数码管等。显示器的结构虽各不相同，但译码器显示电路的原理是相同的。下面以半导体数码管组成的七段数码显示器为例进行介绍。

（一）半导体数码管

七段数码显示器是由 7 个发光二极管（LED）按“日”字形排列而成的，7 个发光二极管分别用 a、b、c、d、e、f、g 这 7 个小写英文字母表示，内部接法可分为共阴极和共阳极两种。发光二极管外加正向电压时导通发光，只要按规律控制各发光段的亮、灭，就可以显示 0～9 十个十进制数。例如，当 a、c、d、f、g 发光二极管发光时，就能显示数字图形“5”。

（二）集成显示译码器 74LS48

74LS48 集成显示译码器的作用是将输入端的 4 个 BCD 码译成能驱动半导体数码管的信号，并显示相应的十进制数字图形。74LS48 输出高电平有效，与共阴极半导体数码管配合使用。图 8-12 所示为输出高电平有效的集成显示译码器 74LS48 的引脚排列图。图中 A_3、A_2、A_1、A_0 为 BCD 码的 4 个输入端，Y_a、Y_b、Y_c、Y_d、Y_e、Y_f、Y_g 为七段码的 7 个输出端，与数码管的 a、b、c、d、e、f、g 相对应。另外，它还有 3 个控制信号端：试灯输入信号$\overline{LT}$、灭零输入信号$\overline{RBI}$、特殊控制信号$\overline{BI}/\overline{RBO}$，$\overline{LT}$、$\overline{RBI}$、$\overline{BI}/\overline{RBO}$可组合应用形成不同的功能控制。74LS48 芯片的真值表见表 8-8。

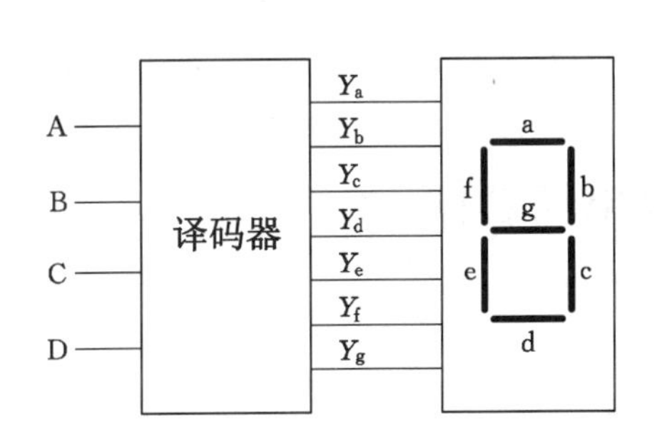

图 8-11　显示译码器电路框图

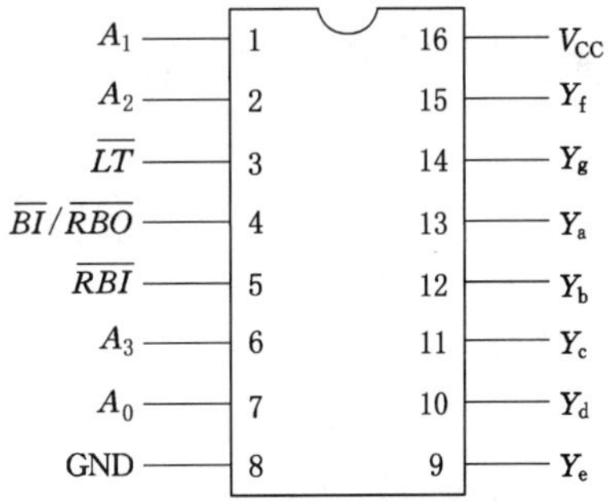

图 8-12　集成译码器 74LS48

表 8-8　　74LS48 芯片的真值表

功能	输入						输入/输出	输出						
	$\overline{LT}$	$\overline{RBI}$	A_3	A_2	A_1	A_0	$\overline{BI}/\overline{RBO}$	Y_a	Y_b	Y_c	Y_d	Y_e	Y_f	Y_g
0	1	1	0	0	0	0	1	1	1	1	1	1	1	0
1	1	×	0	0	0	1	1	0	1	1	0	0	0	0
2	1	×	0	0	1	0	1	1	1	0	1	1	0	1
3	1	×	0	0	1	1	1	1	1	1	1	0	0	1
4	1	×	0	1	0	0	1	0	1	1	0	0	1	1
5	1	×	0	1	0	1	1	1	0	1	1	0	1	1
6	1	×	0	1	1	0	1	0	0	1	1	1	1	1
7	1	×	0	1	1	1	1	1	1	1	0	0	0	0
8	1	×	1	0	0	0	1	1	1	1	1	1	1	1
9	1	×	1	0	0	1	1	1	1	1	1	0	1	1

续表 8-8

功能	输入						输入/输出	输出						
	$\overline{LT}$	$\overline{RBI}$	A_3	A_2	A_1	A_0	$\overline{BI}/\overline{RBO}$	Y_a	Y_b	Y_c	Y_d	Y_e	Y_f	Y_g
10	1	×	1	0	1	0	1	0	0	0	1	1	0	1
11	1	×	1	0	1	1	1	0	0	1	1	0	0	1
12	1	×	1	1	0	0	1	0	1	0	0	0	1	1
13	1	×	1	1	0	1	1	1	0	0	1	0	1	1
14	1	×	1	1	1	0	1	0	0	0	1	1	1	1
15	1	×	1	1	1	1	1	0	0	0	0	0	0	0
灭灯	×	×	×	×	×	×	0	0	0	0	0	0	0	0
灭零	0	0	0	0	0	0	0	0	0	0	0	0	0	0
试灯	0	×	×	×	×	×	1	1	1	1	1	1	1	1

任务实施

七段数码显示器电路制作

一、实训目的

(1) 掌握编码器 74LS147、译码器 74LS48 的功能。

(2) 熟悉仿真软件 Proteus 7 的使用。

二、实训器材

实训器材	计算机	仿真软件 Proteus 7	其他
数量	1 台	1 套	—

三、实训原理及操作

(1) 元件拾取:打开 Proteus 7,在仿真工作窗口分别拾取元件:集成编码器 74LS147、集成译码器 74LS48、非门 74LS04、BT201、电阻、单刀双掷开关、电源+5 V(高电平为 1)、地(低电平为 0)。

(2) 项目制作原理图,如图 8-13 所示。

(3) 根据七段数码显示器电路原理图 8-13 选择元器件,见表 8-9。

四、制作步骤

(1) 根据原理图,绘制布线图→清点元器件→元器件检测→插装和焊接→通电前检查→通电调试→数据记录。

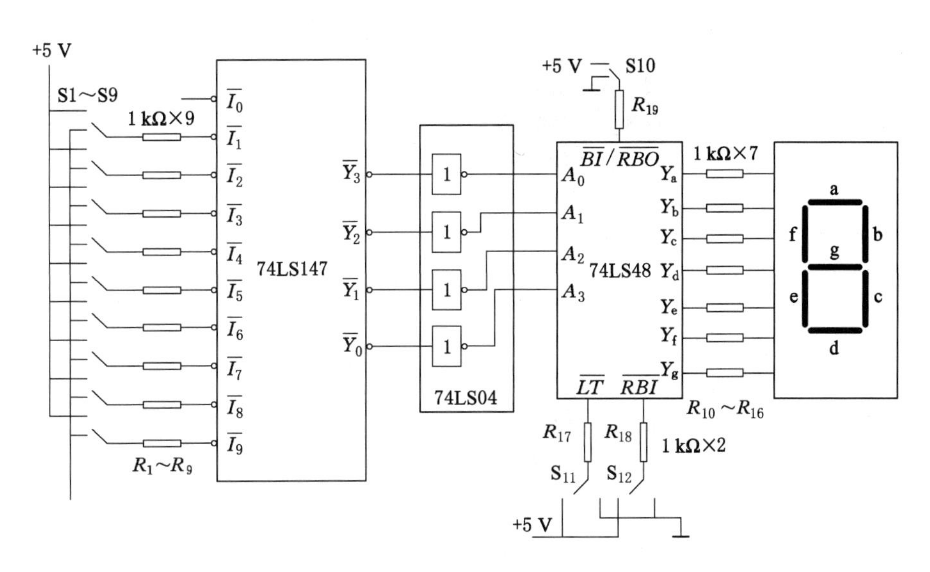

图 8-13　七段数码显示器电路原理图

表 8-9　　七段数码显示器元器件清单

符号	名称	型号规格
R_1～R_{19}	金属膜电阻	1 kΩ
74LS147	集成编码器	—
74LS48	集成译码器	—
74LS04	非门	—
BT201	七段数码显示屏	—
S1～S10	单刀双掷开关	—
	电源	+5 V

(2) 将各个元件按图 8-14 所示搭建实验电路连接构成数码显示器的测试仿真电路，各集成电路和显示模块的引脚功能请参阅本书相关章节的内容。测试电路如图 8-14 所示。对于连接好的仿真电路，电阻的阻值可以通过下面方式进行修改：先右键单击电阻→左键单击电阻→resistance，就可以修改电阻值。

(3) 测试试灯、灭灯和灭零功能：

按表 8-8 的要求，任意改变$\overline{LT}$、$\overline{RBI}$、$\overline{BI}/\overline{RBO}$状态，观察显示器输出的数值。

表 8-10　　集成译码器 74LS48 功能测试表

	S10($\overline{BI}/\overline{RBO}$)	S11($\overline{LT}$)	S12($\overline{RBI}$)	BT201 芯片的显示状态
试灯				
灭零				
灭灯				

(4) 测试逻辑功能：

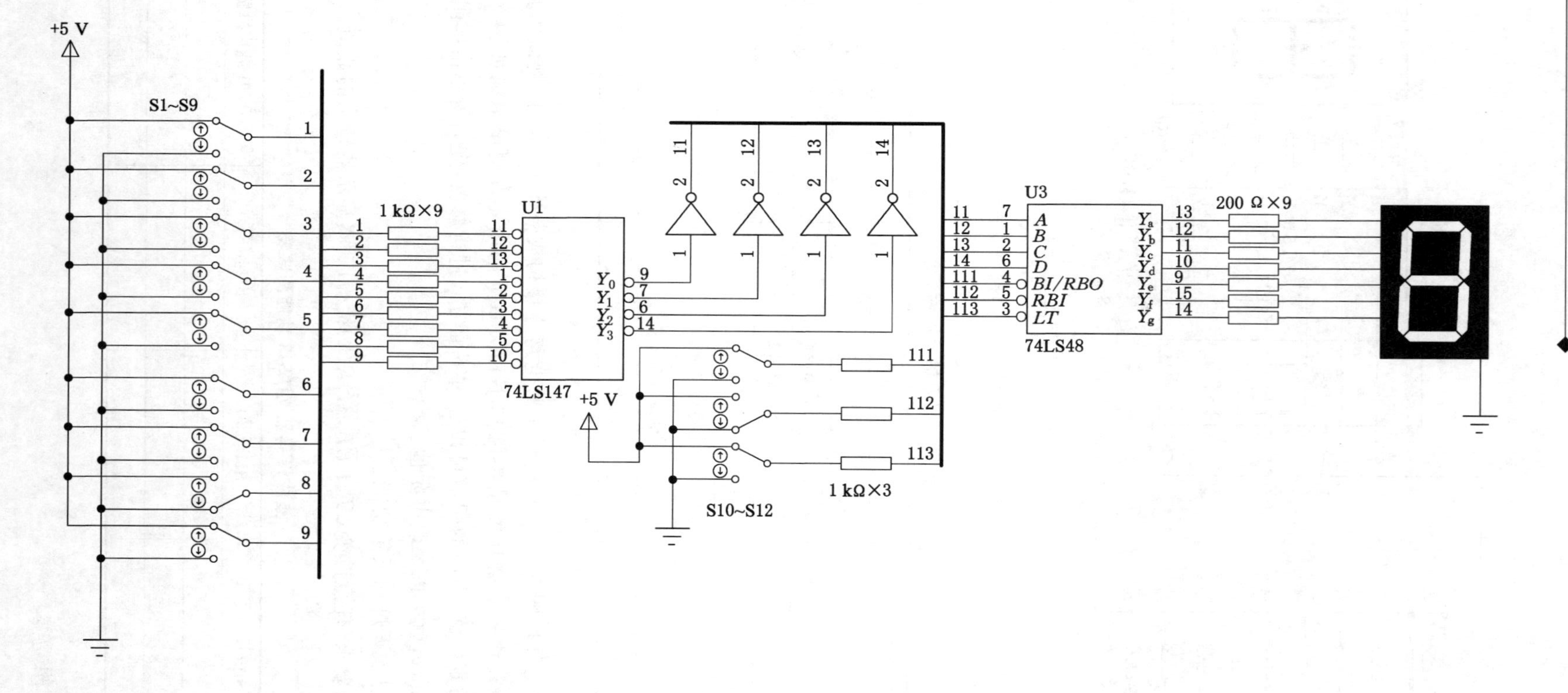

图8-14 七段数码显示器仿真测试电路

在$\overline{LT}$、$\overline{RBI}$、$\overline{BI}/\overline{RBO}$均为 1 的情况下，依次拨动 S1～S9 观察芯片 BT201 的输出状态，并将结果记录在表 8-11 中。

表 8-11　　显示器电路功能测试

S1	S2	S3	S4	S5	S6	S7	S8	S9	S10	S11	S12	输出(功能)
0	0	0	0	0	0	0	0	0	1	1	1	
1	0	0	0	0	0	0	0	0	1	1	1	
×	1	0	0	0	0	0	0	0	1	1	1	
×	×	1	0	0	0	0	0	0	1	1	1	
×	×	×	1	0	0	0	0	0	1	1	1	
×	×	×	×	1	0	0	0	0	1	1	1	
×	×	×	×	×	1	0	0	0	1	1	1	
×	×	×	×	×	×	1	0	0	1	1	1	
×	×	×	×	×	×	×	1	0	1	1	1	
×	×	×	×	×	×	×	×	1	1	1	1	
×	×	×	×	×	×	×	×	×	1	0	×	
×	×	×	×	×	×	×	×	×	0	0	0	
×	×	×	×	×	×	×	×	×	0	×	×	

五、实训考核

见附表 1。

思考与练习

一、判断题

1. 编码器任意时刻都只有一个输入有效，故编码器只允许一个输入端输入有效信号。　（　　）
2. 编码和译码是互逆的过程。　（　　）
3. 译码器的功能是将二进制码还原成给定的信息符号。　（　　）
4. 输出高电平有效的显示译码器应该连接共阴极的数码显示器。　（　　）
5. 在 8421BCD 码中，1010～1111 为伪码，也称禁用码。　（　　）

二、填空题

1. 优先编码器同时有两个信号输入时，是按________的输入信号编码。
2. 在编码过程中，n 位二进制数有________个状态，可以表示________种输入。
3. 编码器的功能是把输入的信号转化为________数码。
4. 8421BCD 编码器有________个输入端，有________个输出端，所以称为编码器。
5. 半导体数码管是由________发光显示数字图形的。

三、选择题

1. 二-十进制优先编码器输出的是(　　)。

A. 二进制数　　B. 八进制数　　C. 十进制数　　D. 十六进制数

2. 要完成BCD码转换为数码管显示的段码,需用的电路为(　　)。

A. 二-十进制编码器　　B. 二-十进制译码器

C. 显示译码器　　D. 优先编码器

3. 2线-4线译码器有(　　)。

A. 2条输入线,4条输出线　　B. 4条输入线,2条输出线

C. 4条输入线,8条输出线　　D. 8条输入线,2条输出线

4. 对于编码器74LS148,当$\overline{EI}=0$、$\overline{EO}=1$、$\overline{CS}=0$时,若输入端$\overline{I_5}=\overline{I_3}=0$,其他输入端均为1,则输出$\overline{Y_2 Y_1 Y_0}$为(　　)。

A. 101　　B. 010　　C. 100　　D. 011

5. 对于译码器74LS138,要使译码器处于译码工作状态,则3个使能控制端分别为(　　)。

A. $S_1=1$、$\overline{S_2}=1$、$\overline{S_3}=0$　　B. $S_1=1$、$\overline{S_2}=0$、$\overline{S_3}=1$

C. $S_1=0$、$\overline{S_2}=0$、$\overline{S_3}=0$　　D. $S_1=1$、$\overline{S_2}=0$、$\overline{S_3}=0$

四、综合题

1. 译码器74LS138芯片连接如图8-15所示,试分析输出F与输入A、B、C之间的逻辑关系。

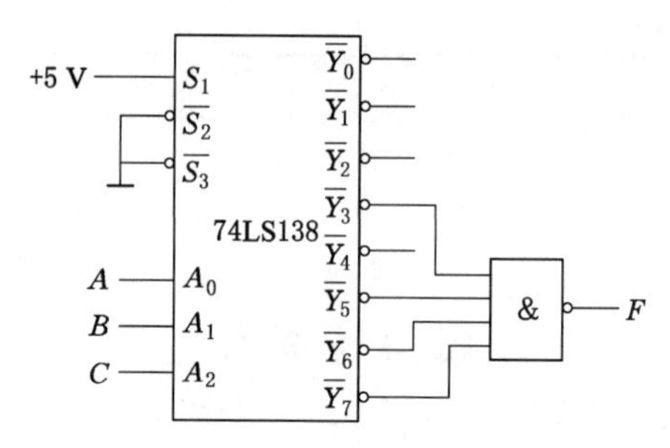

图8-15　综合题1图

2. 普通编码器和优先编码器有何区别?

3. 8线-3线优先编码器74LS148在下列情况时,确定芯片输出端的状态。

(1) $\overline{EI}=1$,$\overline{I_2}=\overline{I_4}=0$,其余均为1;

(2) $\overline{EI}=0$,$\overline{I_3}=0$ 其余均为1;

(3) $\overline{EI}=0$,$\overline{I_5}=\overline{I_7}=0$ 其余均为1;

(4) $\overline{EI}=0$,$\overline{I_0}\sim\overline{I_7}$均为0;

(5) $\overline{EI}=1$,$\overline{I_0}\sim\overline{I_7}$均为1。

4. 在以下输入时,七段显示译码器将显示什么?

(1) $DCBA=0010$;

(2) $DCBA=0110$;

(3) $DCBA=1010$。

5. 试用3线-8线译码器74LS138实现逻辑函数$F=AC+\overline{B}C+\overline{A}B\overline{C}$,并画出逻辑电路。

项目九　抢答器电路制作

【知识要点】 了解基本 RS 触发器的电路组成，掌握其逻辑功能；了解同步 RS 触发器的特点和时钟脉冲的作用，掌握其逻辑功能；了解 JK 触发器的电路组成和边沿触发方式，掌握其逻辑功能；了解 D 触发器的电路组成，掌握其逻辑功能。

【技能目标】 会测试集成 JK 触发器的逻辑功能，能用 JK 触发器制作简单功能电路；会测试集成 D 触发器的逻辑功能。

任务导入

智力竞赛中，如何才能使比赛有序和公平地进行，是主持人较难控制的。抢答器就可以很好地解决有关抢答的先后问题。

四路抢答器应具有以下功能：

(1) 抢答器可以同时供四位选手进行抢答，分别由四个开关控制。

(2) 抢答器设置一个复位开关，由主持人控制。

(3) 抢答器具有记忆功能，即系统能存储先抢答选手的信号，直到主持人按下复位开关为止。

任务分析

四路抢答器的总体设计流程如图 9-1 所示。

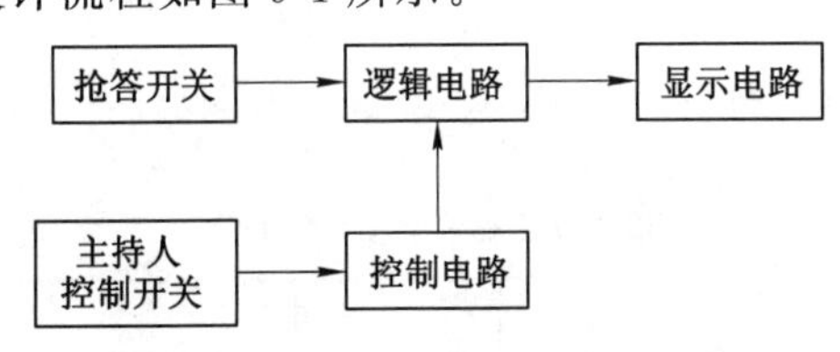

图 9-1　四路抢答器电路总体设计流程

从图 9-1 可以看出，选手抢答开关和主持人控制复位开关可以选用具有复位功能的按钮，显示电路可以选用发光二极管，那么设计四路抢答器的重点就是如何选用具有记忆和存储功能的逻辑器件。在数字电路中，触发器就是组成这类逻辑部件的基本单元。触发器具备以下特点：① 具有两个稳定的输出状态：0 状态和 1 状态；② 在输入信号作用下，触发器状态可以置成 0 状态和 1 状态；③ 在输入信号消失后，触发器将保持信号消失前的状态，即具有记忆功能。

任务一 认识RS触发器

一、基本RS触发器

（一）电路结构和图形符号

将两个与非门的输入、输出端交叉连接，即构成一个基本RS触发器，如图9-2（a）所示。图中$\overline{R}$、$\overline{S}$是两个输入端，字母上面的非号表示低电平有效，即$\overline{R}$、$\overline{S}$为低电平时表示有输入信号，高电平时表示没有输入信号；Q、$\overline{Q}$是一对互补输出端，当一个输出端为高电平时，另一个输出端为低电平，反之亦然。图9-2(b)所示是它的图形符号，$\overline{R}$、$\overline{S}$端外的小圆圈表示输入信号只在低电平时才对触发器有作用，即低电平有效。

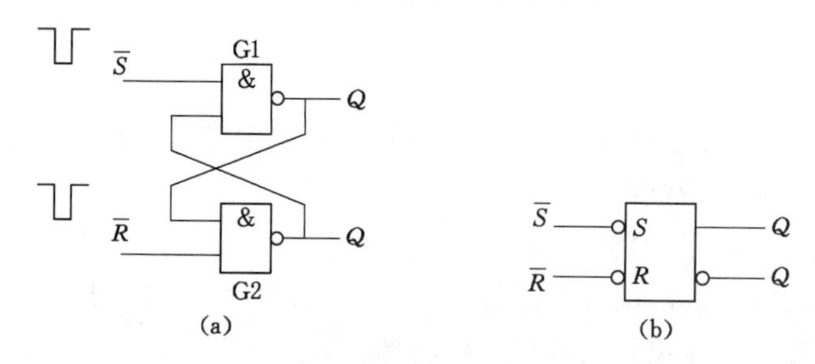

图9-2 与非门组成的基本RS触发器

(a) 逻辑图；(b) 图形符号

（二）逻辑功能

通常规定以触发器两个互补输出端Q、$\overline{Q}$中Q端的状态为触发器的状态。若$Q=1(\overline{Q}=0)$，则称触发器处于1状态；反之，若$Q=0(\overline{Q}=1)$，称触发器处于0状态。基本RS触发器的逻辑功能见表9-1（表中Q^n称为原状态，Q^{n+1}称为次态）。

表9-1 基本RS触发器的真值表

输入信号		输出状态	功能说明
$\overline{S}$	$\overline{R}$	Q^{n+1}	
0	0	不定	禁止
0	1	1	置1
1	0	0	置0
1	1	Q^n	保持

(1) 当$\overline{R}=0$、$\overline{S}=1$时，具有置0功能

由于$\overline{R}=0$，无论触发器现态为0态还是1态，与非门G2输出为1，使$\overline{Q}=1$；而G1的两个输入端均为1，与非门G1输出为0，使$Q=0$，即触发器完成置0。$\overline{R}$端称为触发器的置0端或复位端。

（2）当 $\overline{R}=1$、$\overline{S}=0$ 时，具有置 1 功能

由于 $\overline{S}=0$，无论触发器现态为 0 态还是 1 态，与非门 G1 输出为 1，使 $Q=1$；而 G2 的两个输入端均为 1，与非门 G2 输出为 0，使 $\overline{Q}=0$，即触发器完成置 1。$\overline{S}$ 端称为触发器的置 1 端或置位端。

（3）当 $\overline{R}=1$、$\overline{S}=1$ 时，具有保持功能

若触发器原为 0 态，即 $Q=0$、$\overline{Q}=1$，G1 的两个输入均为 1，因此输出 Q 为 0，即触发器保持 0 状态不变。若触发器原为 1 态，即 $Q=1$、$\overline{Q}=0$，G1 的两个输入 $\overline{S}=1$、$\overline{Q}=0$，因此输出 $Q=1$，即触发器保持 1 状态不变。

（4）当 $\overline{R}=0$、$\overline{S}=0$ 时，触发器状态不确定

当 $\overline{R}$ 和 $\overline{S}$ 全为 0 时，与非门被封锁，迫使 $Q=\overline{Q}=1$，在逻辑上是不允许的。这种情况应当禁止，否则会出现逻辑混乱或错误。

基本 RS 触发器电路简单，是构成各种功能触发器的基本单元。基本 RS 触发器的输出状态改变直接受输入信号的控制，使它的应用受到限制。在一个数字电路中，通常需要采用多个触发器，为了使系统协调工作，必须由一个同步信号控制，要求各触发器只有在同步信号到来时，才能由输入信号改变触发器的状态。这样的触发器称为同步 RS 触发器，这个同步信号称为时钟脉冲或 CP 脉冲。

二、同步 RS 触发器

（一）电路结构和图形符号

同步 RS 触发器是在基本 RS 触发器的基础上，增加了两个与非门 G3、G4 和一个时钟脉冲端 CP。其逻辑电路与图形符号如图 9-3 所示。

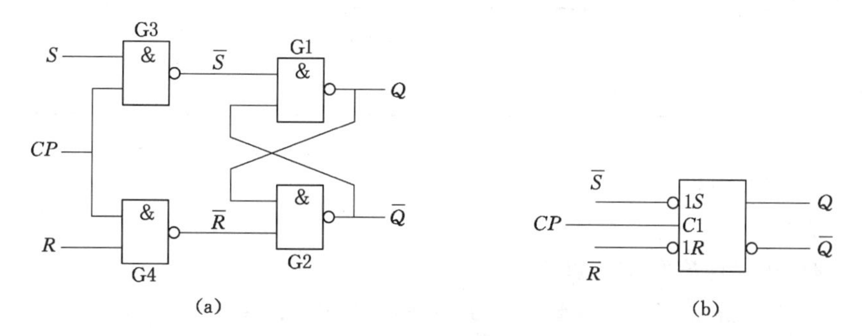

图 9-3　同步 RS 触发器

（a）逻辑电路；（b）图形符号

（二）逻辑功能

同步 RS 触发器的真值表见表 9-2。

在 $CP=0$ 期间，与非门 G3、G4 被 CP 端的低电平关闭，使基本 RS 触发器的 $\overline{R}=\overline{S}=1$，触发器保持原来状态不变。

在 $CP=1$ 期间，G3、G4 组成的控制门开门，触发器输出状态由输入端 R、S 信号决定，R、S 输入高电平有效。触发器具有置 0、置 1、保持的逻辑功能。

同步 RS 触发器在 $CP=0$ 时，触发器输出状态不受 R、S 的直接控制，从而提高了触发器的抗干扰能力。但在 $CP=1$ 期间，同步 RS 触发器还是存在状态不确定的现象，因而其应用也

受到较大限制。为了克服上述缺点，后面将介绍功能更加完善的 JK 触发器和 D 触发器。

表 9-2　　同步 RS 触发器真值表

CP	S	R	Q^{n+1}	功能说明
0	×	×	Q^n	保持
1	0	0	Q^n	保持
1	0	1	0	置 0
1	1	0	1	置 1
1	1	1	不定	禁止

技能训练

仿真测试与非门组成基本 RS 触发器的逻辑功能

一、实训目的

(1) 掌握用与非门 CC4011(或 CD4011)芯片组成 RS 触发器的逻辑功能及测试方法。

(2) 熟悉仿真软件 Proteus 7 的使用。

二、实训器材

实训器材	计算机	仿真软件 Proteus 7	其他
数量	1 台	1 套	—

三、实训原理及操作

1. 元件拾取

仿真电路所用元件拾取途径如下：

CC4011："P"(pick devices) →Key words →4011→"OK"；

双向开关(SW)："P"(pick devices) →Key words →SWITCH→SW-SPDT→"OK"；

直流电压表(DC VOLTMETER)：左侧工具箱→" "→DC VOLTMETER →"OK"。

2. 测试电路

在仿真工作窗口，将各个元件连接构成 RS 触发器的测试仿真电路。测试电路如图 9-4 所示。

3. 用直流电压表测量输出端电压

即③、④引脚对地电压，输出高电平为 1 状态，输出低电平为 0 状态，填入表 9-3 中。

四、注意事项

仿真过程中要重点体会 RS 触发器置 0 和置 1 的概念。

五、实训考核

见附表 1。

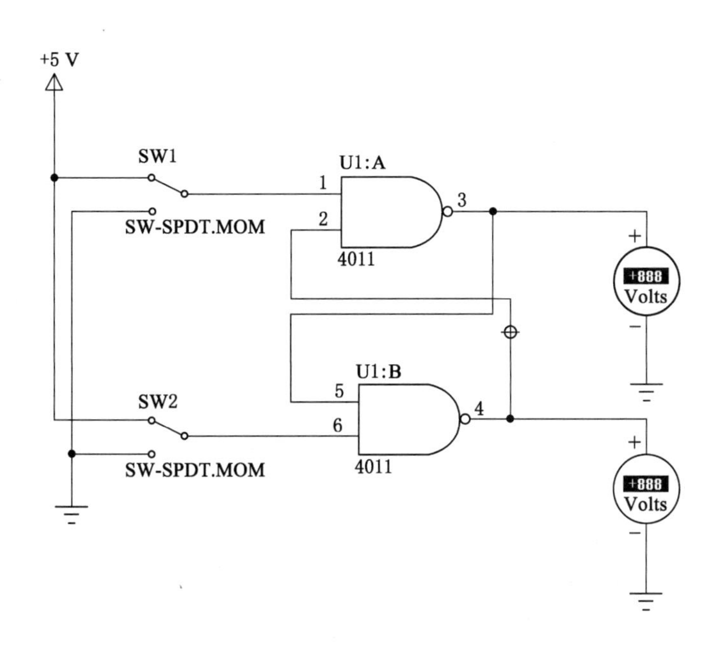

图 9-4　与非门组成的基本 RS 触发器

表 9-3　　测试基本 RS 触发器的逻辑功能

操作	输入		输出		功能
	①脚 $\overline{S}$	②脚 $\overline{R}$	③脚 Q	④脚 $\overline{Q}$	
先将逻辑开关 SW1、SW2 扳向上，即使 $\overline{R}=1$，$\overline{S}=1$，再接通电源(可重复多次)	1	1			
扳下 SW1，SW2 仍在上，即 $\overline{R}=1$，$\overline{S}=0$	0	1			
再把 SW1 扳向上，即 $\overline{R}=1$，$\overline{S}=1$	1	1			
把 SW2 扳向下，即 $\overline{R}=0$，$\overline{S}=1$	1	0			
再把 SW2 扳向上，即 $\overline{R}=1$，$\overline{S}=1$	1	1			
把 SW1、SW2 都扳向下，即 $\overline{R}=0$，$\overline{S}=0$	0	0			

任务二　认识 JK 触发器

一、JK 触发器的电路组成和逻辑功能

(一) 电路结构和图形符号

JK 触发器是在同步 RS 触发器的基础上引入两条反馈线构成的，如图 9-5 所示。这样当 $CP=1$、$R=S=1$ 时，使 $\overline{S}=Q$、$\overline{R}=\overline{Q}$(即 $\overline{S}$、$\overline{R}$ 不可能同时为 0)，可以从根本上解决当 $R=S=1$ 时，触发器输出不定的问题。将 S、R 输入端改写成 J、K 输入端，即为 JK 触发器。图形符号中 $C1$、$1J$、$1K$ 是关联标记，表示 $1J$、$1K$ 受 $C1$ 的控制。

(二) 逻辑功能

JK 触发器不仅可以避免不确定状态，而且增加了触发器的逻辑功能，见表 9-4。

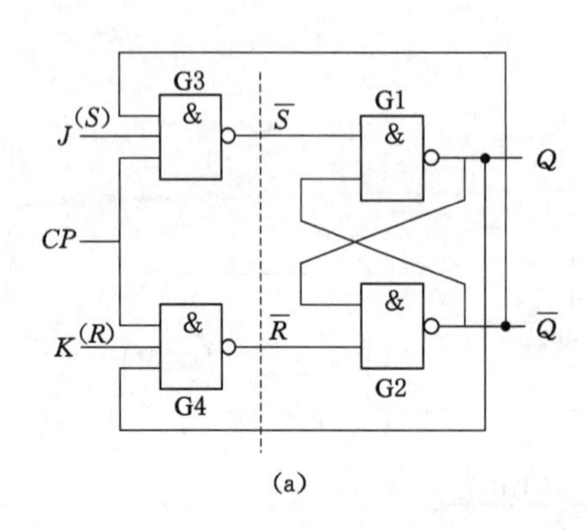

(a)

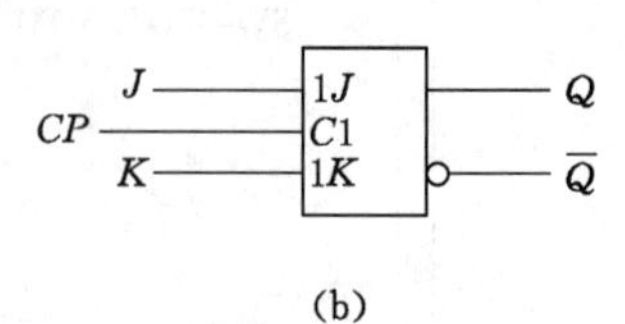

(b)

图 9-5 JK 触发器

(a) 逻辑电路;(b) 图形符号

表 9-4 **JK 触发器真值表**

CP	J	K	Q^{n+1}	功能说明
0	×	×	Q^n	保持
1	0	0	Q^n	保持
1	0	1	0	置 0
1	1	0	1	置 1
1	1	1	$\overline{Q^n}$	翻转

对图 9-5 所示电路分析可知:

1. 在 $CP=0$ 期间

与非门 G3、G4 被 CP 端的低电平关闭,使输入信号不起作用,$\overline{S}=\overline{R}=1$,基本 RS 触发器保持原来状态不变。

2. 在 $CP=1$ 期间

(1) 保持功能

当 $J=K=0$ 时,与非门 G3、G4 的输出 $\overline{S}=1$、$\overline{R}=1$,触发器保持原来状态不变,即 $Q^{n+1}=Q^n$。

(2) 置 0 功能

当 $J=0$、$K=1$ 时,与非门 G3 的输出 $\overline{S}=1$,G4 的输出 $\overline{R}=0$。若触发器原状态为 0,则 $\overline{R}=1$,触发器输出保持原来状态,即输出为 0;若触发器原状态为 1,则 $\overline{R}=0$,触发器输出置 0。

(3) 置 1 功能

当 $J=1$、$K=0$ 时,与非门 G3 的输出 $\overline{S}=Q$,G4 的输出 $\overline{R}=1$。若触发器原状态为 0,则 $\overline{S}=0$,触发器输出置 1;若触发器原状态为 1,则 $\overline{S}=1$,触发器输出保持原来状态,输出为 1。

(4) 翻转功能(又称为计数功能)

当 $J=1$、$K=1$ 时,与非门 G3 的输出 $\overline{S}=Q$,G4 的输出 $\overline{R}=\overline{Q}$。若触发器原状态为 0,则 $\overline{S}=0$、$\overline{R}=1$,触发器输出置 1;若触发器原状态为 1,则 $\overline{S}=1$、$\overline{R}=0$ 触发器输出置 0。也就是触发器的输出总与原状态相反,即 $Q^{n+1}=\overline{Q^n}$。

为方便记忆，JK 触发器的逻辑功能可归纳为：$J=K=0$ 时，$Q^{n+1}=Q^n$（保持）；$J=K=1$ 时，$Q^{n+1}=\overline{Q^n}$（翻转）；$J\neq K$ 时，$Q^{n+1}=J$。

触发器在 $CP=1$（高电平）期间才接收输入信号，这种受时钟脉冲电平控制的触发方式，称为电平触发。电平触发的缺点是：在 $CP=1$ 期间不允许输入信号有变化，否则触发器输出状态也将随之变化，使输出状态在一个时钟脉冲作用期间出现多次翻转，这种现象称为空翻。上面介绍的 JK 触发器较好地解决了输出状态不确定的问题，同时触发器增加了翻转功能，但在 CP 高电平期间，输出信号会随输入信号变化，无法保证一个 CP 周期内触发器动作一次。为了克服电平触发的不足，多数 JK 触发器采用边沿触发方式来克服触发器的“空翻”。

二、集成边沿 JK 触发器

（一）边沿触发方式

边沿触发是利用与非门之间的传输延迟时间来实现边沿控制，使触发器在 CP 脉冲上升沿（或下降沿）的瞬间，根据输入信号的状态产生触发器的输出状态；而在 $CP=1$（$CP=0$）的期间，输入信号对触发器的状态均无影响。边沿触发方式保证了触发器在一个时钟脉冲作用期间只动作一次，有效地克服了触发器“空翻”现象。

CP 脉冲上升沿触发称为正边沿触发，CP 脉冲下降沿触发称为负边沿触发。边沿 JK 触发器的工作波形和图形符号如图 9-6 所示，图形符号中下降沿触发器除了用“>”符号外，还在 CP 引脚上标注小圆圈。

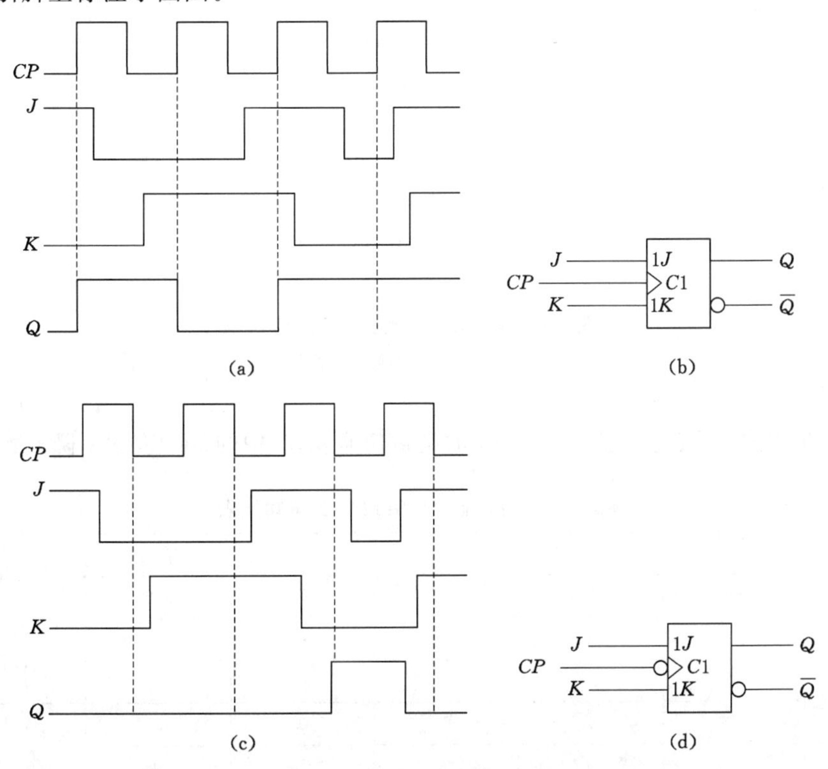

图 9-6　边沿 JK 触发器的工作波形和图形符号

(a) 上升沿 JK 触发器工作波形；(b) 上升沿 JK 触发器的图形符号；
(c) 下降沿 JK 触发器工作波形；(d) 下降沿 JK 触发器的图形符号

(二) 集成JK触发器

实际应用中,多采用集成边沿JK触发器。集成边沿JK触发器的产品很多,可查阅数字集成电路手册。

下面对集成边沿JK触发器的典型器件74LS112做一介绍。

1. 引脚排列和图形符号

如图9-7所示为74LS112芯片的实物、引脚排列和图形符号。它内含两个下降沿触发的JK触发器,$\overline{R_D}$、$\overline{S_D}$的作用不受CP同步脉冲控制,$\overline{R_D}$称为直接置0端(又称直接复位端),$\overline{S_D}$称为直接置1端(又称直接置位端),$\overline{R_D}$、$\overline{S_D}$端的小圆圈表示低电平有效。

(a)

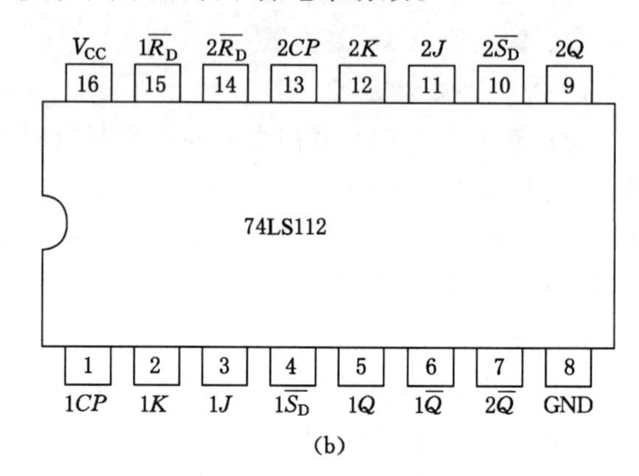

(b)

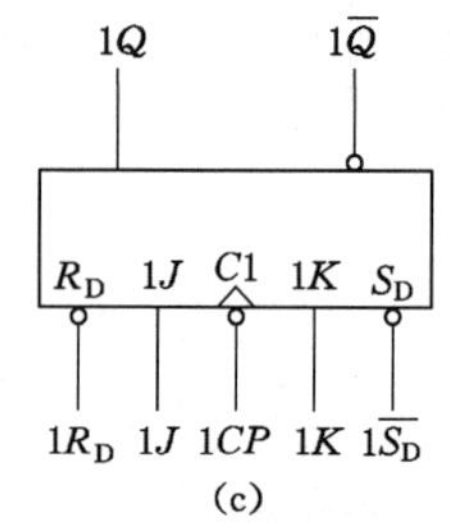

(c)

图9-7 集成双JK触发器74LS112

(a) 实物;(b) 外引脚排列;(c) 图形符号

2. 逻辑功能

表9-5是集成双JK触发器74LS112的逻辑功能表,表中的"↓"表示下降沿触发。

表9-5 集成双JK触发器74LS112的逻辑功能表

输入					输出	逻辑功能
$\overline{R_D}$	$\overline{S_D}$	CP	J	K	Q^{n+1}	
0	1	×	×	×	0	设置初态
1	0	×	×	×	1	
1	1	↓	0	0	Q^n	保持
1	1	↓	0	1	0	置0
1	1	↓	1	0	1	置1
1	1	↓	1	1	$\overline{Q^n}$	翻转

在实际应用中，$\overline{R_D}$、$\overline{S_D}$常用来设置触发器的初态，初态设置结束后，$\overline{R_D}$、$\overline{S_D}$都应保持无效状态（即$\overline{R_D}=\overline{S_D}=1$），以保证触发器正常工作。

集成JK触发器具有保持、置0、置1和翻转的功能，不仅功能齐全，并且输入端J、K不受约束，使用方便。此外，触发器状态翻转只发生在CP下降沿（或上升沿）的瞬间，在CP其他时间，输入信号的任何变化，都不会影响触发器的状态，解决了因电平触发带来的触发器“空翻”现象，提高了触发器的工作可靠性和抗干扰能力。同时，由于边沿触发的时间极短，有利于提高触发器的工作速度。

技能训练

仿真集成双JK触发器74LS112的逻辑功能

一、实训目的

（1）掌握JK触发器的逻辑功能及测试方法。

（2）熟悉仿真软件Proteus 7的使用。

二、实训器材

实训器材	计算机	仿真软件Proteus 7	其他
数量	1台	1套	—

三、实训原理及操作

1. 元件拾取

仿真电路所用元件拾取途径如下：

JK触发器：“P”(pick devices) →Key words →74LS112→“OK”；

双向开关(SW)：“P”(pick devices) →Key words →SWITCH→SW－SPDT→“OK”；

按钮：“P”(pick devices) →Key words→BUTTON→“OK”；

发光二极管：“P”(pick devices) →Key words →LEDS→LED-YELLOW→“OK”；

电阻：“P”(pick devices) →Key words→RESISTORS→选择合适的电阻→“OK”；

电源：→POWER；

地：→GROUND。

需要说明的是，从Proteus 7中选取的74LS112上的标注和前面介绍的有所不同，其中，“R”为异步置0，“S”为异步置1，“CLK”为时钟脉冲输入端。

2. 测试电路

在仿真工作窗口，将各个元件连接构成JK触发器的测试仿真电路。测试电路如图9-8所示。

3. 测试R、S的复位和置位功能

按表9-6的要求，改变R、S（J、K、CLK处于任意状态），并在$R=0$（$S=1$）或$R=1$（$S=0$）作用期间，任意改变J、K、CLK状态，观察Q、$\overline{Q}$的状态。

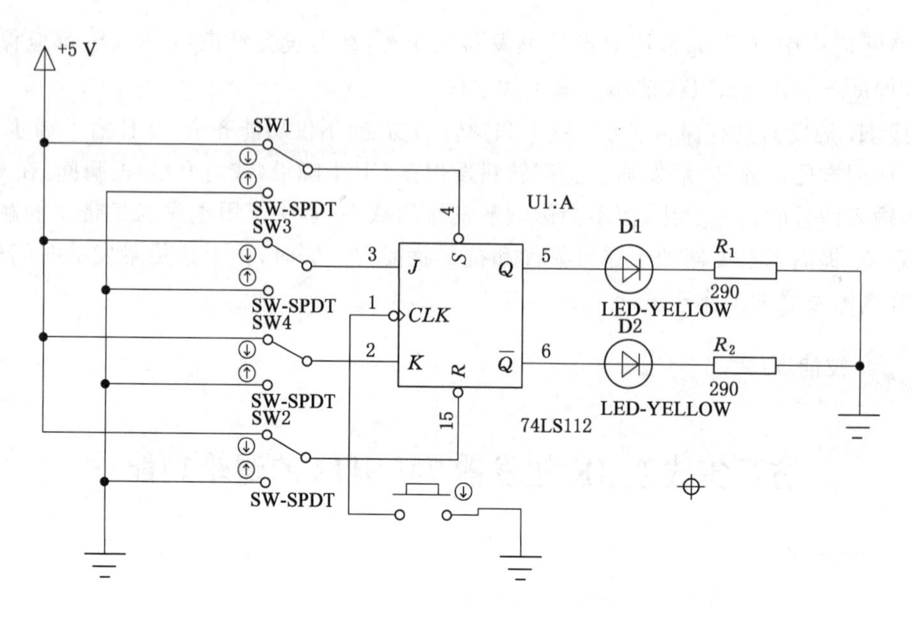

图 9-8 JK 触发器仿真测试电路

表 9-6 **JK 触发器异步复位端和置位端测试表**

CLK	J	K	R	S	Q^{n+1}
×	×	×	0	1	
×	×	×	1	0	

4. 测试逻辑功能

(1) 在 $R=1$、$S=1$ 的情况下，CLK 脉冲有 0-1 按钮提供。

(2) 按表 9-7 要求改变 J、K、CLK 状态，观察 Q、$\overline{Q}$ 的状态变化和触发器状态更新是否发生在 CLK 脉冲的下降沿即(1→0)，并记录到表 9-7 中。

表 9-7 **JK 触发器的逻辑功能测试**

J	K	CLK	初态为 0 时	输出	初态为 1 时	输出	功能说明
			Q^n	Q^{n+1}	Q^n	Q^{n+1}	
0	0	0→1	0		1		
		1→0	0		1		
0	1	0→1	0		1		
		1→0	0		1		
1	0	0→1	0		1		
		1→0	0		1		
1	1	0→1	0		1		
		1→0	0		1		

四、注意事项

本例仅以 JK 触发器为例进行了仿真测试的介绍，其他触发器的仿真测试也可以参照该方式进行。

五、实训考核

见附表 1。

任务三　认识 D 触发器

一、D 触发器的电路组成和逻辑符号

（一）电路结构和图形符号

如图 9-9 所示，在同步 RS 触发器的基础上，把与非门 G3 的输出 $\overline{S}$ 接到与非门 G4 的输入 R，使 $R=\overline{S}$，从而避免了 $\overline{S}=\overline{R}=0$ 的情况。并将与非门 G3 的 S 端改为 D 输入端，即为 D 触发器。

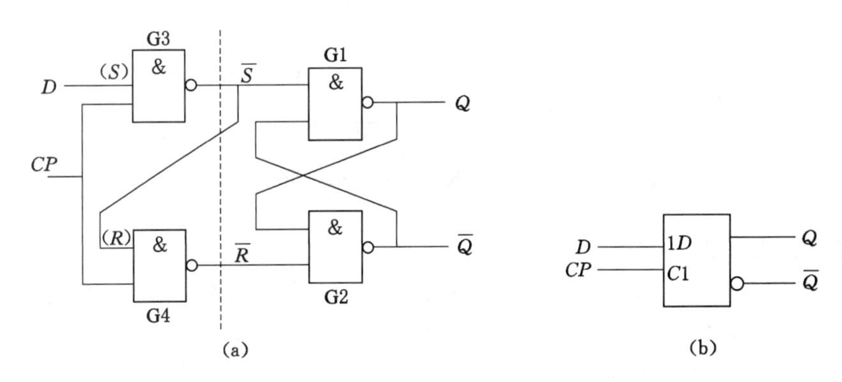

图 9-9　D 触发器

(a) 逻辑电路；(b) 图形符号

（二）逻辑功能

D 触发器只有一个输入端，消除了输出的不定状态。D 触发器具有置 0、置 1 的逻辑功能，见表 9-8。

表 9-8　　D 触发器的真值表

CP	D	Q^{n+1}	功能说明
0	×	Q^n	保持
1	0	0	置 0
1	1	1	置 1

由图 9-9 可知：

1. 在 $CP=0$ 期间

与非门 G3、G4 被 CP 端的低电平关闭，使输入信号不起作用，$\overline{S}=\overline{R}=1$，基本 RS 触发器保持原来状态不变。

2. 在 $CP=1$ 期间

(1) 置 0 功能

当 $D=0$ 时,与非门 G3 的输出 $\overline{S}=1$,G4 的输出 $\overline{R}=0$,则基本 RS 触发器输出置 0。

(2) 置 1 功能

当 $D=1$ 时,与非门 G3 的输出 $\overline{S}=0$,G4 的输出 $\overline{R}=1$,则基本 RS 触发器输出为 1。

D 触发器的逻辑功能可归纳为:$CP=0$ 时,$Q^{n+1}=Q^n$(保持);$CP=1$ 时,$Q^{n+1}=D$,触发器的输出随 D 的变化而变化。图 9-10 所示波形说明了这一特点。

从图 9-10 中不难看出,在第三个 CP 脉冲作用期间,由于 D 的变化使触发器的状态变化了多次,存在空翻现象,使 CP 脉冲失去了同步的意义。因此在实际应用中,常使用边沿 D 触发器。

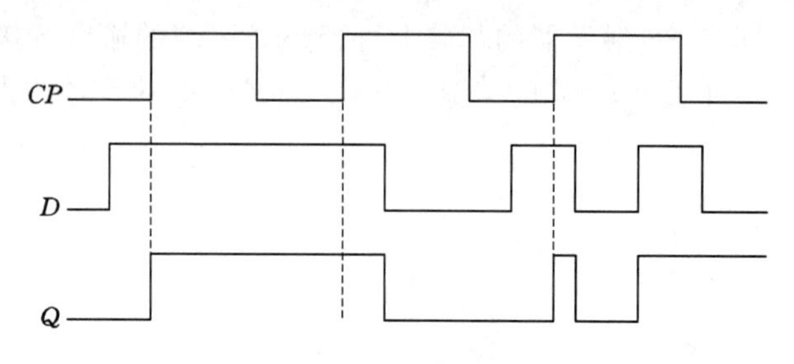

图 9-10 D 触发器的工作波形

二、集成边沿 D 触发器

边沿 D 触发器常采用集成电路。集成边沿 D 触发器的规格、品种很多,可查阅数字集成电路手册。下面对集成边沿 D 触发器的典型器件 74LS74 做一介绍。

(一) 引脚排列和图形符号

74LS74 芯片为集成双上升沿 D 触发器,如图 9-11 所示。CP 为时钟输入端;D 为数据输入端;Q、$\overline{Q}$ 为互补输出端;$\overline{R_D}$为直接复位端,低电平有效;$\overline{S_D}$为直接置位端,低电平有效;$\overline{R_D}$和$\overline{S_D}$用来设置初始状态。

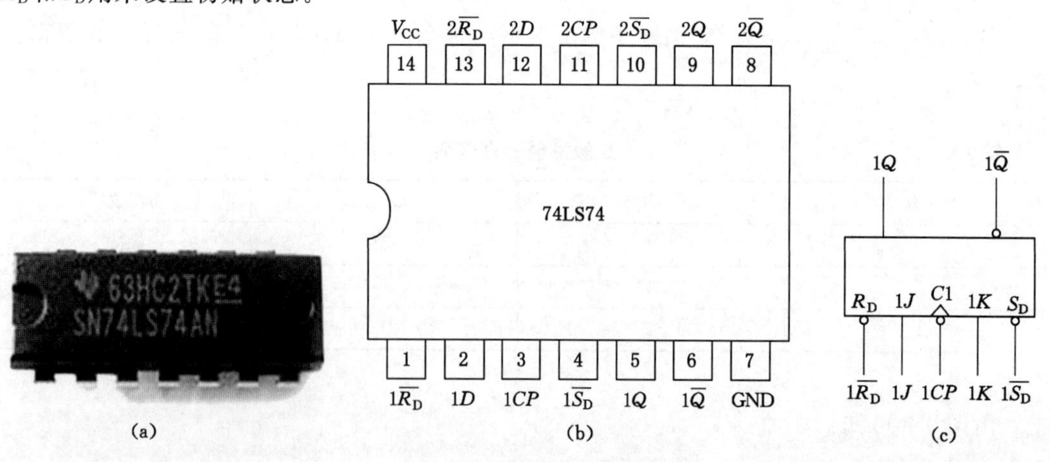

图 9-11 集成双上升沿 D 触发器 74LS74

(a) 实物;(b) 引脚排列;(c) 图形符号

（二）逻辑功能

表 9-9 是集成双上升沿 D 触发器 74LS74 的功能表，表中的“↑”表示上升沿触发。

表 9-9　　74LS74 功能表

输入				输出	逻辑功能
$\overline{R_D}$	$\overline{S_D}$	CP	D	Q^{n+1}	
0	1	×	×	0	设置初态
1	0	×	×	1	
1	1	↑	1	1	置 1
1	1	↑	0	0	置 0

$\overline{R_D}$、$\overline{S_D}$常用作设置触发器的初态。集成 D 触发器的逻辑功能与前面介绍的 D 触发器基本一样，不同的是它只是在上升沿时工作。

技能训练

仿真测试集成双上升沿 D 触发器 74LS74 的逻辑功能

一、实训目的

（1）掌握 D 触发器的逻辑功能及测试方法。

（2）熟悉仿真软件 Proteus 7 的使用。

二、实训器材

实训器材	计算机	仿真软件 Proteus 7	其他
数量	1 台	1 套	—

三、实训原理及操作

1. 元件拾取

打开 Proteus 7，在仿真工作窗口分别拾取元件：74LS74、电阻、开关、按钮、电源、地、发光二极管。与 JK 触发器一样，从 Proteus 7 中选取的 74LS74 上的标注“R”为异步置 0，“S”为异步置 1，“CLK”为时钟脉冲输入端。

2. 测试电路

将各个元件连接构成 D 触发器的测试仿真电路。测试电路如图 9-12 所示。对于连接好的仿真电路，电阻的阻值可以通过下面方式进行修改：先右键单击电阻→左键单击电阻→RESISTANCE，就可以修改电阻值。

3. 测试 R、S 的复位和置位功能

按表 9-10 的要求，在 $R=0(S=1)$ 或 $R=1(S=0)$ 作用期间，任意改变 D、CLK 状态，观察 Q、$\overline{Q}$ 的状态。

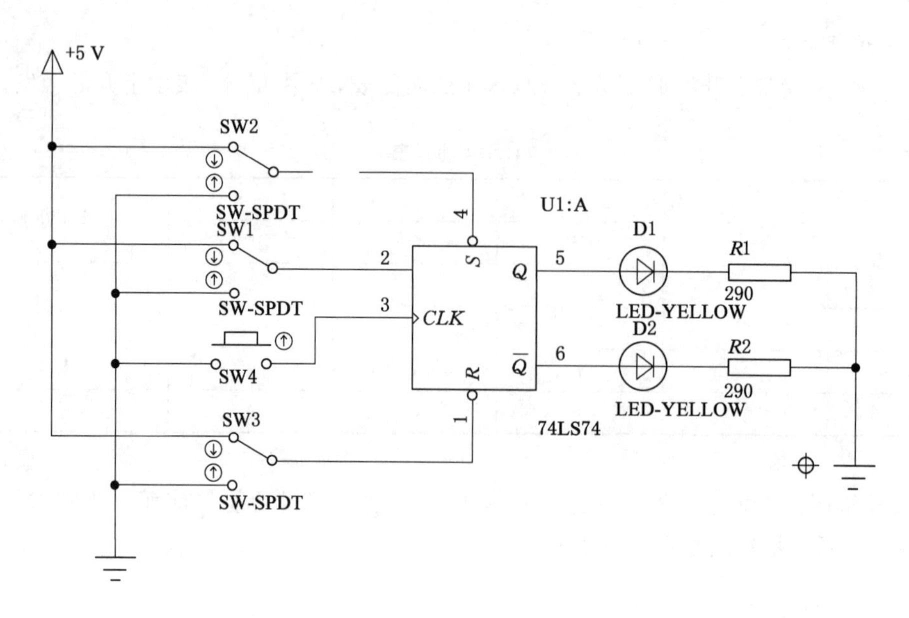

图 9-12　74LS74 逻辑功能仿真测试电路

表 9-10　D 触发器异步复位端和置位端测试表

CLK	*D*	*R*	*S*	Q^{n+1}
×	×	0	1	
×	×	1	0	

4．测试逻辑功能

（1）在 $R=1$、$S=1$ 的情况下，CLK 脉冲有 0-1 按钮提供。

（2）按表 9-11 要求改变 *D*、*CLK* 状态，观察 Q、$\overline{Q}$ 的状态变化和触发器状态更新是否发生在 CLK 脉冲的上升沿即（0→1），并记录到表 9-11 中。

表 9-11　D 触发器的逻辑功能测试

D	*CLK*	初态为 0 时	输出	初态为 1 时	输出	功能说明
		Q^n	Q^{n+1}	Q^n	Q^{n+1}	
0	0→1	0		1		
	1→0	0		1		
1	0→1	0		1		
	1→0	0		1		

四、注意事项

本次测试中，74LS74 触发器 CLK 脉冲通过按钮操作，在仿真过程中（1→0 或 0→1）注意时间控制。

五、实训考核

见附表 1。

制作四人抢答器

一、项目制作原理图

项目制作原理如图 9-13 所示。

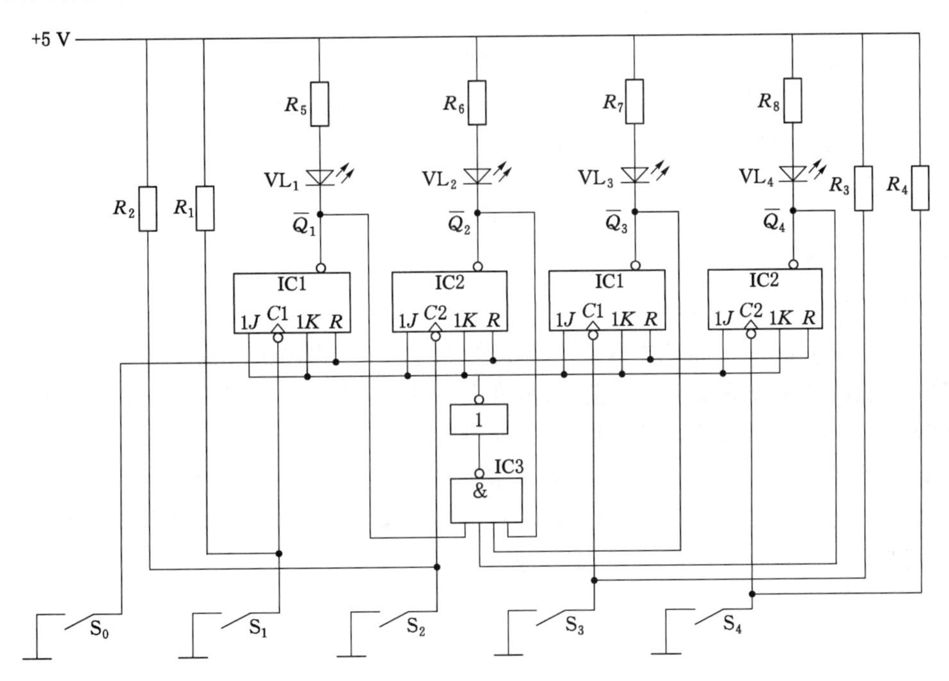

图 9-13　用 JK 触发器制作的四人抢答器原理图

二、选择元器件

根据四人抢答器原理图 9-9 选择元器件，见表 9-12。

表 9-12　　　　**四人抢答器元器件清单**

符号	名称	型号规格
R_1～R_4	金属膜电阻	5.1 kΩ
R_5～R_8		510 Ω
VL1～VL4	发光二极管	$\phi 5$
IC1、IC2	集成双 JK 触发器	74LS112
IC3	双 4 输入与非门	CC4012
	集成块底座	DIP14
	集成块底座	DIP16
S0～S4	按钮（自动复位）	—

三、制作步骤

根据原理图绘制布线图→清点元器件→元器件检测→插装和焊接→通电前检查→通电调试→数据记录。

四、调试与记录

检查元器件安装正确无误后,才可以接通电源(电源由外接稳压电源提供+5 V电压)调试。

(1) 按下清零开关 S_0 后,所有指示灯灭。

(2) 选择开关 S_1～S_4 中的任何一个开关(如 S_1)按下,与之对应的指示灯(如 VL_1)应被点亮,此时再按其他开关 均无效。

(3) 按控制开关 S_0,所有指示灯应全部熄灭。

按抢答器的功能进行操作调试,若满足要求,说明电路没有故障。若某些功能不能实现,就要设法查找并排除故障。

五、注意事项

(1) 在安装过程中,电阻、发光二极管采用卧式安装,集成电路采用底座安装。

(2) 要会正确识别 74LS112 和 CC4012 集成电路的引脚排列。

(3) 在调试过程中,有时发光二极管会无规则亮(无抢答信号),这是因为干扰信号作用,解决的方法是在 CLK 和地之间接一个电容(0.01 μF),提高抗干扰能力。

(4) 排除故障可按信息流程的正向(由输入到输出)查找,也可按信息流程的逆向(由输出到输入)。例如,当有抢答器信号输入时,观察对应指示灯是否点亮,若不亮,可用万用表(或逻辑笔)分别测量相关与非门输入、输出端电平状态是否正确,由此检查线路的连接及芯片的好坏。若抢答器开关按下时指示灯亮,松开时又灭掉,说明电路不能保持,此时应检查与非门相互连接是否正确,直至排除全部故障为止。

六、技能评价

见附表 2 和附表 3。

思考与练习

一、判断题

1. 触发器与门电路一样,输出状态仅决定于触发器的即时输入情况。 ( )
2. 当触发器互补输出时,通常规定 $\overline{Q}=0$、$Q=1$,称 0 态。 ( )
3. 时钟脉冲的主要作用是使触发器的输出状态稳定。 ( )
4. 同步 RS 触发器只有在 CP 信号到来后,才依据 R、S 信号的变化来改变输出的状态。 ( )
5. 基本 RS 触发器只能由与非门构成。 ( )
6. 将 JK 触发器的 J、K 端连在一起作为输入,就构成了 D 触发器。 ( )

二、选择题

1. 基本 RS 触发器在触发脉冲消失后,其输出( )。

A. 保持状态　B. 状态会翻转　C. 状态不变　D. 状态为 0 态

2. 基本 RS 触发器输入端禁止使用( )。

A. $\overline{R_D}=0,\overline{S_D}=0$　B. $R=1,S=1$　C. $\overline{R_D}=1,\overline{S_D}=1$　D. $R=0,S=0$

3. JK 触发器在 J、K 端同时输入高电平，则处于(　　)状态。

A. 保持　　B. 置 0　　C. 翻转　　D. 置 1

4. 用于计数的触发器有(　　)。

A. 边沿触发 D 触发器　　B. 边沿 JK 触发器

C. 基本 RS 触发器　　D. 同步 RS 触发器

三、填空题

1. 触发器具有__________稳定状态，在输入信号消失后，它能保持__________不变。

2. 触发器在 $CP=1$(高电平)期间才接收输入信号，这种受时钟脉冲__________控制的触发方式，称为__________触发。

3. 触发器输出状态在一个时钟脉冲作用期间多次翻转，这种现象称为__________，采用__________触发方式能克服这种现象。

4. RS 触发器提供了__________、__________、__________三种功能。

5. JK 触发器提高了__________、__________、__________、__________四种功能。

6. D 触发器提供了__________、__________两种功能。

四、综合题

1. 在图 9-14(a)所示电路中，输入信号 A、B 的波形图如图 9-14(b)所示。试对应画出 Q_1 端的波形(设触发器初态为 0)。

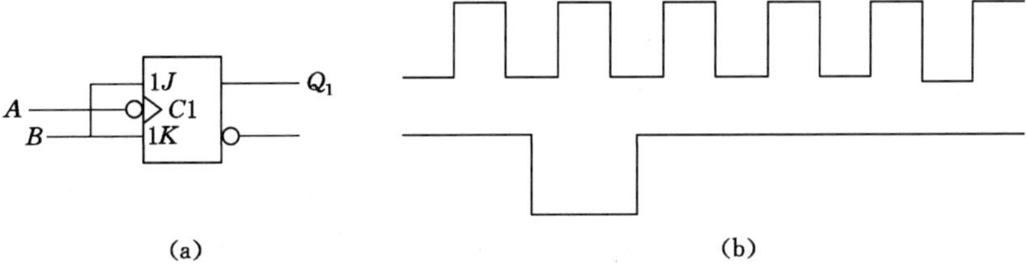

图 9-14

(a) 电路；(b) 波形

2. 如图 9-15 所示触发器，根据图 9-15(b)所示波形，画出 Q 端的波形(设触发器初态为 0)。

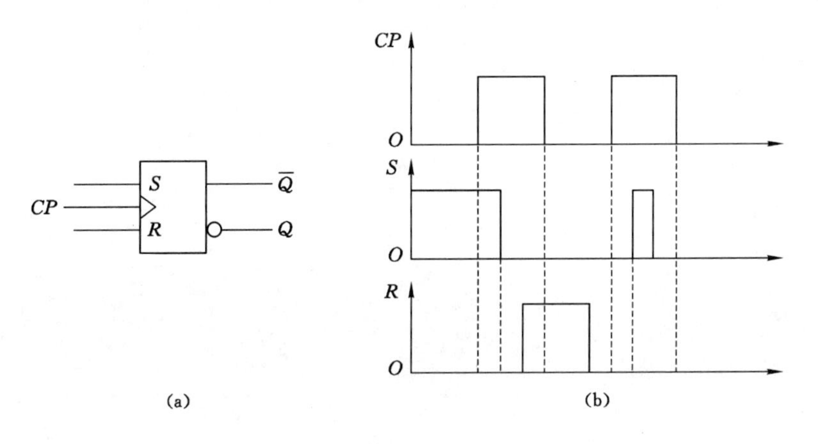

图 9-15

(a) 电路；(b) 波形

3. 如图 9-16 所示，JK 触发器的 K 端串接一个非门后再与 J 端相连，作为输入端 D，完成表 9-13 的功能分析，并说明该电路实现的逻辑功能。

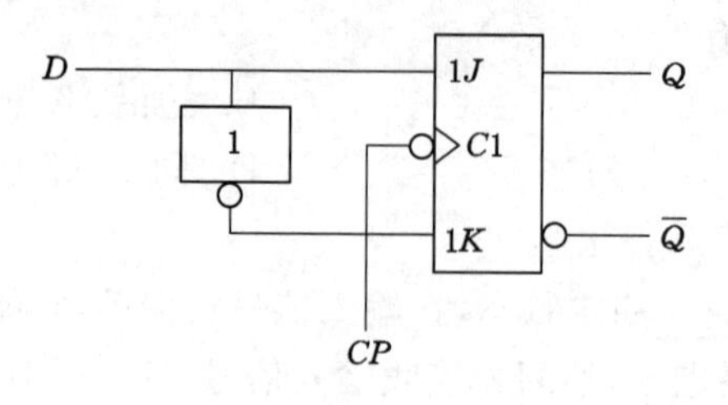

图 9-16

表 9-13 **功能分析**

输入			输出
D	J	K	Q^{n+1}
0			
1			

项目十　多功能数字钟的设计与调试

【知识要点】 寄存器的定义、分类和工作原理；计数器的定义、分类和工作原理。

【技能目标】 掌握集成寄存器的使用方法；掌握集成计数器的使用方法，并会设计任意进制的计数器。

任务导入

数字钟是生产和生活中十分常见的电子产品，下面我们就来设计一款多功能数字钟，要求：① 能够显示“时、分、秒”，其中“时”为 24 进制，“分”和“秒”为 60 进制；② 具有校时功能，可以分别对“时”和“分”进行单独校时，使其校正到标准时间；③ 具有整点报时功能，当时间到达整点前 10 s 开始进行蜂鸣报时。

任务分析

数字钟实际上是一个对标准频率（1 Hz）进行计数的电路，其核心是计数器，辅助电路有基准信号电路、校时电路和报时电路，这就实现了一个最基本的数字钟。由于晶体振荡器的输出信号不是标准的 1 Hz，所以还要有分频电路。再者，计数的时间不可能与标准时间（如北京时间）一致，所以需要校时电路。此外，标准 1 Hz 频率信号必须准确而稳定，才能作为基准信号，所以本设计采用晶体振荡器来实现。数字钟的总体框图如图 10-1 所示。

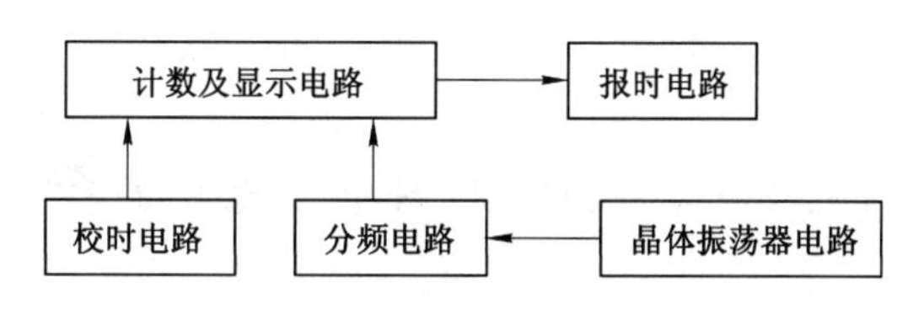

图 10-1　数字钟的组成框图

相关知识

任务一　寄　存　器

任何一个数字系统都需要存放数据。用来存放二进制代码、运算结果或指令的电路叫作寄存器。寄存器是一种基本的时序逻辑电路。

一个触发器可以存储一位二进制代码，所以 n 个二进制代码就需要 n 个触发器来存储。触发器是构成寄存器的核心器件。

按照电路结构的不同，寄存器可分为数码寄存器和移位寄存器，这两者是数字系统中的常用部件，应用非常广泛。

一、数码寄存器

数码寄存器一般由D触发器组成，图10-2所示是一个由4个D触发器组成的数码寄存器的逻辑电路图。4个D触发器实现了4位二进制数据的存储，各触发器的时钟端连在一起，用同一个CP信号控制；数据输入端为 $D_0 \sim D_3$，数据输出端为 $Q_0 \sim Q_3$。

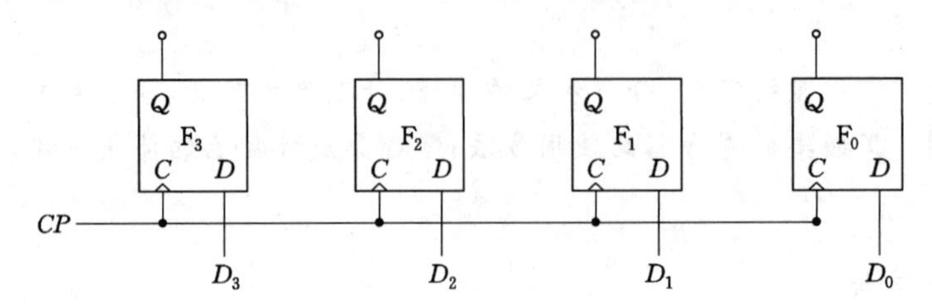

图10-2 4位二进制数码寄存器

寄存器正常工作时，需要存储的数据在输入端等待，当CP信号的上升沿到来时，输入端的数据被送到触发器保存下来；然后新的数据又在输入端等待，当下一个CP信号的上升沿到来时，新数据取代旧数据。

图10-2中，存储二进制数据只需要一个时钟信号，输入数据和输出数据都是并行的，所以也称为并行数据寄存器。

二、移位寄存器

移位寄存器，是指能够在移位脉冲的作用下，将寄存器中的数码向左或向右移动。移位寄存器有单向移位寄存器和双向移位寄存器之分，单向移位寄存器又可分为左移寄存器和右移寄存器。

移位寄存器只有一个数据输入端，存储数据是在多次时钟信号的作用下完成的。因此，移位寄存器不仅可用于寄存数码，还可实现数据的串/并变换。

1. 左移移位寄存器

图10-3所示为4位左移移位寄存器的电路图，由D触发器组成，且共用一个时钟信号，属于同步时序逻辑电路。

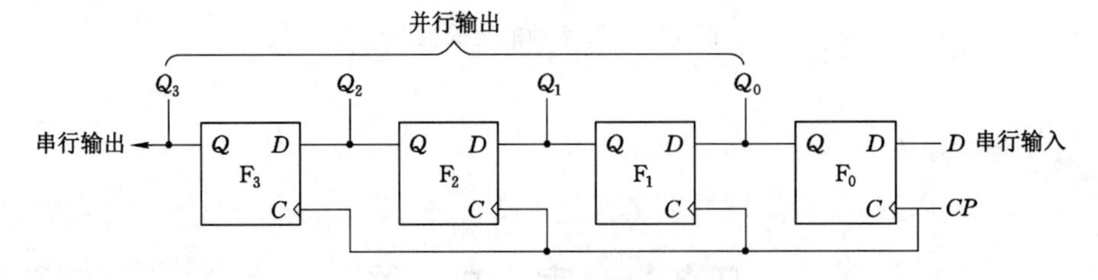

图10-3 4位左移移位寄存器

假设电路初态为 $Q_3^n Q_2^n Q_1^n Q_0^n = 0000$，现将一个二进制数1001存储到电路中。电路先将最高位数据1送到 D 输入端上，经过一个时钟信号后，触发器 F_0 的输出端 $Q_0^n = 1$；然后电路再将第二个数据0送到 D 输入端上，经过第二个时钟信号后，触发器的输出为 $Q_1^n = 1, Q_0^n = 0$；以此类推，共经过4个时钟信号，数据1001被存储到触发器中，4个输出端分别为 $Q_3^n = 1$，

$Q_2^n=0, Q_1^n=0, Q_0^n=1$，移位过程可参见表 10-1。完成数据存储后，若要将数据从寄存器中输出，则还需要经过 3 个时钟信号由 Q_3 端串行输出或者直接由 4 个输出端并行输出。

表 10-1　　4 位左移移位寄存器的状态表

时钟个数	输入端 D	触发器的状态			
		Q_3	Q_2	Q_1	Q_0
0		0	0	0	0
1	1	0	0	0	1
2	0	0	0	1	0
3	0	0	1	0	0
4	1	1	0	0	1

2. 右移移位寄存器

图 10-4 所示为 4 位右移移位寄存器的电路图，由 D 触发器组成，且为同步时序逻辑电路。右移移位寄存器的工作过程与左移移位寄存器类似，读者可自行分析。

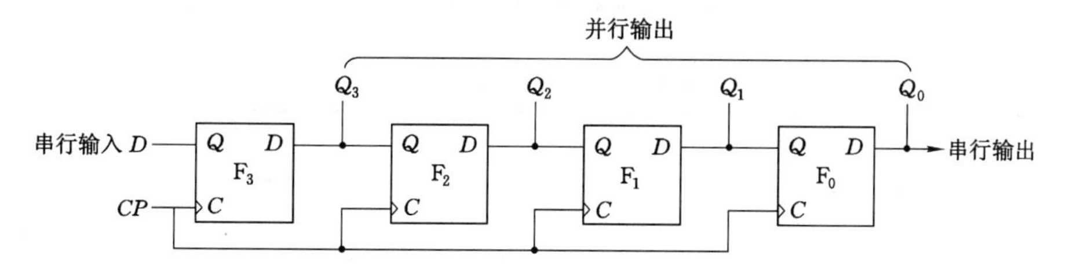

图 10-4　4 位右移移位寄存器

3. 双向移位寄存器

单向移位寄存器只能将寄存的数据向单方向移动，而双向移位寄存器则可以将寄存的数据向两个方向移动。图 10-5 给出了双向移位寄存器的电路图，其中 X 是移位方向控制

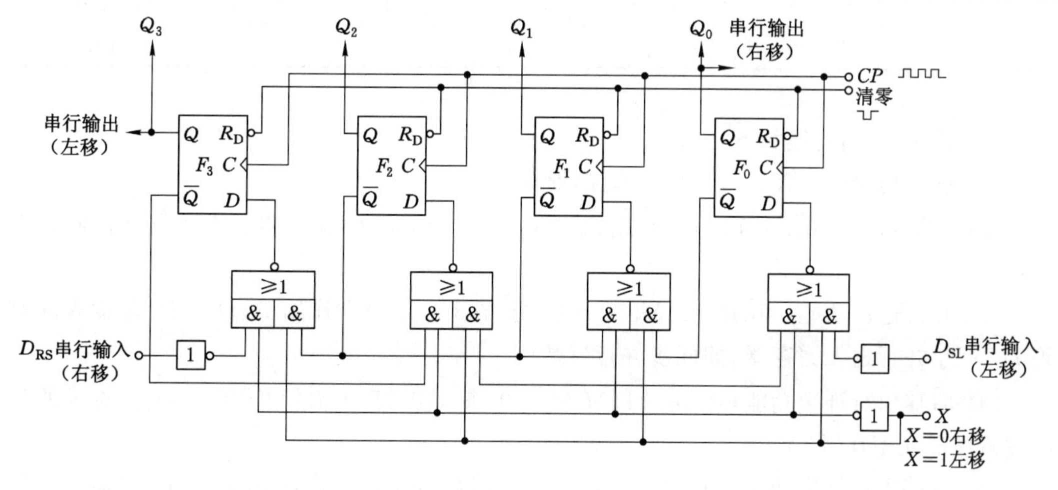

图 10-5　双向移位寄存器

端，$X=0$ 时，数据右移寄存；$X=1$ 时，数据左移寄存。D_{SL} 是左移串行输入端，D_{SR} 是右移串行输入端，Q_3 是左移输出端，Q_0 是右移输出端，$Q_3 \sim Q_0$ 是并行输出端。

三、集成双向移位寄存器 CT74LS194

集成移位寄存器从结构上可分为 TTL 型和 CMOS 型；按寄存的数据位数，可分为 4 位、8 位和 16 位；按移位方向，可分为单向和双向两种。如图 10-6 所示为 4 位 TTL 型双向移位寄存器 CT74LS194 的逻辑功能示意图。图中，$\overline{CR}$ 为置 0 端，CP 为移位脉冲输入端，$D_0 \sim D_3$ 为并行数码输入端，D_R 为右移串行数码输入端，D_L 为左移串行数码输入端，$Q_0 \sim Q_3$ 为并行数码输出端，M_0 和 M_1 为工作方式控制端。表 10-2 是 CT74LS194 的功能表。

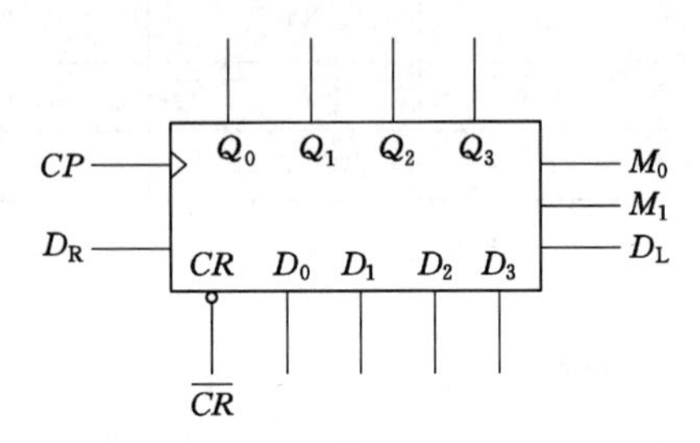

图 10-6　4 位双向移位寄存器 CT74LS194 的逻辑功能示意图

表 10-2　　CT74LS194 的逻辑功能表

输入										输出				说明
$\overline{CR}$	M_1	M_0	CP	D_L	D_R	D_3	D_2	D_1	D_0	Q_3	Q_2	Q_1	Q_0	
0	×	×	×	×	×	×	×	×	×	0	0	0	0	置 0
1	×	×	0	×	×	×	×	×	×	保持				保持
1	1	1	↑	×	×	d_3	d_2	d_1	d_0	d_3	d_2	d_1	d_0	并行置数
1	0	1	↑	×	1	×	×	×	×	Q_2	Q_1	Q_0	1	右移（输入 1）
1	0	1	↑	×	0	×	×	×	×	Q_2	Q_1	Q_0	0	右移（输入 0）
1	1	0	↑	1	×	×	×	×	×	1	Q_3	Q_2	Q_1	左移（输入 1）
1	1	0	↑	0	×	×	×	×	×	0	Q_3	Q_2	Q_1	左移（输入 0）
1	0	0	×	×	×	×	×	×		保持				保持

CT74LS194 的功能如下：

(1) 置 0 功能：当 $\overline{CR}=0$ 时，$Q_0 \sim Q_3$ 都置 0。

(2) 保持功能：当 $\overline{CR}=1$，$CP=0$ 或 $\overline{CR}=1$、$M_1M_0=00$ 时，双向移位寄存器保持原状态不变。

(3) 并行送数功能：当 $\overline{CR}=1$、$M_1M_0=11$ 时，在 CP 上升沿作用下，$D_0 \sim D_3$ 端输入的数码 $D_0 \sim D_3$ 并行送入寄存器，即同步并行置数。

(4) 右移串行计数功能：当 $\overline{CR}=1$、$M_1M_0=01$ 时，在 CP 上升沿作用下，D_R 端输入的数码被依次送入寄存器。

(5) 左移串行计数功能：当 $\overline{CR}=1$、$M_1M_0=10$ 时，在 CP 上升沿作用下，D_L 端输入的数码被依次送入寄存器。

可见，该芯片具有双向移位、并行置数、保持数据和清除数据等功能。

任务二　计　数　器

几乎任何一个数字系统都包含有计数器。用来累计输入的CP脉冲信号个数的逻辑电路称为计数器。计数器不仅可以用来计数，也可以用来定时和分频。

计数器的种类很多，按照时钟信号作用方式的不同，可分为同步计数器和异步计数器；按照计数数值是递增还是递减，可分为加法计数器、减法计数器和可逆计数器；按照计数数制的不同，可分为二进制计数器、十进制计数器和任意进制计数器。

一、二进制计数器

1. 同步二进制加法计数器

图10-7所示为同步4位二进制加法计数器。它由4个JK触发器组成，每个触发器的J、K端连在一起，接成了T触发器的形式。CP为时钟信号输入端，Q_0～Q_3为输出端，CO为进位输出端。

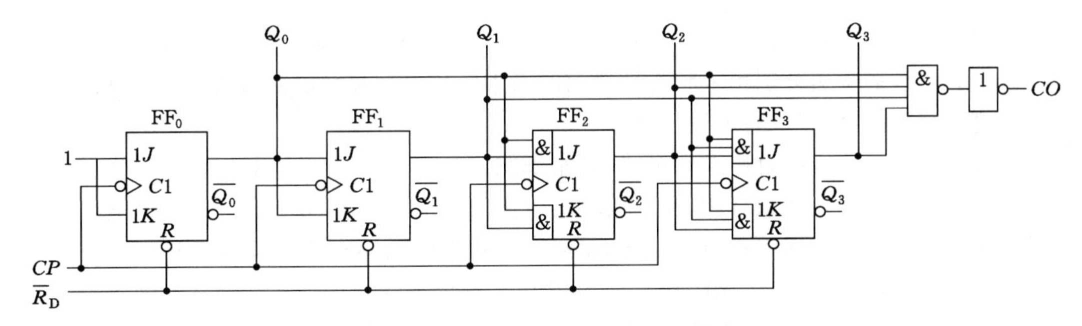

图10-7　同步4位二进制加法计数器

假设电路初态为$Q_3^nQ_2^nQ_1^nQ_0^n=0000$，经过一个$CP$信号后的次态为$Q_3^nQ_2^nQ_1^nQ_0^n=0001$，输出$CO=0$；再经过一个$CP$信号后的次态为$Q_3^nQ_2^nQ_1^nQ_0^n=0010$，输出$CO=0$；以此类推，一直加下去，直到新的次态与已出现的某状态相同（即出现了循环）为止，便可列出该电路的状态转换表，见表10-3。

表10-3　　同步4位二进制加法计数器的状态转换表

计数脉冲的个数	现态				次态				输出
	Q_3^n	Q_2^n	Q_1^n	Q_0^n	Q_3^n	Q_2^n	Q_1^n	Q_0^n	
1	0	0	0	0	0	0	0	1	0
2	0	0	0	1	0	0	1	0	0
3	0	0	1	0	0	0	1	1	0
4	0	0	1	1	0	1	0	0	0
5	0	1	0	0	0	1	0	1	0
6	0	1	0	1	0	1	1	0	0
7	0	1	1	0	0	1	1	1	0

续表 10-3

计数脉冲的个数	现态				次态				输出
	Q_3^n	Q_2^n	Q_1^n	Q_0^n	Q_3^n	Q_2^n	Q_1^n	Q_0^n	
8	0	1	1	1	1	0	0	0	0
9	1	0	0	0	1	0	0	1	0
10	1	0	0	1	1	0	1	0	0
11	1	0	1	0	1	0	1	1	0
12	1	0	1	1	1	1	0	0	0
13	1	1	0	0	1	1	0	1	0
14	1	1	0	1	1	1	1	0	0
15	1	1	1	0	1	1	1	1	0
16	1	1	1	1	0	0	0	0	1

为了形象地展示出状态转换规律，还可画出表 10-3 的状态转换图，如图 10-8 所示。图中每个圆圈代表一个状态，圈内依次填入各状态的二进制代码，箭头表示状态转换的方向，箭头线上方斜线的两边分别填入状态转换前的输入变量组合和输出函数值，若没有就空着。须注意，输出值是对应于现态的输出值。

用 n 个触发器构成的时序逻辑电路，其全部状态应该有 2^n 个，其中凡是在计数循环中使用了的状态叫作有效状态，没有使用的状态叫作无效状态。在 CP 信号作用下，电路在有效状态中依次转换的循环叫作有效循环；而在无效状态中的循环叫作无效循环。运行过程中，如果干扰使得电路进入了无效状态，在 CP 信号作用下能够自动返回到有效循环的电路就叫作能够自启动的电路，否则就叫作不能自启动的电路。显然，存在无效状态的计数器电路才有可能出现无效循环，才有必要讨论电路能否自启动的问题。

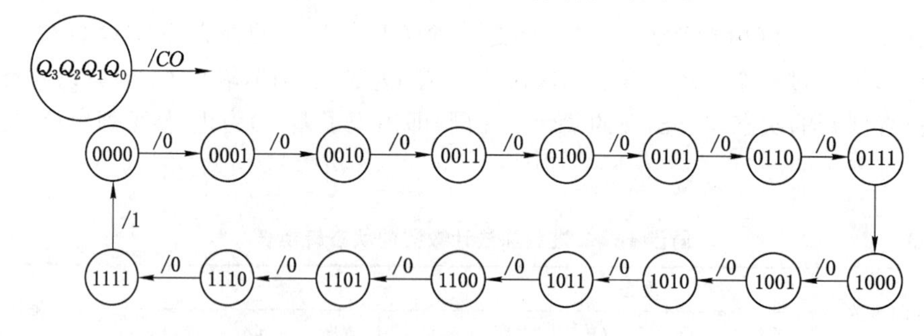

图 10-8　同步 4 位二进制加法计数器的状态转换图

由图 10-8 可知，该电路是按照二进制加法的规律计数的，共有 16 个状态，不存在无效状态，故该电路可以自启动。当 16 个状态都循环一次，进位输出端才输出一次 1。

同步 4 位二进制加法计数器的时序图如图 10-9 所示。每一个时钟信号的下降沿到来时，Q_0 都翻转为相反的状态；每 2 个时钟信号的下降沿到来时，Q_1 翻转为相反的状态；每 4 个时钟信号的下降沿到来时，Q_2 翻转为相反的状态；每 8 个时钟信号的下降沿到来时，Q_3 翻转为相反的状态。由此可见，Q_0 输出 CP 信号的二分频信号，Q_1 输出 CP 信号的四分频信号，Q_2输出 CP 信号的八分频信号，Q_3输出 CP 信号的十六分频信号，进位输出端 CO 也输出 CP 信号的十六分频信号，即每经过一级触发器，脉冲的频率就降低一半，所以计数器也是一个分频器。一般来说，一个 n 位的二进制计数器具有 2^n 个状态，称为模 2^n 计数器，其最后一级触发器输出的频率降为时钟脉冲频率的 $1/2^n$。

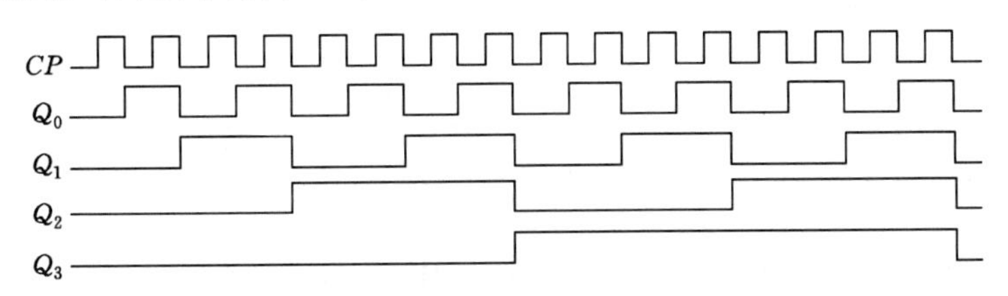

图 10-9　同步 4 位二进制加法计数器的时序图

2. 同步二进制减法计数器

图 10-10 所示的电路由 4 个 JK 触发器组成，输出端为 $Q_0 \sim Q_3$，借位输出端为 BO，BO 取自各触发器的 $\overline{Q}$ 端。该电路的状态转换表见表 10-4，从表中可知，此电路按照二进制递减的规律循环，共有 16 个状态，故该电路为同步二进制减法计数器。

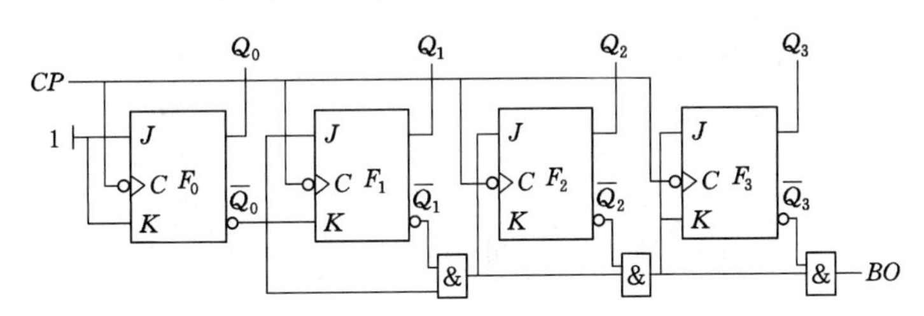

图 10-10　同步 4 位二进制减法计数器

表 10-4　同步 4 位二进制减法计数器的状态转换表

计数脉冲的个数	现态				次态				输出
	Q_3^n	Q_2^n	Q_1^n	Q_0^n	Q_3^n	Q_2^n	Q_1^n	Q_0^n	
1	0	0	0	0	1	1	1	1	1
2	1	1	1	1	1	1	1	0	0
3	1	1	1	0	1	1	0	1	0
4	1	1	0	1	1	1	0	0	0
5	1	1	0	0	1	0	1	1	0
6	1	0	1	1	1	0	1	0	0
7	1	0	1	0	1	0	0	1	0
8	1	0	0	1	1	0	0	0	0
9	1	0	0	0	0	1	1	1	0
10	0	1	1	1	0	1	1	0	0
11	0	1	1	0	0	1	0	1	0
12	0	1	0	1	0	1	0	0	0

续表 10-4

计数脉冲的个数	现态				次态				输出
	Q_3^n	Q_2^n	Q_1^n	Q_0^n	Q_3^n	Q_2^n	Q_1^n	Q_0^n	
13	0	1	0	0	0	0	1	1	0
14	0	0	1	1	0	0	1	0	0
15	0	0	1	0	0	0	0	1	0
16	0	0	0	1	0	0	0	0	0

图 10-11 为同步二进制减法计数器的状态转换图，从图中可知，16 个状态均为有效状态，不存在无效状态，故该电路可以自启动。图 10-12 为同步二进制减法计数器的时序图。

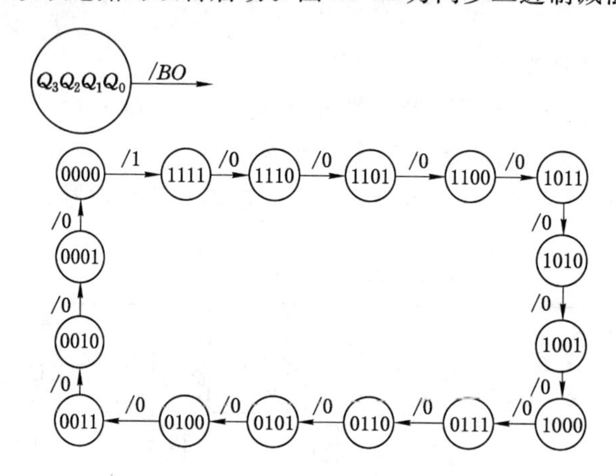

图 10-11 同步二进制减法计数器的状态转换图

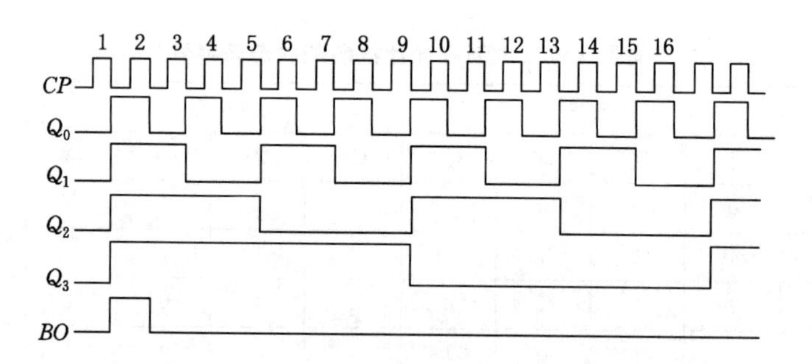

图 10-12 同步二进制减法计数器的时序图

3. 同步二进制可逆计数器

将加法计数器和减法计数器结合起来，就得到可逆计数器。图 10-13 所示为同步 4 位二进制可逆计数器，其中，R_D 为触发器的置零输入端，CP 为时钟信号输入端，S 为加/减控制信号端。S 端通过控制门来进行加法计数或减法计数的转换，当 $S=1$ 时，电路进行加法计数；当 $S=0$ 时，电路进行减法计数。此电路的详细工作过程请读者自行分析，在此不再赘述。

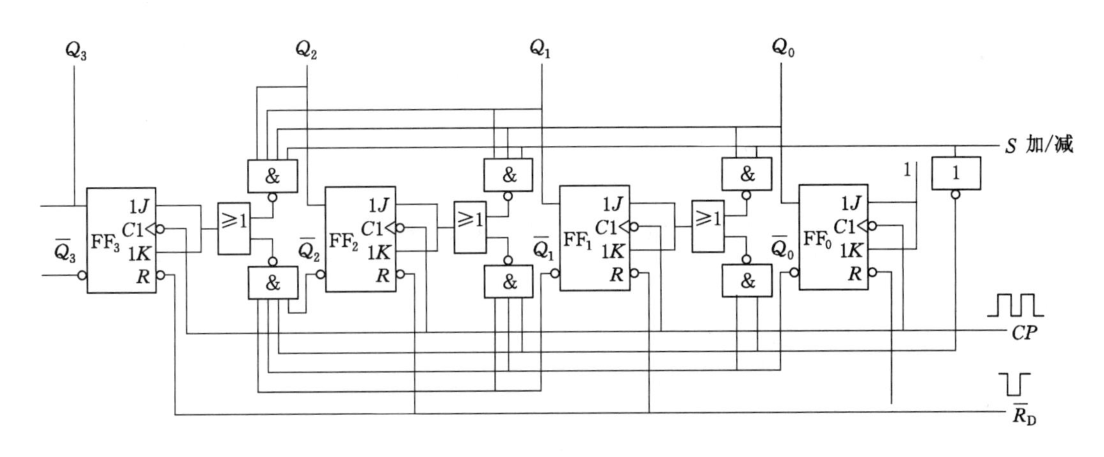

图 10-13　同步 4 位二进制可逆计数器

4. 异步二进制加法计数器

异步二进制加法计数器(图 10-14)的状态转换表与表 10-3 相同,其状态转换图与图 10-8 相同,其时序图与图 10-9 相同,在此不再赘述。

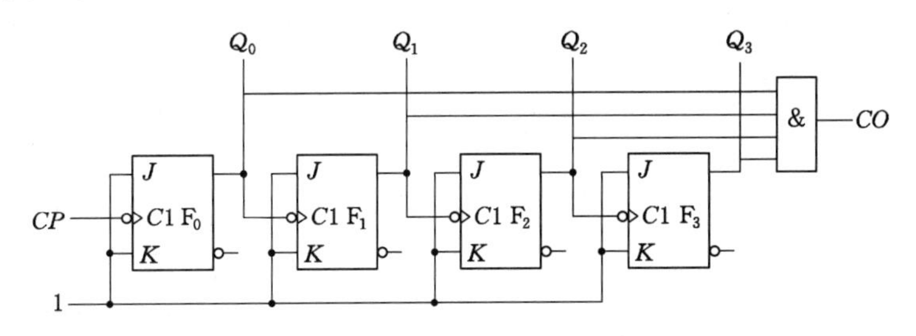

图 10-14　异步 4 位二进制加法计数器的电路图

分析异步计数器的时候,要注意各触发器的时钟不受同一个计数脉冲的控制。

二、十进制计数器

1. 同步十进制加法计数器

虽然二进制计数器的电路简单,运算方便,但当二进制数的位数较多时,要想很快地读出数来就比较困难,并且日常生活中人们习惯使用十进制,所以在数字系统中经常采用二-十进制计数器,它用 4 位二进制码表示 1 位十进制数。

同步十进制计数器可分为加法计数器、减法计数器和可逆计数器。下面以图 10-15 所示的同步十进制加法计数器为例进行分析,图中的 JK 触发器仍连接成 T 触发器的形式。

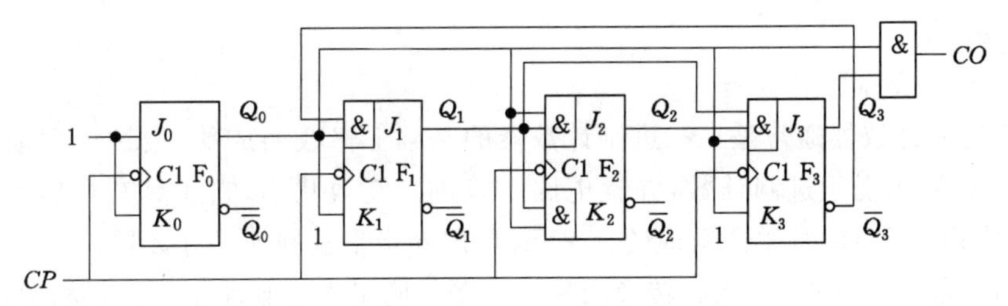

图 10-15　同步十进制加法计数器

此电路的状态转换表见表 10-5。从图中可以看出，如果电路从 0000 开始计数，并且计数规律按二进制递增，那么在第九个计数脉冲输入后，电路变成 1001 状态；当第十个计数脉冲到来时，电路返回到 0000 状态，同时产生一个进位输出信号，因此该电路是一个 8421BCD 码的十进制加法计数器。

表 10-5　　同步十进制加法计数器的状态转换表

计数脉冲的个数	现态				次态				输出
	Q_3^n	Q_2^n	Q_1^n	Q_0^n	Q_3^n	Q_2^n	Q_1^n	Q_0^n	
1	0	0	0	0	0	0	0	1	0
2	0	0	0	1	0	0	1	0	0
3	0	0	1	0	0	0	1	1	0
4	0	0	1	1	0	1	0	0	0
5	0	1	0	0	0	1	0	1	0
6	0	1	0	1	0	1	1	0	0
7	0	1	1	0	0	1	1	1	0
8	0	1	1	1	1	0	0	0	0
9	1	0	0	0	1	0	0	1	0
10	1	0	0	1	0	0	0	0	1
11	1	0	1	0	1	0	1	1	0
12	1	0	1	1	0	1	0	0	1
13	1	1	0	0	1	1	0	1	0
14	1	1	0	1	0	1	0	0	1
15	1	1	1	0	1	1	1	1	0
16	1	1	1	1	0	0	0	0	1

上述电路有 16 个状态，其中 0000～1001 十个状态为有效状态，其余六个状态 1010～1111 为无效状态。计数器正常工作时，六个无效状态是不会出现的。由表 10-5 的下半部分可以看出，如果干扰使得计数器进入了无效状态，只需再经过一个或两个计数脉冲，电路就能自动返回到有效状态，说明此电路具有自启动能力。

根据表 10-5 可分别画出同步十进制加法计数器的状态转换图和时序图，如图 10-16 和图 10-17 所示。

2. 异步十进制加法计数器

异步十进制计数器通常是在二进制计数器的基础上修改而成的，通过反馈消除多余状态（无效状态）而实现十进制计数，并且电路一旦进入无效状态，它还具有自启动能力。图 10-18 所示为由 4 个 JK 触发器组成的 8421BCD 码异步十进制加法计数器。

此计数器的状态转换表、状态转换图和时序图与同步十进制加法计数器相同，请读者自行画出。

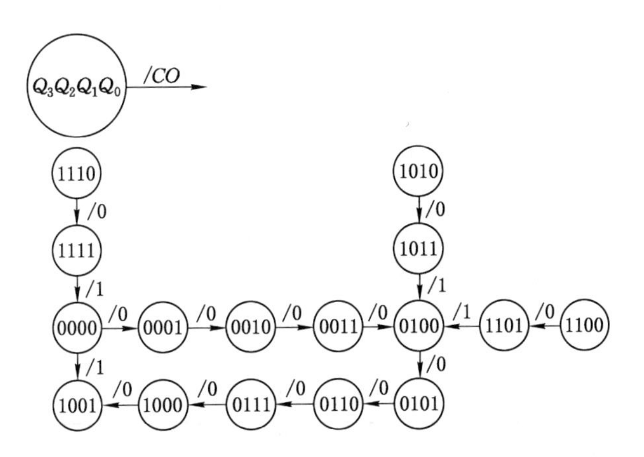

图 10-16　同步十进制加法计数器的状态转换图

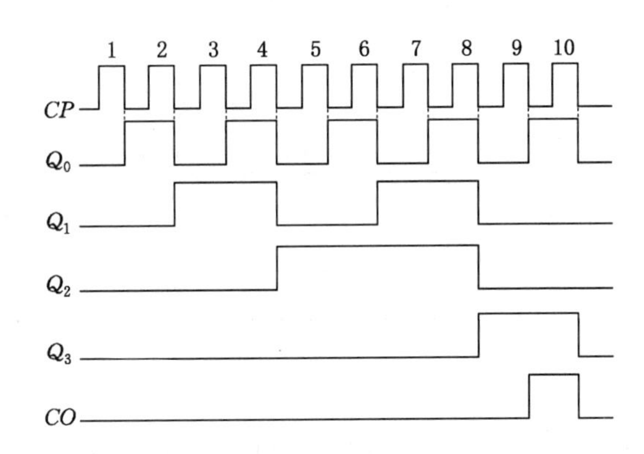

图 10-17　同步十进制加法计数器的时序图

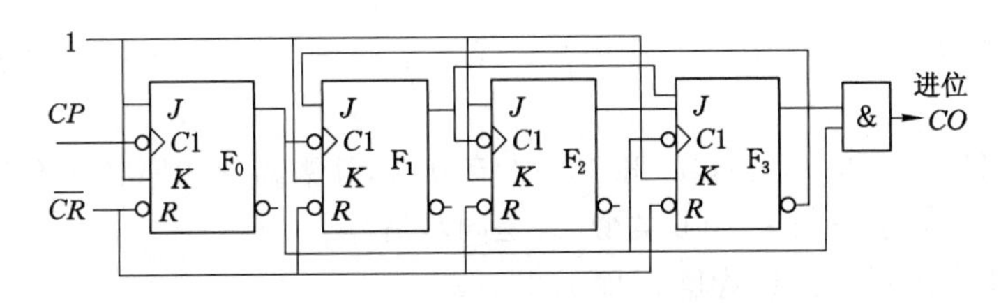

图 10-18　异步十进制加法计数器的电路图

三、中规模集成计数器

常用的中规模集成计数器有同步二进制加法计数器，如 CT54/74LS161、CT54/74LS163；同步十进制加法计数器，如 CT54/74LS160、CT54/74LS162；二进制可逆计数器，如 CT54/74LS169、CT54/74LS193。

1. 集成同步二进制计数器 74LS161/163

图 10-19 是 74LS161/163 的逻辑功能示意图，其中$\overline{LD}$为同步置数控制端，$\overline{CR}$为异步置 0 控制端，CT_P和 CT_T为计数控制端，D_0～D_3为并行数据输入端，Q_0～Q_3为输出端，CO 为进位输出端。表 10-6 是 CT74LS161 的功能表。

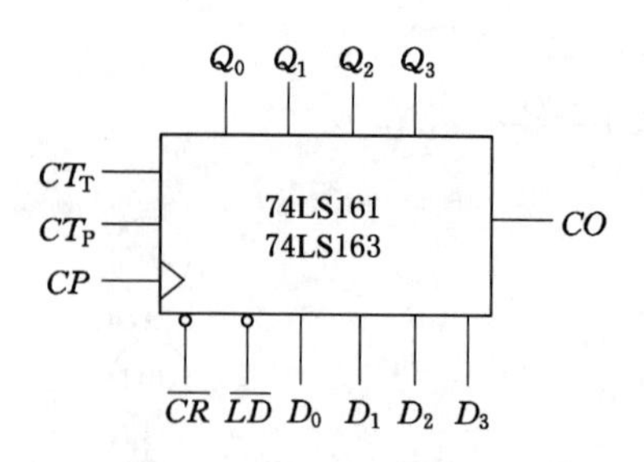

图 10-19 74LS161/163 的逻辑功能示意图

表 10-6 **CT74LS161 的功能表**

输入									输出					说明
$\overline{CR}$	$\overline{LD}$	CT_P	CT_T	CP	D_3	D_2	D_1	D_0	Q_3	Q_2	Q_1	Q_0	CO	
0	×	×	×	×	×	×	×	×	0	0	0	0	0	异步置 0
1	0	×	×	↑	d_3	d_2	d_1	d_0	d_3	d_2	d_1	d_0		$CO=CT_T \cdot Q_3Q_2Q_1Q_0$
1	1	1	1	↑	×	×	×	×	加计数					$CO=Q_3Q_2Q_1Q_0$
1	1	0	×	×	×	×	×	×	保持					$CO=CT_T \cdot Q_3Q_2Q_1Q_0$
1	1	×	0	×	×	×	×	×	保持				0	

CT74LS161 的功能如下：

（1）异步置 0：当$\overline{CR}=0$时，不论有无时钟脉冲 CP 和其他输入信号，计数器都被置 0。

（2）同步并行置数：当$\overline{CR}=1$、$\overline{LD}=0$时，在时钟脉冲 CP 上升沿的作用下，并行输入的数据 $D_3 \sim D_0$ 被置入计数器。

（3）计数：当$\overline{LD}=\overline{CR}=CT_T=CT_P=1$时，$CP$ 端收到计数脉冲时，计数器进行二进制加法计数。

（4）保持：当$\overline{LD}=\overline{CR}=1$且 CT_T 和 CT_P 中有 0 时，计数器保持原状态不变。

CT74LS163 的功能表与表 10-6 类似，只是同步清零。

2. 集成同步十进制加法计数器 74LS160/162

图 10-20 是 74LS160/162 的逻辑功能示意图，其中$\overline{LD}$为同步置数控制端，$\overline{CR}$为异步置 0 控制端，CT_P 和 CT_T 为计数控制端，$D_0 \sim D_3$ 为并行数据输入端，$Q_0 \sim Q_3$ 为输出端，CO 为进

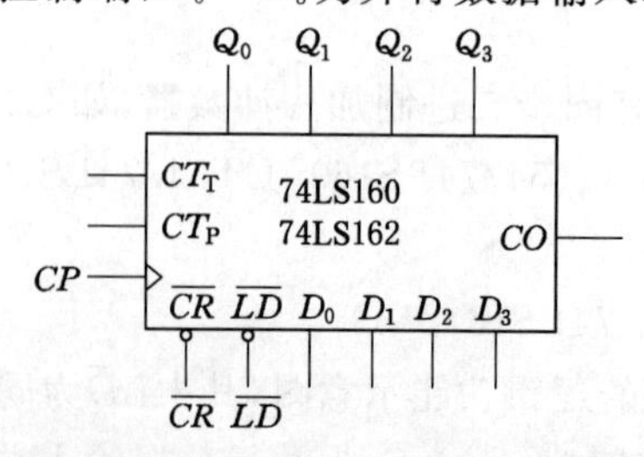

图 10-20 74LS160/162 的逻辑功能示意图

位输出端。表 10-7 是 74LS160 的功能表。

表 10-7　　74LS160 的功能表

输入									输出					说明
$\overline{CR}$	$\overline{LD}$	CT_P	CT_T	CP	D_3	D_2	D_1	D_0	Q_3	Q_2	Q_1	Q_0	CO	
0	×	×	×	×	×	×	×	×	0	0	0	0	0	异步清零
1	0	×	×	↑	d_3	d_2	d_1	d_0	d_3	d_2	d_1	d_0		同步置数 $CO=CT_T \cdot Q_3^n Q_0^n$
1	1	0	×	×	×	×	×	×	保持					$CO=CT_T \cdot Q_3^n Q_0^n$
1	1	×	0	×	×	×	×	×	保持				0	
1	1	1	1	↑	×	×	×	×	加计数				0	$CO=Q_3^n Q_0^n$

74LS162 的功能表与表 10-7 类似，只是同步清零。

3. 集成同步十进制加/减法计数器 CT74LS190

图 10-21 是 74LS190 的逻辑功能示意图，其中$\overline{LD}$为异步置数控制端，$\overline{CT}$为计数控制端，$D_0 \sim D_3$为并行数据输入端，$Q_0 \sim Q_3$为输出端，$\overline{U}$/D 为加/减计数方式控制端。CO/BO为进位输出/借位输出端。

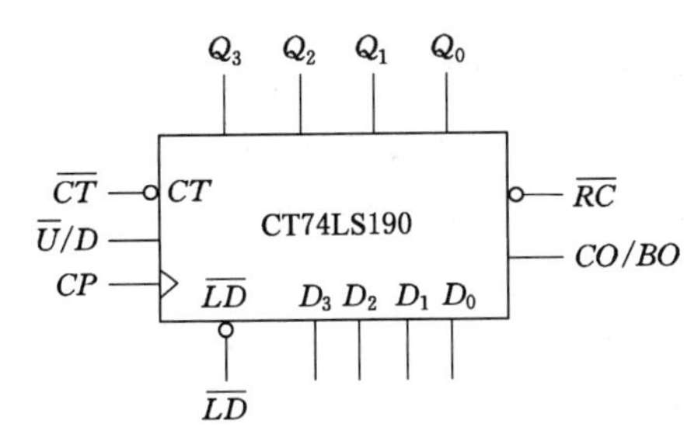

图 10-21　74LS190 的逻辑功能示意图

4. 集成异步计数器 74LS290

74LS290 由一个二进制计数器和一个五进制计数器组成，如图 10-22 所示，其中 R_{0A} 和 R_{0B} 为置 0 输入端，S_{9A} 和 S_{9B} 为置 9 输入端，表 10-8 为其功能表。

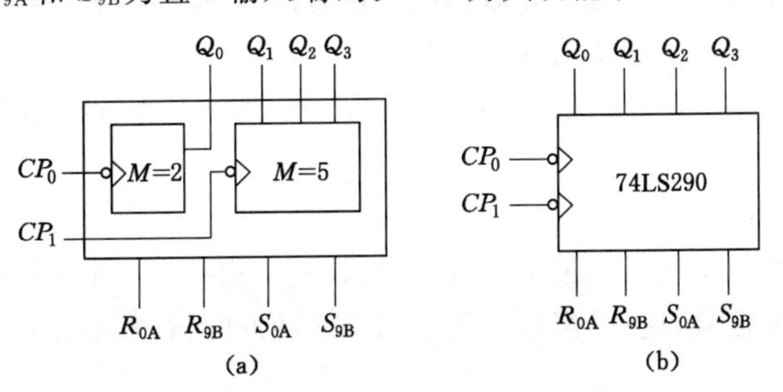

图 10-22　74LS290 的内部电路结构框图和逻辑符号

(a) 电路结构框图；(b) 逻辑符号

表 10-8　　　　74LS290 的功能表

R_{0A}	R_{0B}	S_{9A}	S_{9B}	CP_0	CP_1	Q_3	Q_2	Q_1	Q_0	功能说明
1	1	0	×	×	×	0	0	0	0	异步清零
1	1	×	0	×	×	0	0	0	0	
0	×	1	1	×	×	1	0	0	1	异步置 9
×	0	1	1	×	×	1	0	0	1	
×	0	×	0	↓	0	Q_0 端输出				1 位二进制计数
×	0	0	×	0	↓	$Q_3Q_2Q_1$ 输出				异步五进制计数
0	×	×	0	↓	Q_0	计数				8421BCD 码十进制计数
0	×	0	×	Q_3	↓	计数				5421BCD 码十进制计数

74LS290 的功能如下：

(1) 异步置 0：当 $R_0=R_{0A}\cdot R_{0B}=1$、$S_9=S_{9A}\cdot S_{9B}=0$ 时，计数器置 0，与时钟脉冲 CP 无关。

(2) 异步置 9：当 $R_0=R_{0A}\cdot R_{0B}=0$、$S_9=S_{9A}\cdot S_{9B}=1$ 时，计数器置 9，也与 CP 无关。

(3) 计数：当 $R_{0A}\cdot R_{0B}=0$、$S_{9A}\cdot S_{9B}=0$ 时，处于计数状态，具体又分为下面四种情况：

① 由 CP_0 端输入计数脉冲，由 Q_0 端输出时，构成一位二进制计数器；

② 由 CP_1 端输入计数脉冲，由 $Q_3Q_2Q_1$ 输出时，构成异步五进制计数器；

③ 将 Q_0 和 CP_1 相连，由 CP_0 端输入计数脉冲，从高到低的输出为 $Q_3Q_2Q_1Q_0$ 时，构成 8421BCD 码异步十进制计数器；

④ 将 Q_3 和 CP_0 相连，由 CP_1 端输入计数脉冲，从高到低的输出为 $Q_3Q_2Q_1Q_0$ 时，构成 5421BCD 码异步十进制计数器。

四、利用中规模集成电路设计计数器

构成任意进制计数器的方法有：触发器构成、移位寄存器构成、集成计数器构成。下面介绍利用集成计数器设计任意进制计数器的方法。

（一）单片集成电路设计任意进制计数器

利用集成计数器设计任意进制计数器的方法有两种：清零法和置数法，每种方法结合时钟输入信号又分别衍生出了同步法和异步法。

假设 $S_0, S_1, \cdots, S_{N-1}, S_N$ 分别表示输入第 $0, 1, \cdots, N-1, N$ 个计数脉冲 CP 后计数器的状态。

1. 同步清零法

利用同步清零功能实现任意进制计数时，应在输入第 $N-1$ 个 CP 脉冲后，使计数器的同步清零端获得清零信号，这样，当输入第 N 个 CP 脉冲时，计数器才被清零，从而返回到初始状态。

(1) 写出 N 进制计数器状态 S_{N-1} 的二进制码。

(2) 写出反馈归零函数，即根据 S_{N-1} 的二进制码写出清零控制端的逻辑表达式。

(3) 根据反馈归零函数画接线图。

【例 10-1】 试用集成同步二进制计数器 74LS163 的清零端构成七进制计数器。

解：

74LS163 是采用同步清零方式的集成计数器，故构成七进制计数器时，其归零状态为 $S_6=0110$，所以 $\overline{CR}=\overline{Q_2Q_1}$。电路接线图如图 10-23 所示。

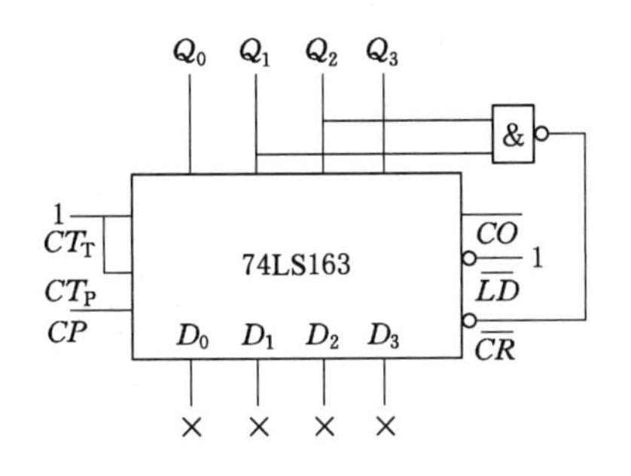

图 10-23　利用 74LS163 构成七进制计数器

2. 异步清零法

利用异步清零功能实现任意进制计数时，应在输入第 N 个 CP 脉冲后，使计数器的异步清零端获得清零信号，这样计数器立刻回到初始状态，第 N 个状态 S_N 不被显示出来，从而实现 N 进制计数。

(1) 写出 N 进制计数器状态 S_N 的二进制码。

(2) 写出反馈归零函数，即根据 S_N 的二进制码写出清零控制端的逻辑表达式。

(3) 根据反馈归零函数画接线图。

【例 10-2】 试用 74LS290 构成七进制计数器。

解：

设七进制计数器的计数循环状态为 $S_0\sim S_6$，并取计数起始状态为 $S_0=0000$，那么 $S_6=0110$。由于 74LS290 具有异步清零功能，所以归零状态为 $S_7=0111$，进而清零函数为 $R_{0A}R_{0B}=Q_2Q_1Q_0$。电路接线图如图 10-24 所示。

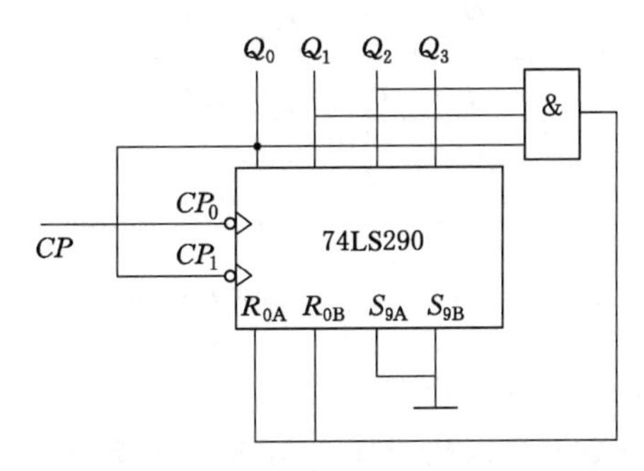

图 10-24　利用 74LS290 实现七进制计数器

3. 同步置数法

(1) 写出 N 进制计数器状态 S_{N-1} 的二进制码。

(2) 写出反馈置数函数。

(3) 根据反馈置数函数画接线图。

【例 10-3】 试用 74LS161 的同步置数功能构成十进制计数器,其计数起始状态为 0011。

解:

74LS161 是采用同步置数方式的集成计数器,故构成十进制计数器时,其置数状态为 S_9,由于计数起始状态为 $S_0=0011$,所以 $S_9=1100$,反馈置数函数为 $\overline{LD}=\overline{Q_3Q_2}$,同时令数据输入端 $D_3D_2D_1D_0=0011$。电路接线图如图 10-25 所示。

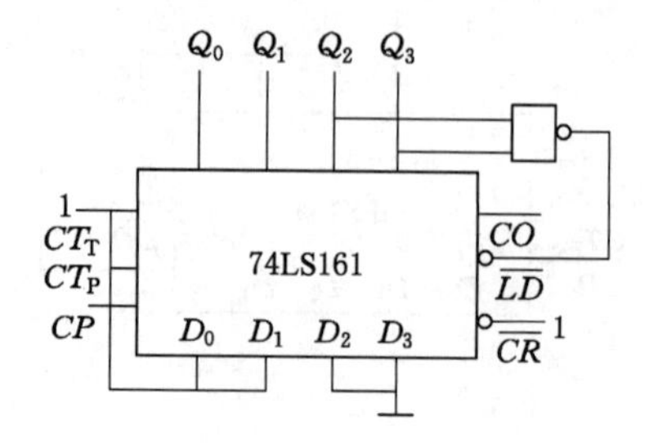

图 10-25 利用 74LS161 构成十进制计数器

4. 异步置数法

(1) 写出 N 进制计数器状态 S_N 的二进制码。

(2) 写出反馈置数函数。

(3) 根据反馈置数函数画接线图。

【例 10-4】 试用 74LS190 的异步置数功能构成八进制计数器。

解:

74LS190 是采用异步置数方式的集成计数器,故构成八进制计数器时,其置数状态为 S_8,由于计数起始状态为 $S_0=0000$,所以 $S_8=1000$,故反馈置数函数为 $\overline{LD}=\overline{Q_4}$,同时令数据输入端 $D_3D_2D_1D_0=0000$。电路接线图如图 10-26 所示。

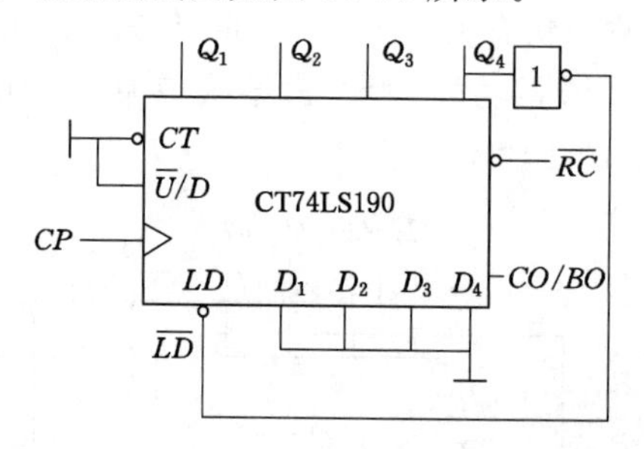

10-26 利用 74LS190 构成八进制计数器

(二) 多片集成电路设计任意进制计数器

用已有的 N 进制集成计数器可以构成任意 M 进制计数器。当 $M<N$ 时,用 1 片 N 进制计数器即可;当 $M>N$ 时,则需要将多片 N 进制计数器级联起来。级联的方法有同步级联和异步级联,此外还要考虑集成计数器的清零方式和置数方式。下面仅以两级之间的级联为例来说明具体的设计方法。

(1) M 可分解为两个小于 N 的因数相乘(即 $M=N_1\times N_2$)

将一个 N_1 进制计数器和一个 N_2 进制计数器(均用 N 进制计数器实现)连接起来,构成 M 进制计数器。图 10-27 所示为用两片 74LS160 构成 100 进制计数器的电路图。

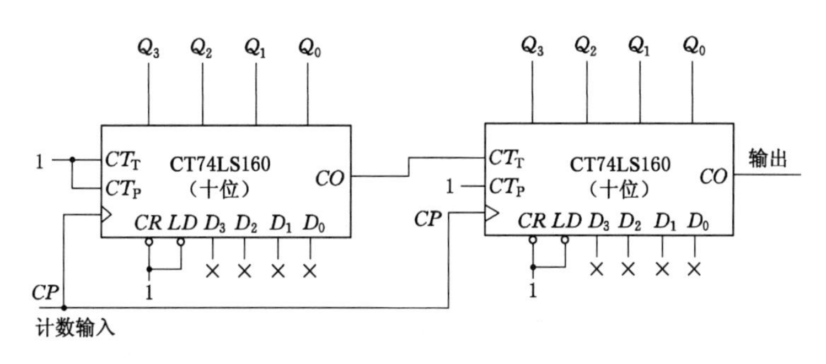

图 10-27 两片 74LS160 构成 100 进制计数器的电路图

低位片在计到 9 以前，其进位输出端 $CO=Q_3Q_0=0$，高位片的 $CT_T=0$，保持原状态不变。当低位片计到 9 时，其输出 $CO=1$，即高位片的 $CT_T=1$，这时高位片才接收 CP 端信号而加 1。所以，当输入第十个计数脉冲时，低位片回到 0 状态，高位片保持不变，直到低位片再计到 9 时高位片才再加 1，这样就实现了每经过十个 CP 信号高位片才加 1 的功能。

(2) M 不能分解成 N_1 和 N_2 的乘积

这种情况只能采取整体清零或整体置数的方式来构成 M 进制计数器。整体清零方式是先将两片 N 进制计数器用最简单的方式连接成一个大于 M 进制的计数器，再通过清零功能实现 M 进制。整体置数方式则是先将两片 N 进制计数器用最简单的方式连接成一个大于 M 进制的计数器，再通过置数功能将计数器置于某个状态，从而跳过多余的状态以获得 M 进制计数器。

图 10-28 所示为两片 74LS160 构成二十四进制计数器的电路图。十进制数 24 对应的 8421BCD 为 00100100，所以其反馈归零函数为 $\overline{CR}=\overline{Q_5Q_2}$。当计数器计到 24 时被异步清零，回到初始状态 00000000，从而实现了二十四进制计数。

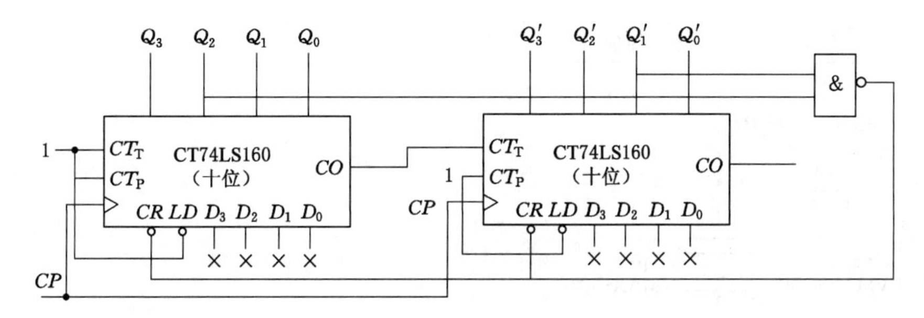

图 10-28 两片 74LS160 构成二十四进制计数器的电路图

任务实施

一、电路的原理

1. 晶振电路

此电路可提供一个频率稳定而准确的 32 768 Hz 的方波信号(后续经过分频得到 1 Hz 信号)，如图 10-29 所示。

2. 分频电路

晶振输出的信号频率是 32 768 Hz，因 $32\ 768=2^{15}$，所以该信号经过 15 次分频就可得

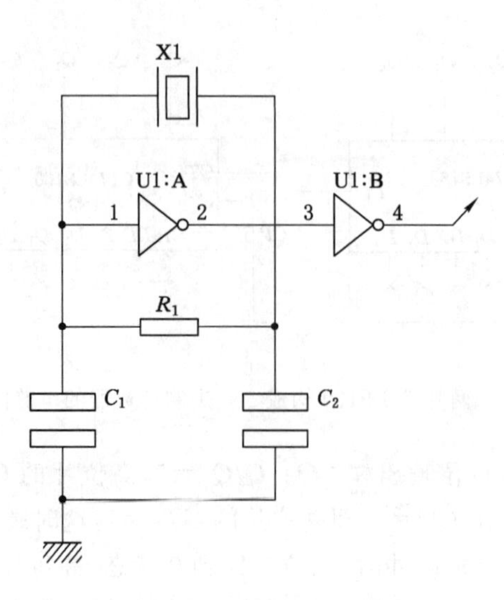

图 10-29 石英晶体振荡器的电路图

到 1 Hz 的方波信号，以便供秒计数器进行计数。

图 10-30 所示电路中，分频的任务由 CD4060 和 74LS74 共同完成。CD4060 是 14 级二

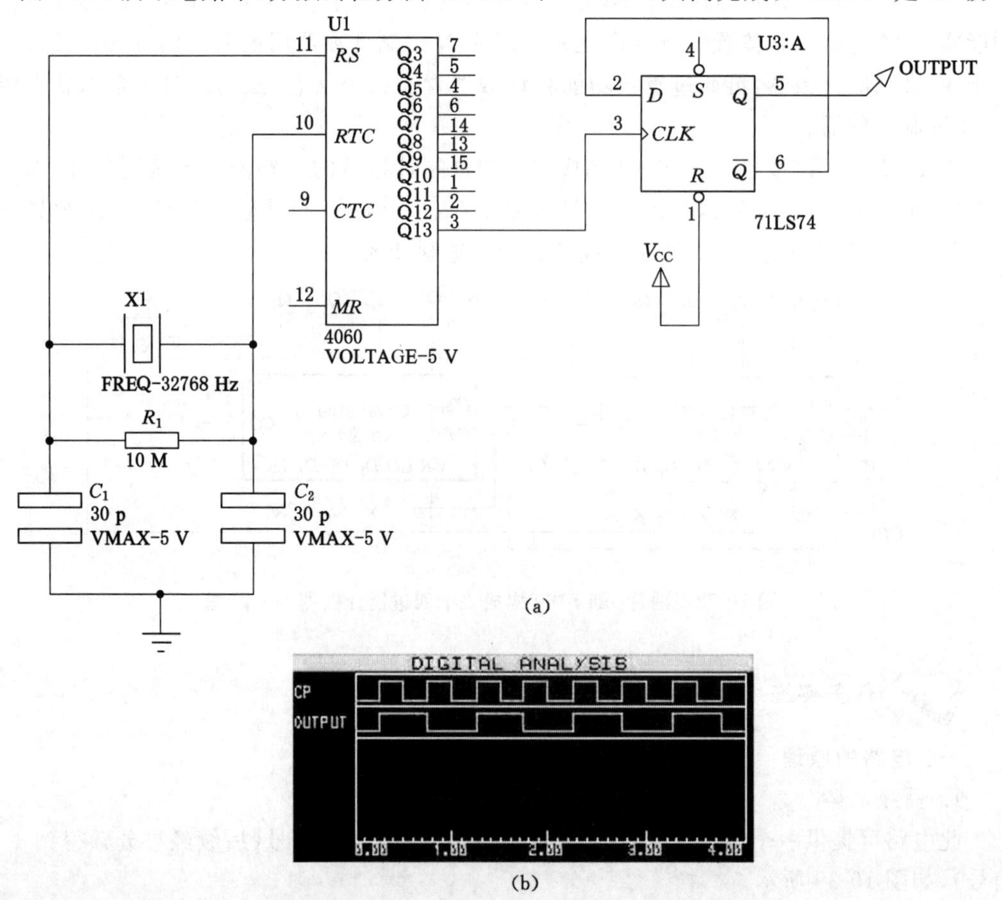

图 10-30 1 Hz 时钟信号产生电路(晶振电路加分频电路)及输出波形演示

进制计数器，可将 32 768 Hz 的方波信号分频为 2 Hz，同时它还包含了晶体振荡电路所需的非门（它的时钟输入端有两个串联的非门），非常适合用在此电路中。2 Hz 信号再经过一个 D 触发器（即 74LS74），就得到了 1 Hz 的时钟信号。

3．计数及显示电路

计数电路分为“时、分、秒”三个子电路，计数进制分别是二十四进制、六十进制和六十进制，虽然进制不同，但是原理相同。三个子电路都采用了同步级联、异步清零的方式，如图 10-31 所示。

显示电路采用了 74LS48 和共阴极 LED 数码管来实现。

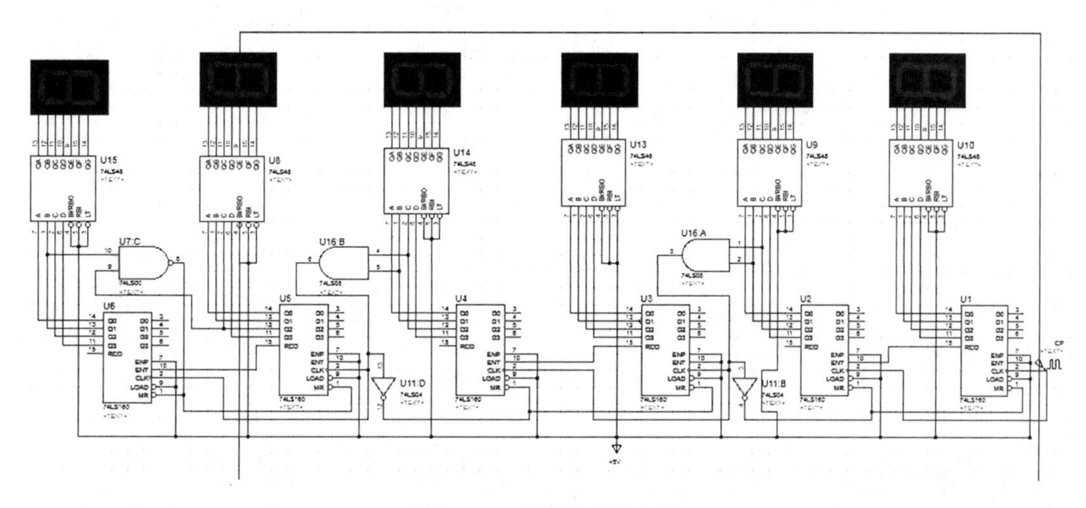

图 10-31　计数及显示电路

4．校时电路

数字钟应该具有校正“时”和“分”的功能。在设计电路时，可把“时”和“分”的输入信号切断，取而代之的是可随时切换正常计时信号与校正信号的校时电路。带有开关消抖动功能的校时电路如图 10-32 所示。

5．整点报时电路

每当时间计到 59 分 51 秒，控制部分驱动扬声器发出 5 次持续 1 秒的鸣响，前四次音调低，最后一次音调高。鸣响结束的时候正好计时到整点。电路如图 10-33 所示。

6．整体电路图

数字钟整体电路图如图 10-34 所示。

二、元器件清单

根据原理图选择元器件，见表 10-9。

三、制作步骤

根据原理图绘制布线图→元器件检测→插装和焊接（先焊接小器件，后焊接大器件）→通电前检查→通电调试→数据记录。

四、安装与调试

根据原理图，按常规工艺安装好电路，先不通电，检查稳压电源是否为＋5 V。确认无误后，接通电源，逐级调试。

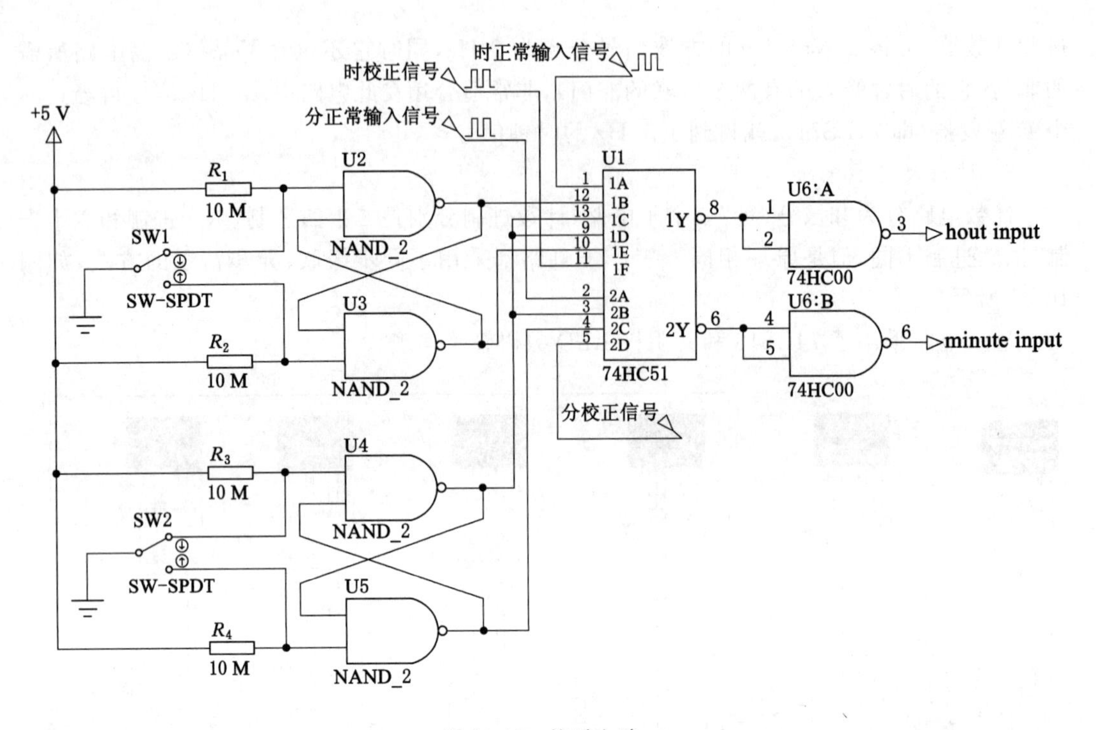

图 10-32 校时电路

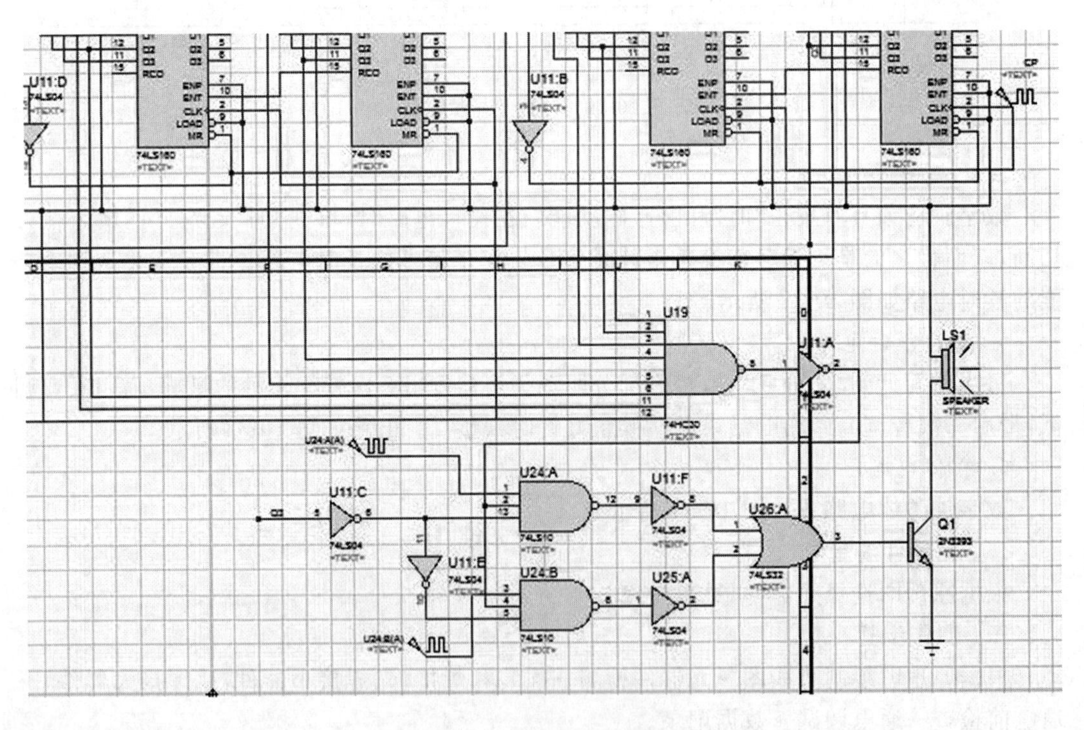

图 10-33 整点报时电路

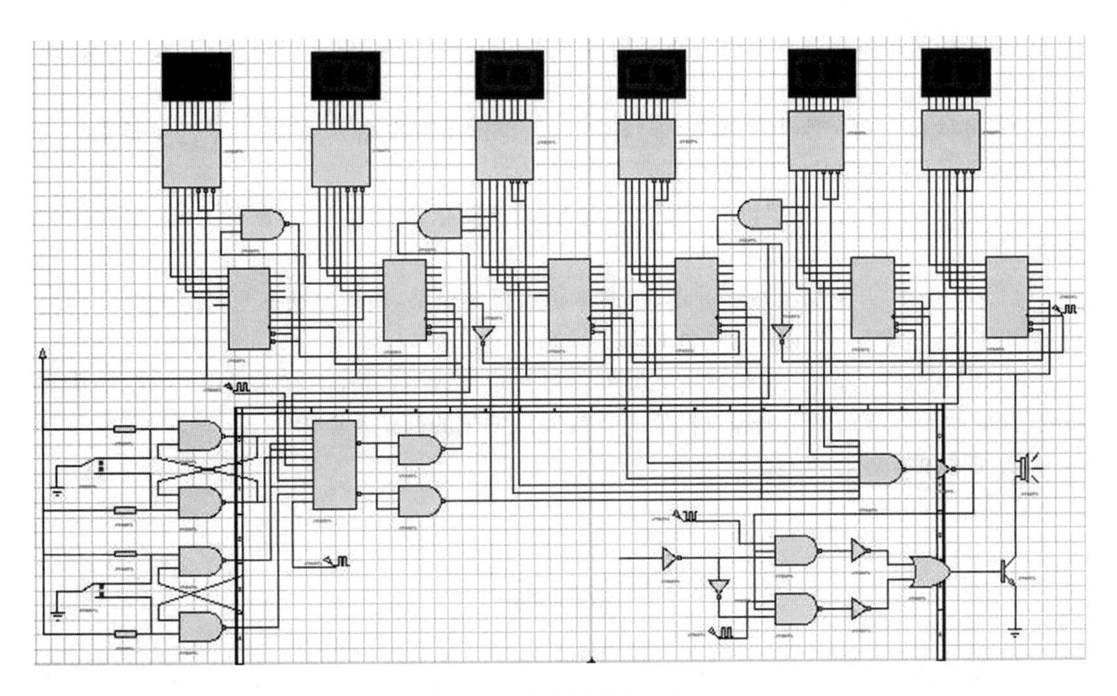

图 10-34　数字钟整体电路图

表 10-9　　元器件名称、型号及数量

代号	名称	型号	数量
X1	石英晶体	32 768 Hz	1
C1～2	电容	30 pF	2
R1～5	电阻	10 M	5
U7、U12、U21	二输入与非门	74LS00	3
U11、U25	非门	74LS04	2
U7、U16	二输入与门	74LS08	2
U24	三输入与非门	74LS10	1
U19	八输入与非门	74HC30	1
U26	二输入或门	74LS32	1
U8～10、U13～15	显示译码器	74LS48	6
U18	三输入与或非门	74HC51	1
U23	D 触发器	74LS74	1
U1～6	计数器	74LS160	6
U22	振荡/分频器	CD4060	1
LED1～6	数码显示管	7SEG-DIGITAL	6
Q1	三极管	2N3393	1
LS2	扬声器	Speaker	1
SW1～2	单刀双掷开关	SW-SPDT	2

(1) 先测量晶体振荡器的输出频率是否为32 768 Hz。再测CD4060的Q_4、Q_5和Q_6等脚的输出频率,检查CD4060工作是否正常。

(2) 将秒脉冲送入秒计数器,检查“秒”个位、十位是否按照十进制、六十进制计数。再用相同方法检测“分”和“时”计数部分。

(3) 调试好“时、分、秒”计数器后,通过校时开关依次校正“时、分、秒”,数字钟正常走时。

(4) 利用校时开关加快数字钟走时,调试整点报时电路,使其分别在59分51秒、53秒、55秒和57秒时低声鸣响四下,59秒时高声鸣响一下。

整机出现故障后,首先应检测有无元器件过热痕迹或损伤情况,有无脱焊、短路、断脚和断线情况;然后可借助万用表和仪器仪表查找故障发生的部位及原因。

五、技能评价

见附表2和附表3。

思考与练习

一、填空题

1. 组合逻辑电路任何时刻的输出信号,与该时刻的输入信号________,与电路原来所处的状态________;时序逻辑电路任何时刻的输出信号,与该时刻的输入信号________,与信号作用前电路原来所处的状态________。

2. 在时序逻辑电路中,起到储存作用的器件是________。

3. N个触发器组成的计数器最多可以组成________进制的计数器。

4. 时序逻辑电路按照其触发器是否有统一的时钟脉冲控制可分为________时序电路和________时序电路。

5. 一个4位移位寄存器,经过________个时钟脉冲CP后,4位串行输入数码全部存入寄存器;再经过________个时钟脉冲CP后可串行输出4位数码。

6. 计数器按CP脉冲的输入方式可分为________和________。

7. 使4位右移寄存器的输出为1011,则在串行输入端口应依次输入________。

8. 将某一脉冲的频率进行二分频得到新的脉冲,则其周期是原脉冲的________倍。

9. 根据不同需要,在集成计数器芯片的基础上,通过采用________和________方法可以实现任意进制的计数器。

10. 两片中规模集成电路十进制计数器串联后,最大计数容量为________位。

二、判断题

1. 异步时序电路的各级触发器类型不同。 ( )

2. 时序电路不含有记忆功能的器件。 ( )

3. 模N计数器可用作N分频器。 ( )

4. 把一个五进制计数器与一个十进制计数器串联可得到十五进制计数器。 ( )

5. 4位同步二进制加法计数器与4位异步二进制加法计数器的状态转换表不同。 ( )

6. 若用N级触发器构成模2^N的计数器,则不需要检查电路的自启动。 ( )

7. 计数器的模是指对输入的计数脉冲的个数。（　　）

8. 具有 N 个独立状态、计满 N 个计数脉冲后，状态能进入循环的时序电路称之为模 N 计数器。（　　）

9. 当时序逻辑电路存在无效循环时该电路不能自启动。（　　）

10. 脉冲边沿触发方式的触发器，不会出现空翻，可以用于计数。（　　）

三、选择题

1. 下列说法不正确的是（　　）。

A. 同步时序电路中，所有触发器状态的变化都是同时发生的

B. 异步时序电路的响应速度与同步时序电路的响应速度完全相同

C. 异步时序电路的响应速度比同步时序电路的响应速度慢

D. 异步时序电路中，触发器状态的变化不是同时发生的

2. 下列电路中，属于时序逻辑电路的是（　　）。

A. 编码器　　B. 译码器　　C. 数据选择器　　D. 计数器

3. 时序电路的异步复位信号作用于复位端时，可使时序电路（　　）复位。

A. 在 CLK 上升沿　　B. 在 CLK 下降沿

C. 在 CLK 为高电平期间　　D. 立即

4. 下列电路中，常用于数据串并行转换的电路为（　　）。

A. 加法器　　B. 计数器

C. 移位寄存器　　D. 数值比较器

5. 有一个左移移位寄存器，当预先置入 1011 后，其串行输入固定接 0，在 4 个移位脉冲 CP 作用下，4 位数据的移位过程是（　　）。

A. 1011→0110→1100→1000→0000

B. 1011→0101→0010→0001→0000

C. 1011→1100→1101→1110→1111

D. 1011→1010→1001→1000→0111

6. N 个触发器可以构成能寄存（　　）位二进制数码的寄存器。

A. $N-1$　　B. N　　C. $N+1$　　D. 2^N

7. 判断图 10-35 所示电路为（　　）。

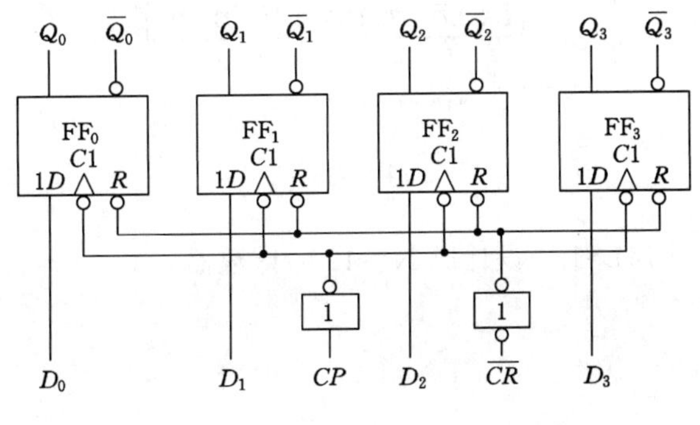

图 10-35

A. 并行输入数码寄存器　　B. 左移位寄存器

C. 右移位寄存器　　　　D. 串并行输入移位数码寄存器

8. 判断图 10-36 所示电路为(　　)。

A. 数码寄存器　　B. 左移位寄存器　　C. 右移位寄存器

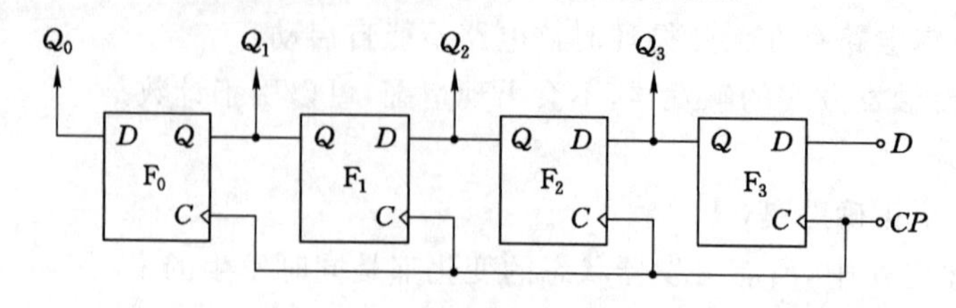

图 10-36

9. 把一个五进制计数器与一个四进制计数器串联可得到(　　)进制计数器。

A. 四　　B. 五　　C. 九　　D. 二十

10. 某计数器的状态转换图如图 10-37 所示，其计数容量为(　　)

A. 八　　B. 五　　C. 四　　D. 六

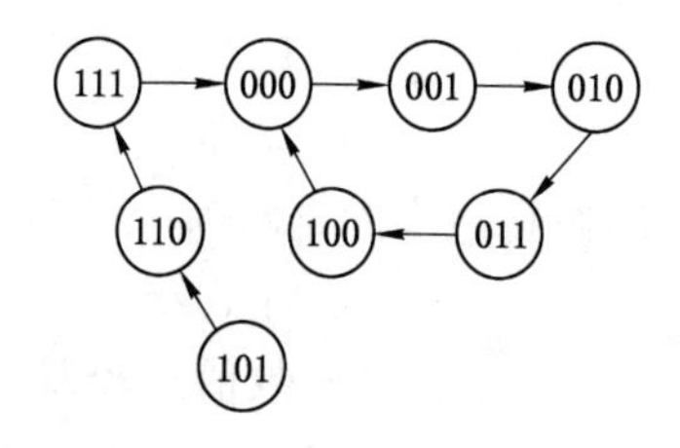

图 10-37

四、综合题

1. 74LS161 是同步 4 位二进制加法计数器，试分析图 10-38 所示是几进制计数器，并画出其状态图。

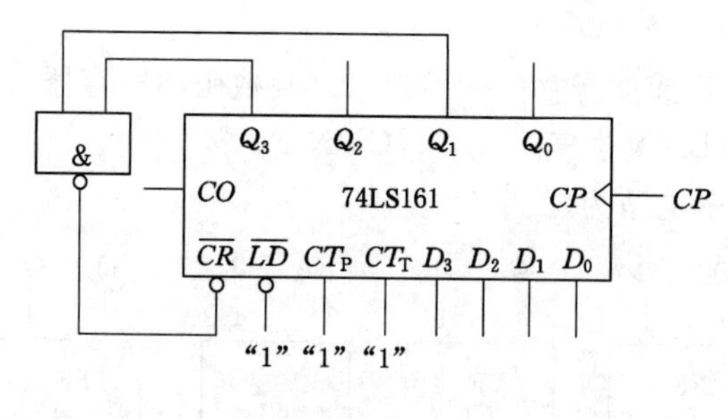

图 10-38

2. 试用两种方法把 74LS161 设计成 $N=12$ 的计数器。

项目十一　基于555定时器门铃的制作

【知识要点】 理解多谐振荡器、单稳态触发器和施密特触发器的工作特点和基本功能；了解典型集成单稳态触发器、集成施密特触发器的引脚功能及基本应用。了解555时基电路的电路框图和引脚功能，掌握555时基电路的逻辑功能。

【技能目标】 会用555时基电路搭接多谐振荡器、单稳态触发器和施密特触发器；会安装、测试和调整555时基电路构成的典型应用电路。

任务导入

电子门铃是我们常用到的电子产品。它的工作原理就是：按下按钮，电路输出一定频率的矩形脉冲信号，通过扬声器发出动听的“嘟嘟”声。

任务分析

门铃控制电路主要由三部分组成，其整体框图如图11-1所示。

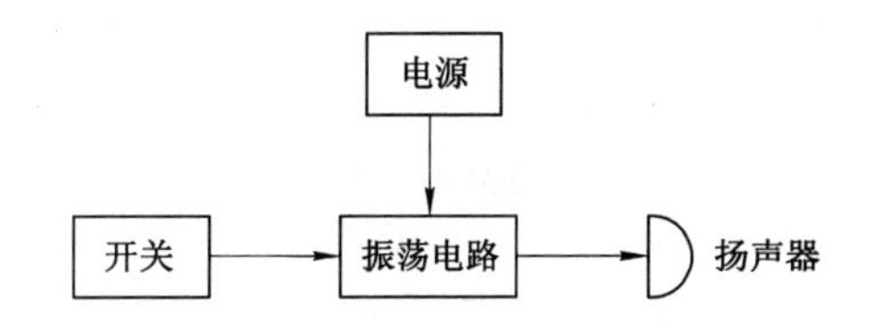

图11-1　门铃控制电路框图

由图11-1可以看出，门铃控制电路的核心部分是能够产生一定宽度和幅度矩形脉冲信号的振荡电路。在数字电路中，获得矩形脉冲信号有两种方法：一种是用脉冲振荡器产生；另一种是通过整形电路把一种已有的不理想的信号波形变换成所需要的脉冲波形。获得脉冲波形产生与变换的电路可由分立元器件构成，也可由门电路或555定时器构成。本项目是基于555定时器制作门铃。

相关知识

任务一　认识脉冲产生电路

一、多谐振荡器

多谐振荡器是一种矩形波产生电路，这种电路不需要外加触发信号，便能产生一定频率和一定宽度的矩形脉冲信号，常用作脉冲信号发生器，其图形符号如图11-2所示。

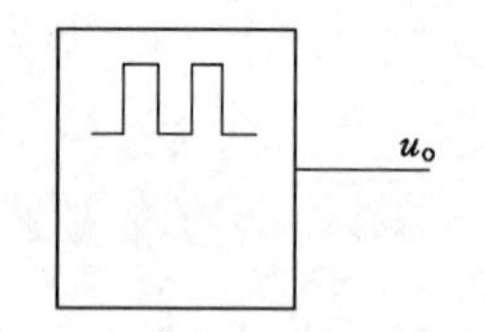

图 11-2　多谐振荡器图形符号

(一) RC 耦合多谐振荡器

1. 电路组成

图 11-3(a)所示是一个常用的非门电路多谐振荡器，图中两个非门接成 RC 耦合正反馈电路，使之产生振荡，u_i、u_o 振荡波形如图 11-3(b)所示。RC 的另一个重要作用是组成定时电路，决定多谐振荡器的振荡频率和脉冲宽度。

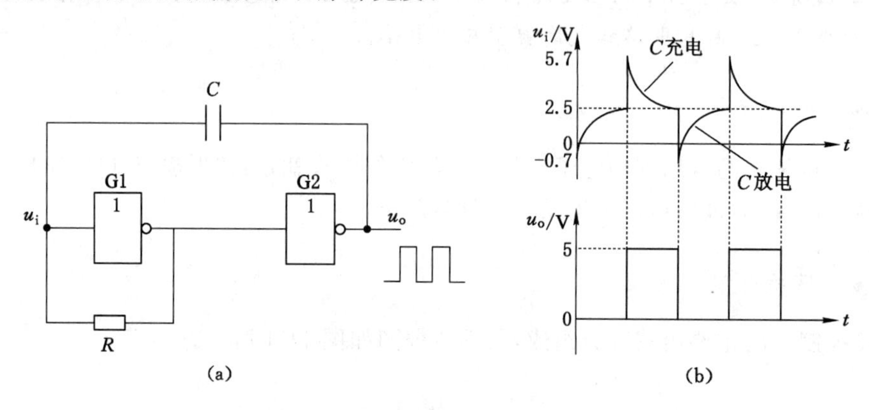

图 11-3　常用的非门电路多谐振荡器

(a) 电路；(b) 波形

2. 振荡周期

矩形脉冲信号的周期是由电容充、放电时间决定的，可按下式计算

$$T \approx 1.4RC$$

在实际应用中，常通过调换电容 C 的容量来粗调振荡周期，通过改变电阻 R 的值来细调振荡周期，使电路的振荡频率达到要求。

用 RC 作为定时元件与非门电路组成多谐振荡器有多种形式，图 11-4 所示是使用两个非门和两个 RC 电路组成的多谐振荡器。还可用与非门或者或非门与 RC 元件构成多谐振荡器。

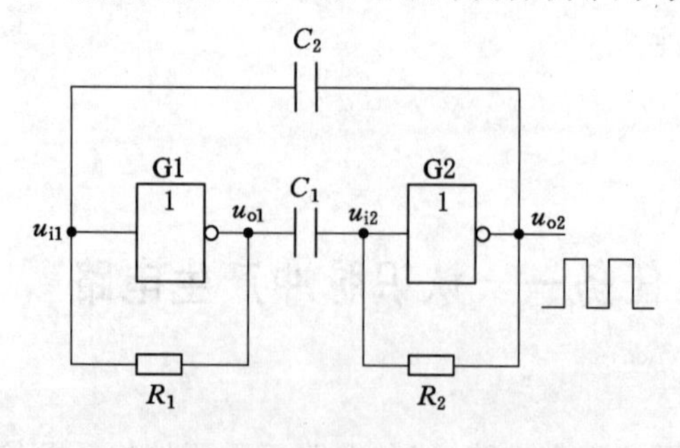

图 11-4　对称式多谐振荡器

由门电路和RC元件等组成的多谐振荡器，输出信号的幅值稳定性好，但振荡频率易受温度、元件性能、电源波动等因素的影响，只能使用在对振荡频率稳定性要求不高的场合。在对频率稳定性要求较高的数字电路中，都要求采用脉冲频率十分稳定的石英晶体多谐振荡器。

(二) 石英晶体多谐振荡器

如图11-5所示，可在多谐振荡器中接入石英晶体，构成石英晶体多谐振荡器。

当信号频率与石英晶体固有的谐振频率 f_0 相等时，它的阻抗为0，使该信号容易通过，形成正反馈，产生振荡。而对其他频率，石英晶体呈现高阻抗，正反馈的路径被切断，不能起振。因此，振荡器输出矩形脉冲信号的频率 f 就等于石英晶体的谐振频率 f_0，与电路其他元件参数无关。

石英晶体的温度系数很小，振荡频率稳定，常用于电子设备的基准时间信号。选购石英晶体，除市场供应的常规产品外，还可按实际应用要求，定制石英晶体的频率及有关参数。

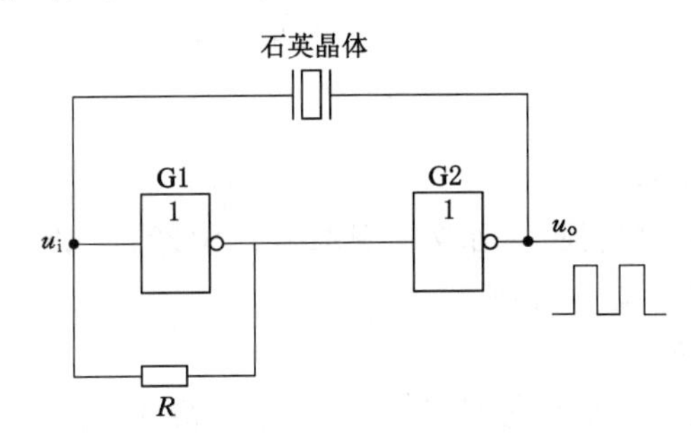

图11-5　石英晶体多谐振荡器

二、单稳态触发器

单稳态触发器是指有一个稳态和一个暂稳态的波形电路。它的工作特性具有如下显著特点：

(1) 它有一个稳定状态和一个暂稳定状态。若无外界触发脉冲作用，电路将始终保持稳定状态。

(2) 在外界触发脉冲作用下，能从稳态翻转到暂稳态，在稳态维持一段时间以后，再自动返回稳态。

(3) 暂稳态维持时间的长短通常都是靠RC电路的充、放电过程来维持的，与触发脉冲的宽度和幅度无关。

(一) 门电路组成的单稳态触发器

由门电路组成的一种单稳态触发器如图11-6(a)所示，它由两个或非门和RC电路组成，触发脉冲加到G1门的一个输入端，G2门的输出作为整个电路的输出，电阻 R 和电容 C 作为定时元件，决定暂稳态的持续时间。在输入信号的作用下，电路各点的波形如图11-6(b)所示。

该电路输出脉冲宽度 t_w 的估算由 C 的充电时间决定，脉宽 $t_w=0.7RC$。

门电路构成的单稳态触发器，电路结构简单，但它存在触发方式单一、稳定性差等缺点。集成单稳态触发器，由于外围连接器件简单、触发方式灵活、温度稳定性较好，因此目前应用较广。

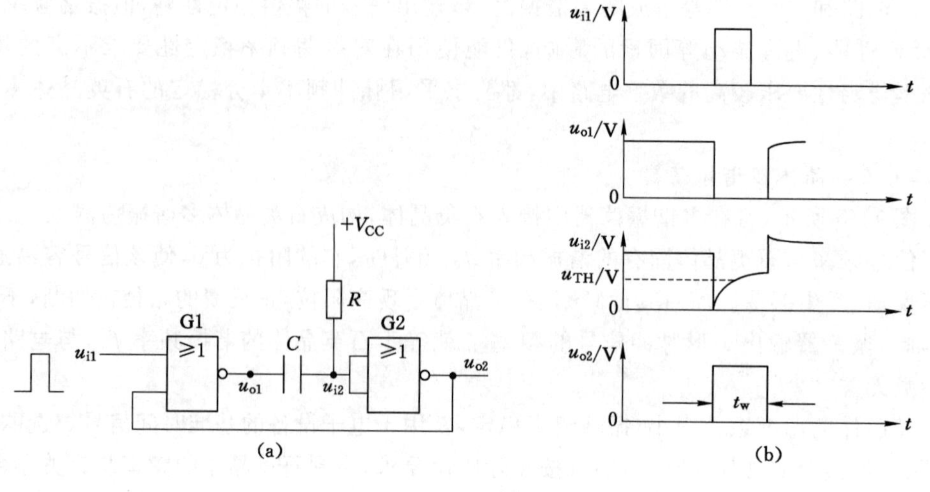

图 11-6　单稳态触发器

(a) 电路；(b) 波形

（二）集成单稳态触发器

集成单稳态触发器的种类很多，如 74LS121、74LS122、74LS123、CC14528 等。下面对集成单稳态触发器 74LS123 做一介绍。

1. 引脚排列及图形符号

74LS123 芯片内部含两个单稳态触发器，每一个电路分别具有各自的正触发输入端 B、负触发输入端 $\overline{A}$、复位输入端$\overline{R_D}$、外接电容端 C_{ext}、外接电阻/电容端 R_{ext}/C_{ext}、输出端 Q 和 $\overline{Q}$，如图 11-7 所示。

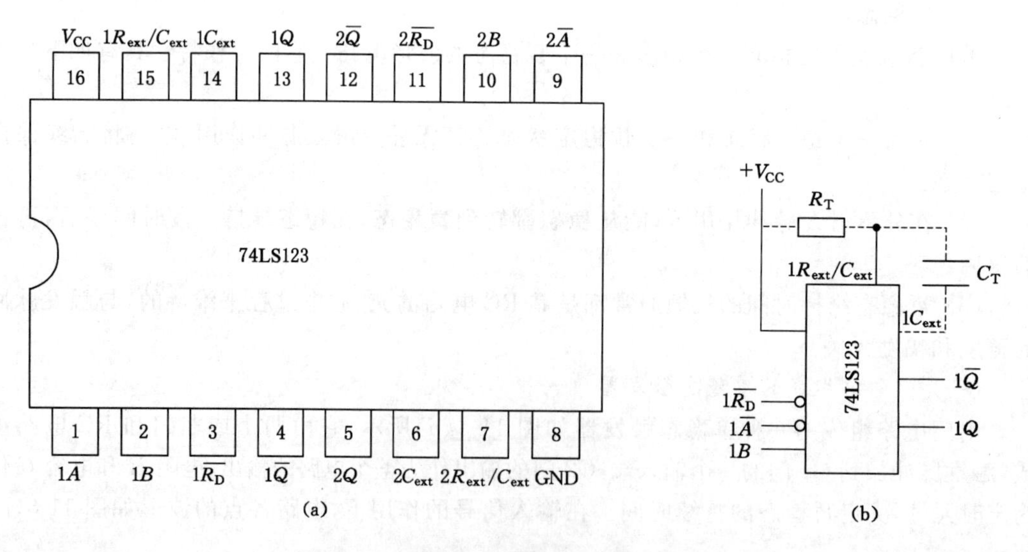

图 11-7　TTL 集成单稳态触发器 74LS123

(a) 引脚排列；(b) 图形符号

2. 逻辑功能

表 11-1 是集成单稳态触发器 74LS123 的功能表。

(1) 复位清零

当$\overline{R_D}=0$时，不论其他输入端为何种状态，输出端Q立即为 0。

(2) 单稳态触发

当$\overline{R_D}=1$、$\overline{A}=0$，B由 0 到 1 正跳变时，Q端有正脉冲输出；

当$\overline{R_D}=1$、$B=1$，$\overline{A}$由 1 到 0 负跳变时，Q端有正脉冲输出；

当$\overline{A}=0$、$B=1$，$\overline{R_D}$由 0 到 1 正跳变时，Q端有正脉冲输出。

输出脉冲宽度由外接电阻R_T和电容C_T决定，外接电阻R_T的取值范围为 5 kΩ～1 MΩ，对外接电容C_T通常没有限制。脉宽$t_w=0.45R_TC_T$。

表 11-1　集成单稳态触发器 74LS123 的功能表

输入			输出		工作特征
$\overline{R_D}$	$\overline{A}$	B	Q	$\overline{Q}$	
0	×	×	0	1	复位清零
1	0	↑	⊓	⊔	上升沿触发
1	↓	1	⊓	⊔	下降沿触发
↑	0	1	⊓	⊔	上升沿触发
×	1	×	0	1	稳定状态
×	×	0	0	1	

(3) 禁止触发

在$\overline{A}=1$或$B=0$时，电路处于禁止触发状态(即稳定状态)，Q维持 0。

三、施密特触发器

施密特触发器是一种靠输入触发信号维持的双稳态触发器。其特点是：电路具有两个稳态，当输入信号电压升高至上限触发电压时，电路翻转到第二稳态；当输入触发信号降低至下限触发电压时，电路就由第二稳态返回到第一稳态。但是，若需要电路保持这一稳态，外加触发信号不能撤除。它具有滞回电压传输特性，其类型分为同相输出型和反相输出型，如图 11-8 和 11-9 所示。

主要参数：上限触发电压(正向阈值电压)U_{T+} u_i上升过程中，输出电压u_o产生跳变所对应的输入电压值；下限触发电压(负向阈值电压)U_{T-} u_i下降过程中，输出电压u_o产生跳变所对应的输入电压值。

回差电压：$\Delta U_T=U_{T+}-U_{T-}$。回差电压越大，施密特触发器的抗干扰性能越强。施密特触发器的这种特性称为滞回特性。

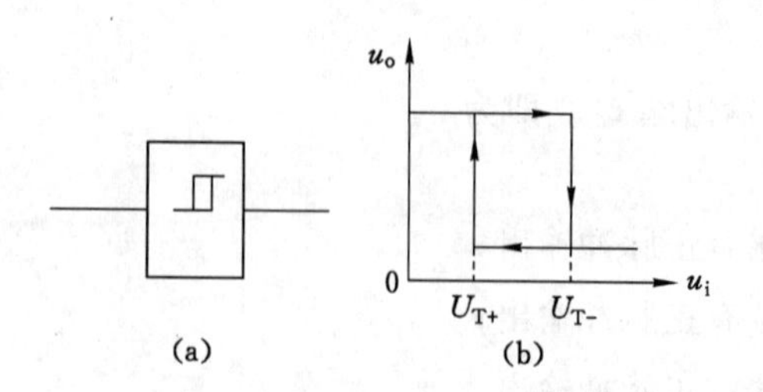

图 11-8　反相输出施密特触发器

(a) 图形符号；(b) 电压传输特性

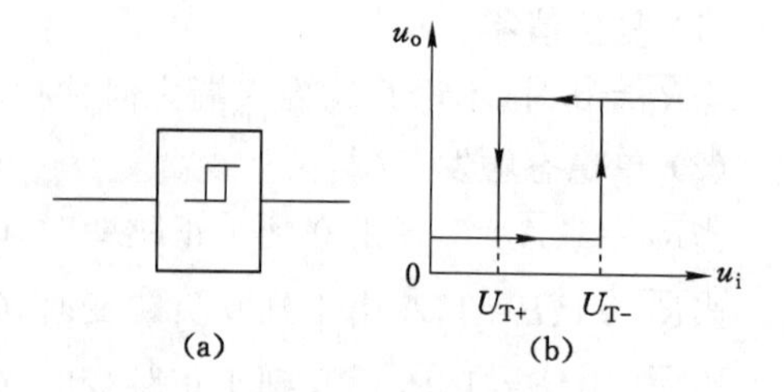

图 11-9　同相输出施密特触发器

(a) 图形符号；(b) 电压传输特性

(一) 门电路构成的施密特触发器

门电路组成的施密特触发器如图 11-10(a)所示。由两个反相器组成同相输出型电路。当输入三角波时，根据施密特触发器的电压传输特性，可得到对应的波形，如图 11-10(b)所示。

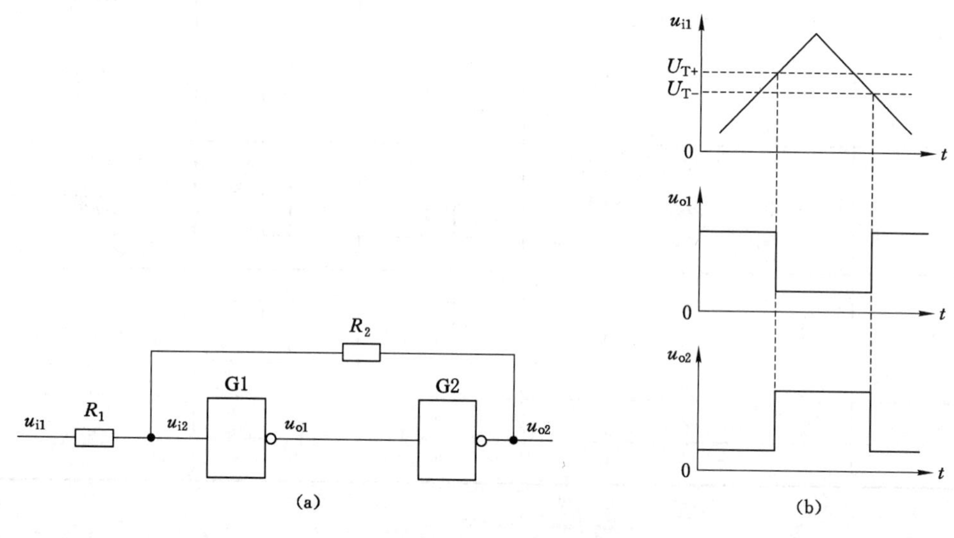

图 11-10　门电路组成的施密特触发器

(a) 电路；(b) 波形

(二) 集成施密特触发器

集成施密特触发器具有性能一致性好、触发电平稳定、使用方便等特点，分 TTL 和 CMOS 两大类，按其功能又可分为施密特反相器和施密特与非门。

1. CMOS 集成施密特触发器

CC40106 芯片为施密特反相器，图 11-11 所示为 CC40106 芯片的引脚排列。它与普通反相器的逻辑功能一样，差异在于施密特反相器存在上、下限触发电压。表 11-2 列出了其主要静态参数。不同型号的集成施密特触发器的 U_{T+} 和 U_{T-} 具体数值可从集成电路手册中查到。

2. TTL 集成施密特触发器

74LS14、74LS19 为施密特反相器。74LS13、74LS18 为二四输入施密特与非门。74LS132 为四二输入施密特与非门，图 11-12 所示为 74LS132 芯片的引脚排列。

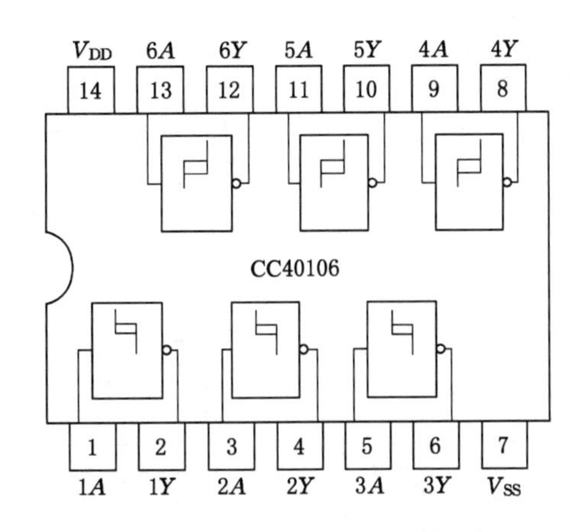

图 11-11　CC40106 芯片的引脚排列

表 11-2　　集成施密特触发器 CC40106 的主要静态参数

电源电压 V_{DD}/V	U_{T+} 最小值/V	U_{T+} 最大值/V	U_{T-} 最大值/V	U_{T-} 最小值/V	ΔU_T 最小值/V	ΔU_T 最大值/V
5	2.2	3.6	0.9	2.8	0.3	1.6
10	4.6	7.1	2.5	5.2	1.2	3.4
15	6.8	10.8	4	7.4	1.6	5

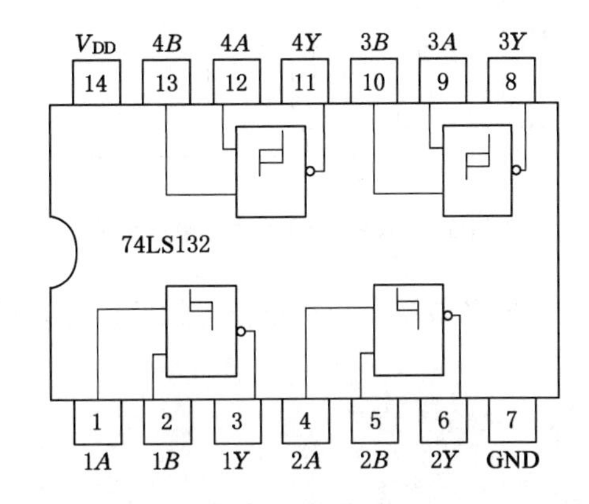

图 11-12　74LS132 芯片的引脚排列

3. 施密特触发器应用举例

(1) 波形变换

用施密特触发器可将三角波、正弦波及其他不规则信号波形变换成矩形脉冲。如图11-13 所示为用施密特触发器将正弦波变换成同周期的矩形脉冲的波形变换。

(2) 脉冲整形

当传输的信号受到干扰而发生畸变时，可利用施密特触发器的会差特性，将受到干扰的信号整形成较好的矩形脉冲信号，如图 11-14 所示。

(3) 幅度鉴别

如输入信号为一组幅度不等的脉冲，可用施密特触发器将输入幅度大于 U_{T+} 的脉冲信

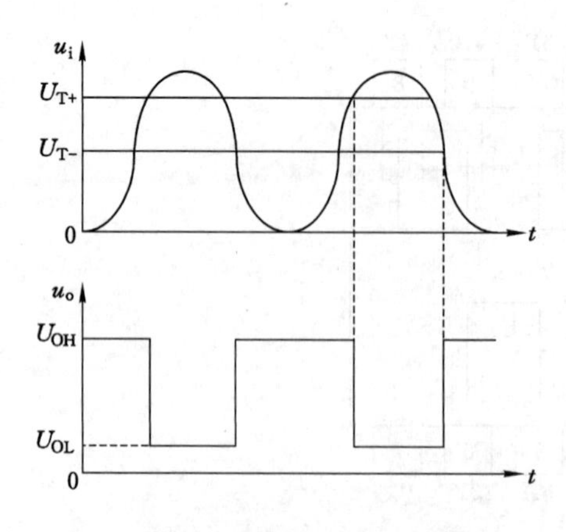

图 11-13 施密特触发器的波形变换

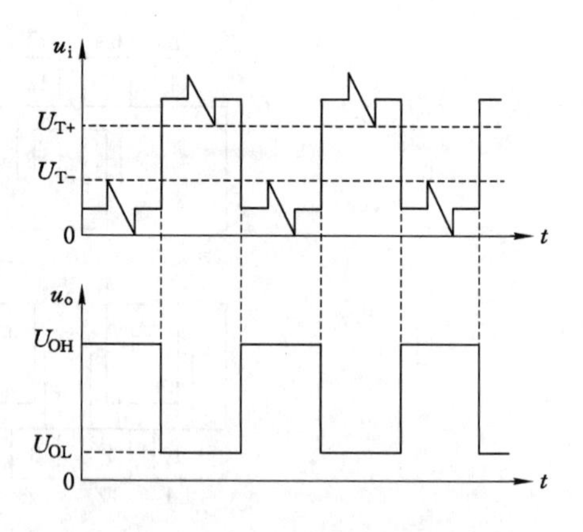

图 11-14 施密特触发器的脉冲整形

号选出来，而将幅度小于 U_{T-} 的脉冲信号去掉，如图 11-15 所示。

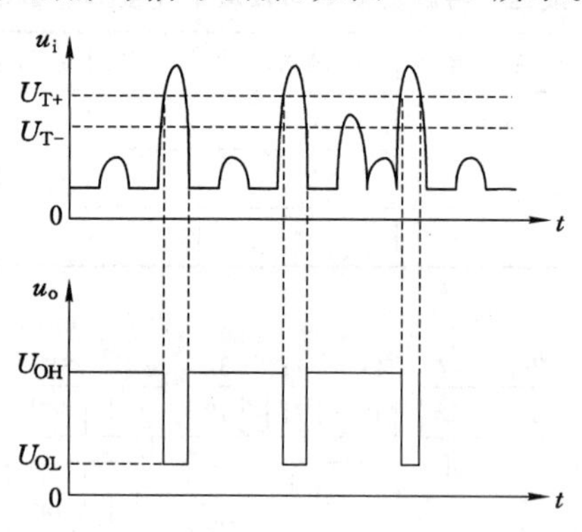

图 11-15 施密特触发器的幅度鉴别

利用施密特触发器还可构成多谐振荡器和单稳态触发器等，应用范围很广。

技能训练

仿真测试集成 74LS04 非门组成的多谐振荡器逻辑功能

一、实训目的

(1) 掌握多谐振荡器逻辑功能及测试方法。

(2) 熟悉仿真软件 Proteus 7 的使用。

二、实训器材

实训器材	计算机	仿真软件 Proteus 7	其他
数量	1台	1套	—

三、实训原理及操作

1. 元件拾取

打开 Proteus 7，在仿真工作窗口分别拾取元件：74LS04、1 kΩ 电阻、680 pF 电容。

示波器拾取方法：点击左边工具箱"[icon]"→OSCILLOSCOPE(示波器)。

2. 测试电路

将各个元件连接多谐振荡器测试仿真电路。测试电路如图 11-16 所示。

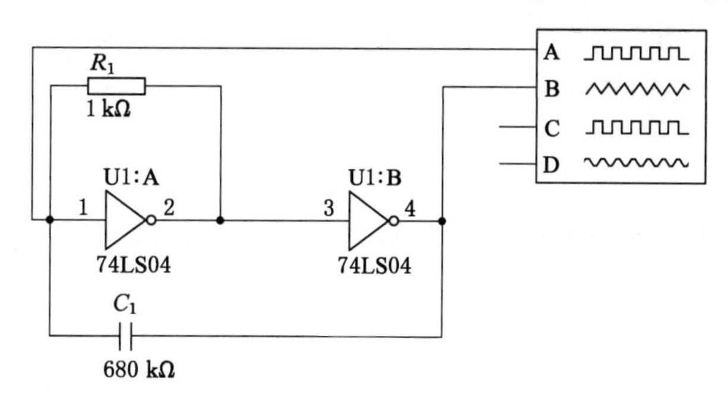

图 11-16　多谐振荡器测试仿真电路

3. 波形测试

打开仿真测试按钮，观察 u_i、u_o 波形。改变 R_1 阻值，观察振荡输出信号的幅度、周期、脉冲宽度，并记录在表 11-3 中。

表 11-3　多谐振荡器的输出波形测试

测试项目 / 测试条件	输出电压幅度	脉冲周期	脉冲宽度
	u_o/V	T/ms	t/ms
R_1=1 kΩ			
R_1=0.5 kΩ			

四、注意事项

在用集成 74LS04 芯片接成的多谐振荡器，通过适当调整电阻 R_1 的阻值可以保证电路起振，一般电阻 R_1 的阻值为 100 Ω～1 kΩ。

五、实训考核

见附表 1。

仿真测试集成单稳态触发器 74LS123 的逻辑功能

一、实训目的

(1) 掌握单稳态触发器的逻辑功能及测试方法。

(2) 熟悉仿真软件 Proteus 7 的使用。

二、实训器材

实训器材	计算机	仿真软件 Proteus 7	其他
数量	1台	1套	—

三、实训原理及操作

1. 元件拾取

打开 Proteus 7，在仿真工作窗口分别拾取元件：74LS123、电阻、电容、开关、电源、地、发光二极管。从 Proteus 7 中选取的 74LS123 上的标注“*MR*”为复位清零端，功能相当于我们前面介绍的$\overline{R_D}$端。

2. 测试电路

将各个元件连接构成单稳态触发器的测试仿真电路。测试电路如图 11-17 所示。

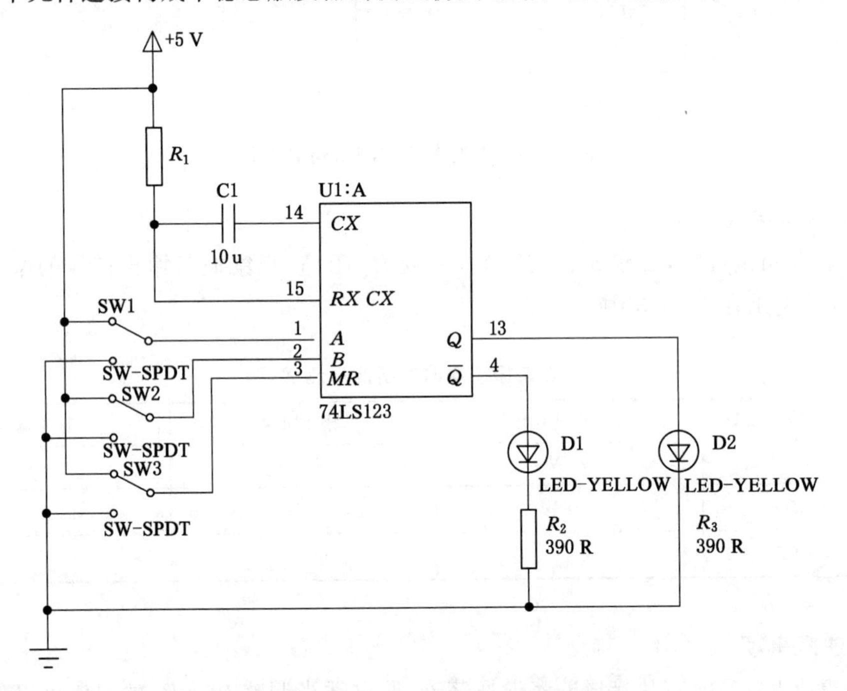

图 11-17 74LS123 逻辑功能仿真测试电路

3. 测试 *MR* 的复位清零功能

按表 11-4 的要求，分别在$\overline{R_D}=0$（$\overline{A}$、B 为任意状态）或 $\overline{A}=1$（$\overline{R_D}$、B 为任意状态）或 $B=0$（$\overline{R_D}$、$\overline{A}$为任意状态）期间，观察 Q、$\overline{Q}$ 的状态。

表 11-4　　单稳态触发器复位清零端、触发输入端测试

$\overline{R_D}$	$\overline{A}$	B	Q	功能说明
0	×	×		
×	1	×		
×	×	0		

4. 测试逻辑功能

(1) 触发脉冲上升沿(0→1)或下降沿(1→0)由开关提供。

(2) 按表11-5要求分别改变$\overline{R_D}$、$\overline{A}$、B状态，观察Q、$\overline{Q}$的状态变化，并记录到表11-5中。

表11-5　　单稳态触发器的逻辑功能测试

$\overline{R_D}$	$\overline{A}$	B	Q	功能说明
1	0	0→1		
		1→0		
1	0→1	1		
	1→0			
0→1	0	1		
1→0				

四、注意事项

改变外接定时电阻R_T、定时电容C_T的大小，注意观察触发器暂稳态维持时间和R_T、C_T的关系。

五、实训考核

见附表1。

仿真测试集成施密特触发器CC4016的阈值电压

一、实训目的

(1) 掌握施密特触发器的逻辑功能及测试方法。

(2) 熟悉仿真软件Proteus 7的使用。

二、实训器材

实训器材	计算机	仿真软件Proteus 7	其他
数量	1台	1套	—

三、实训原理及操作

1. 元件拾取

打开Proteus 7，在仿真工作窗口分别拾取元件：CC4016、10 kΩ滑动电阻器、逻辑电平探测器“LOGICPROBE[BIG]”、数字万用表、电源、地。

逻辑电平探测器“LOGICPROBE[BIG]”：右键单击“P”→Keywords输入“LOGICP”，选择元件 ? 即可。在仿真过程中：1→高电平，0→低电平。

数字电压表：工具栏单击“ ”→选择“DC VOLTMETER”。

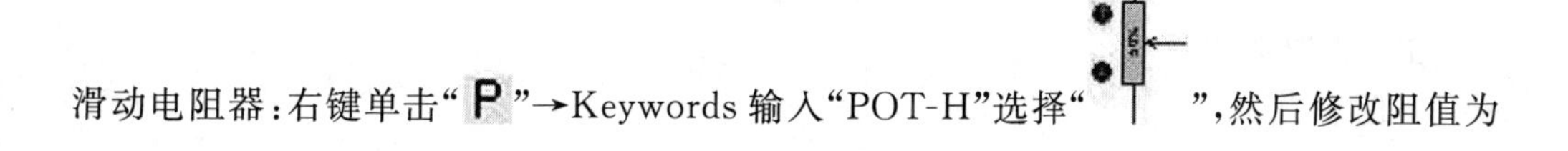

滑动电阻器：右键单击“P”→Keywords输入“POT-H”选择“ ”，然后修改阻值为

10 kΩ。

直流电源电压修改：右键单击再左键，或左键双击“↑”→“STRING”，修改所需电压值。

2. 测试电路

将各个元件连接构成施密特触发器的测试仿真电路。测试电路如图 11-18 所示。

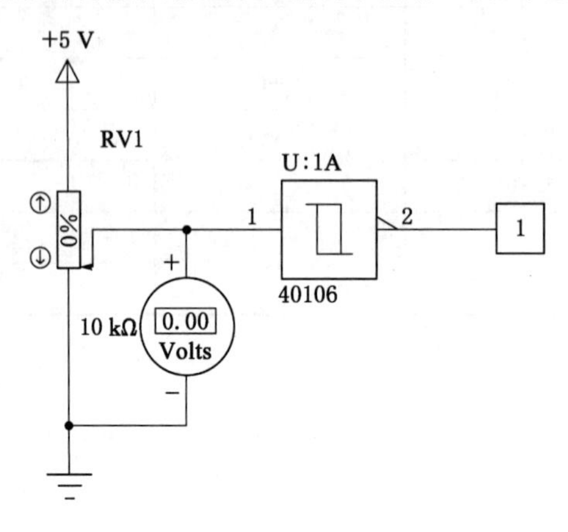

图 11-18 施密特触发器阈值电压测试电路

3. 阈值电压测试

(1) 将直流电源 V_{CC} 调至“+5 V”。

(2) 点击仿真按钮“▶”，调节 RV1，使 u_i 从 0 V 开始逐渐增加，通过逻辑电平探测器 ? 观察输出电压 u_o 高低电平的变化，当探测器从 1 → 0 时，用数字电压表测量此时 u_i 值，即为正向阈值电压 U_{T+}。将测量结果填入表 11-6 中。

(3) 再调节 RV1 使 u_i 从 V_{CC} 逐渐减小，观察输出电压 u_o 高低电平的变化，当探测器从 0 → 1 时，用数字电压表测量此时 u_i 值，即为负向阈值电压 U_{T-}。将测量结果填入表 11-6 中。

(4) 将直流电源 V_{CC} 分别调至 +10 V、+15 V，重复(2)、(3)步骤，把测得 U_{T+}、U_{T-} 填入表 11-6 中。

表 11-6　　CC40106 施密特反相器阈值电压测试

序号	电源电压 V_{CC}/V	正向阈值电压 U_{T+}/V	负向阈值电压 U_{T-}/V
1	5		
2	10		
3	15		

四、注意事项

正确判断正向阈值电压 U_{T+} 和负向阈值电压 U_{T-}。

五、实训考核

见附表 1。

任务二　认识555定时器

555定时器是一种多用途的单片集成电路。利用它可以接成施密特触发器、单稳态触发器和多谐振荡器。由于使用灵活，因此555定时器的应用极为广泛。

一、555定时器

555定时器采用8脚双列直插式封装，其产品型号繁多，但它们的电路结构、功能及引脚排列都基本相同。

（一）电路组成和引脚功能

1. 电路组成

555定时器的内部电路如图11-19所示，一般由分压器、比较器、触发器和放电三极管及缓冲器等组成。

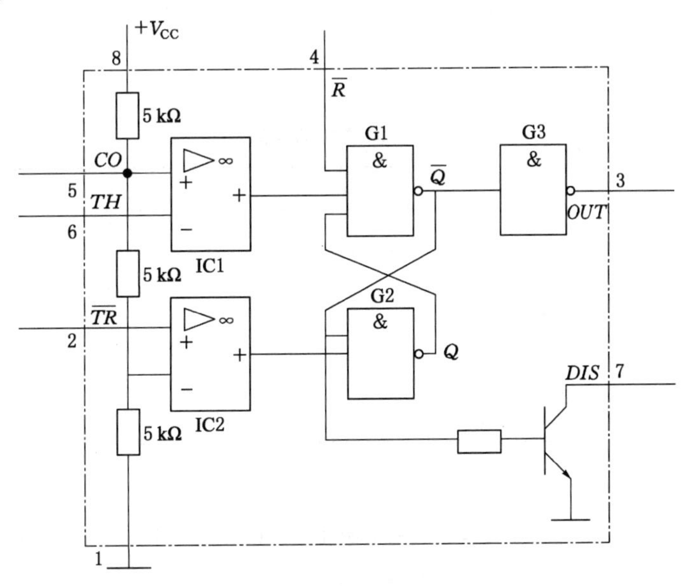

图11-19　555定时器内部电路

(1) 由三个阻值为5 kΩ的电阻串联组成分压器(555由此得名)。

(2) 两个电压比较器IC1和IC2。

(3) 基本RS触发器。

(4) 放电三极管VT及缓冲器G3。

2. 引脚功能

图11-20所示是555定时器的引脚排列。555定时器的外部引脚可分为三类，具体见表11-7。

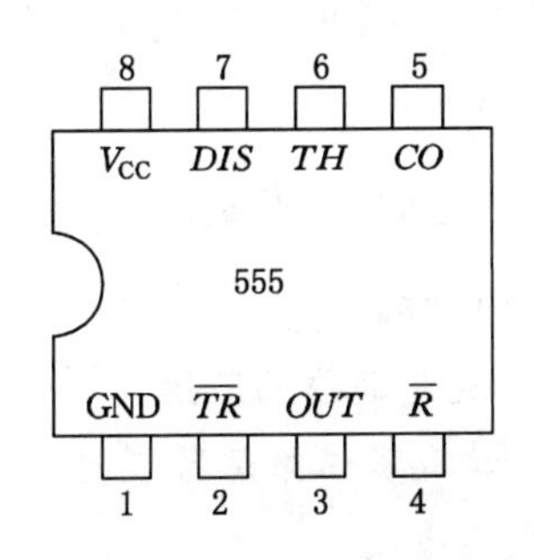

图11-20　555定时器的引脚排列

（二）逻辑功能

表11-8是555定时器的功能表。

表 11-7　　　　555 定时器外部引脚及功能

类别	引脚	符号	名称	功能
电源	8	$V_{CC}(V_{DD})$	电源正端	电源电压在 4.5～12 V 范围内均能工作
	1	$GND(V_{SS})$	电源负端	
输入端	2	$\overline{TR}$	触发端	该引脚电位低于$\frac{1}{3}V_{CC}$时，第 3 脚输出为高电平
	6	TH	阈值输入端	该引脚电位大于$\frac{2}{3}V_{CC}$时，第 3 脚输出为低电平
	4	$\overline{R}$	复位端	该引脚加上低电平时，第 3 脚输出为低电平(清零)
	5	CO	控制电压端	外加电压时可改变“阈值”和“触发”端的比较电平；一般对地接一个 0.01 μF 的电容
输出端	3	OUT	输出端	最大输出电流达 200 mA，可与 TTL、MOS 逻辑电路或模拟电路配合使用
	7	DIS	放电端	输出逻辑状态与第 3 脚相同。输出高电平时 VT 截止；输出低电平时 VT 导通

表 11-8　　　　555 定时器的功能表

$\overline{R}$	u_{TH}	$u_{\overline{TR}}$	u_o	VT 的状态
0	×	×	0	导通
1	$>\frac{2}{3}V_{CC}$	$>\frac{1}{3}V_{CC}$	0	导通
1	$<\frac{2}{3}V_{CC}$	$>\frac{1}{3}V_{CC}$	保持原状态不变	不变
1	$<\frac{2}{3}V_{CC}$	$<\frac{1}{3}V_{CC}$	1	截止

为便于记忆上述功能，我们把 TH 输入端电压在大于$\frac{2}{3}V_{CC}$时作为 1 状态，在小于$\frac{2}{3}V_{CC}$时作为 0 状态；而把$\overline{TR}$输入端电压在大于$\frac{1}{3}V_{CC}$时作为 1 状态，在小于$\frac{1}{3}V_{CC}$时作为 0 状态。这样在 $\overline{R}=1$ 时，555 定时器的输入 TH、$\overline{TR}$与输出 OUT 的状态关系可归纳为：1、1 出 0；0、0 出 1；0、1 不变。

值得注意的是，当 $u_{TH}>\frac{2}{3}V_{CC}$、$u_{\overline{TR}}<\frac{1}{3}V_{CC}$时，电路的工作状态不确定。在实际应用中不允许使用，应避免。

二、555 定时器的应用

（一）构成多谐振荡器

1. 电路组成

图 11-21 所示是由 555 定时器组成的一个典型多谐振荡器，外接的 R_1、R_2 和 C 为多谐振荡器的定时元件，第 2 脚$\overline{TR}$端和第 6 脚 TH 端连接在一起并对地外接电容 C，第 7 脚放电三极管 VT 的集电极接 R_1、R_2 的连接点。

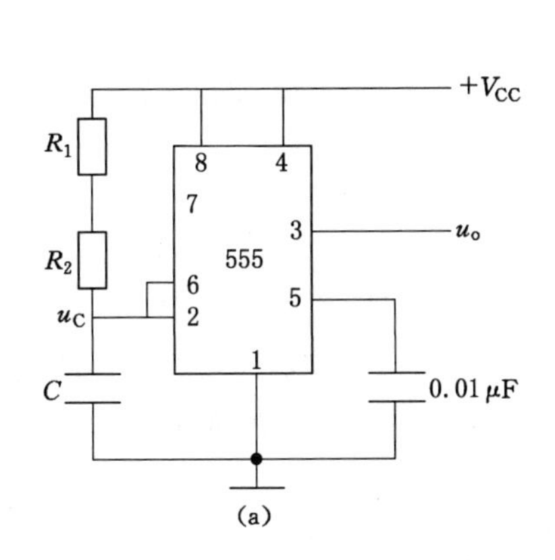

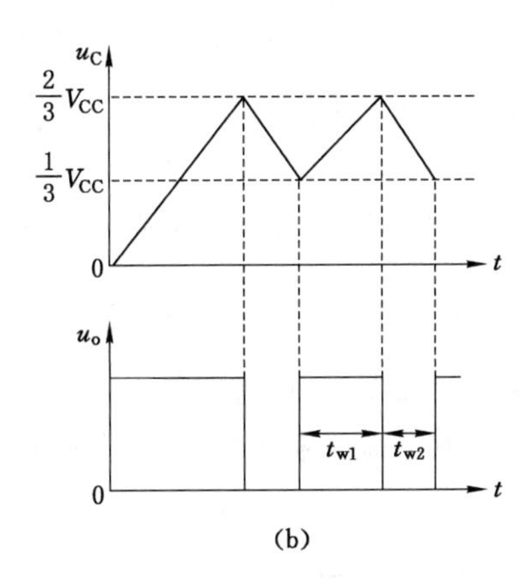

图 11-21 555定时器组成的多谐振荡器

(a) 电路组成;(b) 工作波形

2. 工作过程

设电路中电容两端的初始电压为0,$u_C=u_{TH}=u_{\overline{TR}}<\frac{1}{3}V_{CC}$,输出端为高电平,$u_o=V_{CC}$,放电端断开。电源$V_{CC}$对电容$C$充电,充电回路$V_{CC}\rightarrow R_1\rightarrow R_2\rightarrow C\rightarrow$地,使$u_C$逐渐升高。当$u_C<\frac{2}{3}V_{CC}$时,电路仍保持原态,输出为高电平。

随着电容放电,u_C继续升高,当$u_C>\frac{2}{3}V_{CC}$时,电路状态翻转,输出为低电平,$u_o=0$。此时放电端导通,电容通过放电三极管VT放电,放电回路为$C\rightarrow R_2\rightarrow$VT$\rightarrow$地,使$u_C$逐渐下降。当$u_C<\frac{1}{3}V_{CC}$时,电路状态翻转,输出为高电平,放电端断开,电容$C$又开始充电,重复上述过程形成振荡,输出电压为连续的矩形波,工作波形如图11-21(b)所示。

3. 输出脉冲周期

电容充电形成的第一暂稳态时间:

$$t_{w1}=0.7(R_1+R_2)C$$

电容放电形成的第二暂稳态时间:

$$t_{w2}=0.7R_2C$$

所以,电路输出脉冲的周期:

$$T=t_{w1}+t_{w2}=0.7(R_1+2R_2)C$$

(二) 构成单稳态触发器

1. 电路组成

图11-22(a)所示是由555定时器组成的一个单稳态触发器,外接的R、C为定时元件,外加触发脉冲u_i置于第2脚$\overline{TR}$端,第6脚TH端与第7脚放电三极管VT的集电极相连,并连接在R、C之间。

2. 工作过程

接通电源,V_{CC}通过R、C对电容C充电,使$u_C>\frac{2}{3}V_{CC}$,而u_i的负触发脉冲未到,$u_i>\frac{1}{3}V_{CC}$,定时器输出为低电平,$u_o=0$,电路处于稳定状态。这时,放电三极管VT导通,电容C

被旁路，$u_C=0$，电路仍处于原稳定状态，输出为低电平。

当 u_i 的负脉冲到来时，$u_i<\frac{1}{3}V_{CC}$，电路状态翻转，进入暂稳态，输出为高电平，$u_o=V_{CC}$。这时，放电三极管 VT 截止，电源通过电阻 R 向电容 C 充电，u_C 逐渐升高。当 $u_C>\frac{2}{3}V_{CC}$ 时（负触发脉冲已结束，$u_i>\frac{1}{3}V_{CC}$），电路状态翻转，输出为低电平，$u_o=0$，电路由暂稳态变为稳态，此时，放电三极管 VT 导通，电容 C 被旁路，$u_C=0$，电路一直处于稳定状态，输出为低电平。

到下一个触发脉冲来到时，电路重复上述过程。电路的工作波形如图 11-22(b)所示。

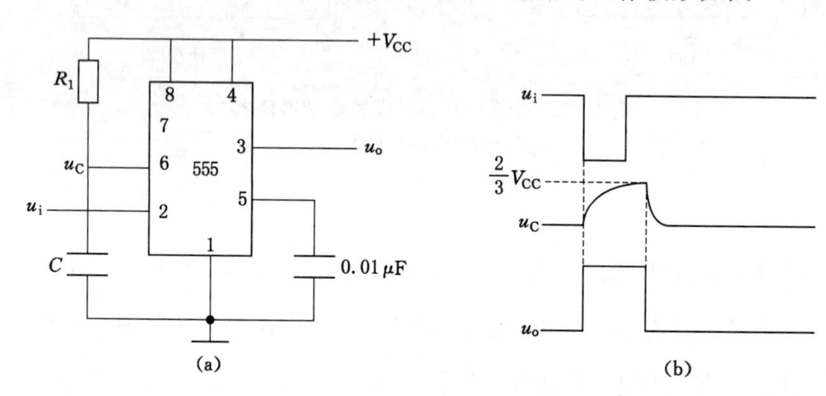

图 11-22　555 定时器组成的单稳态触发器

(a) 电路组成；(b) 工作波形

3. 输出脉冲宽度 t_w

电容充电形成的暂稳态时间 $t_w=1.1RC$。

（三）构成施密特触发器

1. 电路组成

图 11-23(a)所示是由 555 定时器组成的一个施密特触发器，第 2 脚 $\overline{TR}$ 端与第 6 脚 TH 端短接在一起作为输入端。通过此电路可将输入的锯齿波电压或正弦波电压变换成矩形波电压输出。

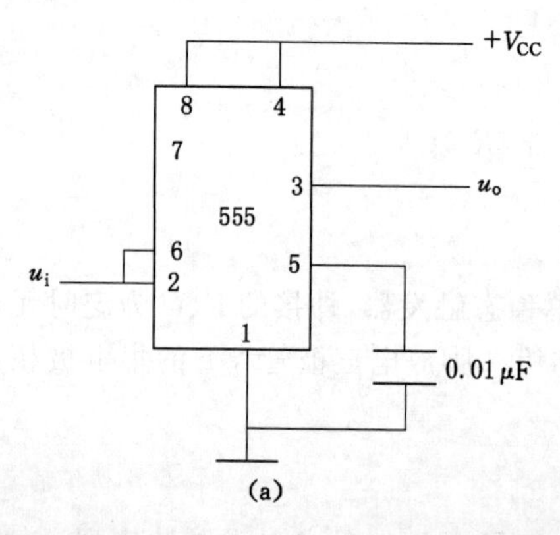

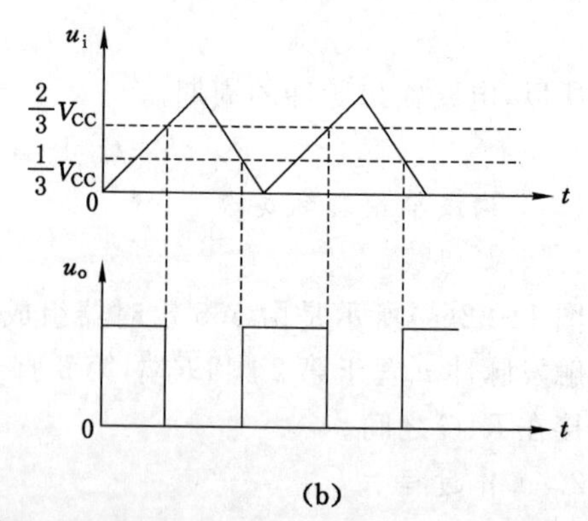

图 11-23　555 定时器组成的施密特触发器

(a) 电路组成；(b) 工作波形

若在第 5 脚 CO 端加一控制电压，可改变电路的阈值电压，也就是改变回差电压 ΔU_T。

2. 工作过程

当输入信号 $u_i<\frac{1}{3}V_{CC}$时，输出端为高电平，$u_o=V_{CC}$。随着 u_i 的增加，当 $u_i>\frac{2}{3}V_{CC}$时，电路翻转，输出端为低电平，$u_o=0$。u_i继续增加，电路保持原状态。随着 u_i的减小，当 $u_i<\frac{1}{3}V_{CC}$时，电路状态又翻转，输出高电平，$u_o=V_{CC}$。工作波形如图 11-23(b)所示。

项目制作

基于 555 定时器的门铃制作

一、项目制作原理图

项目制作原理如图 11-24 所示。

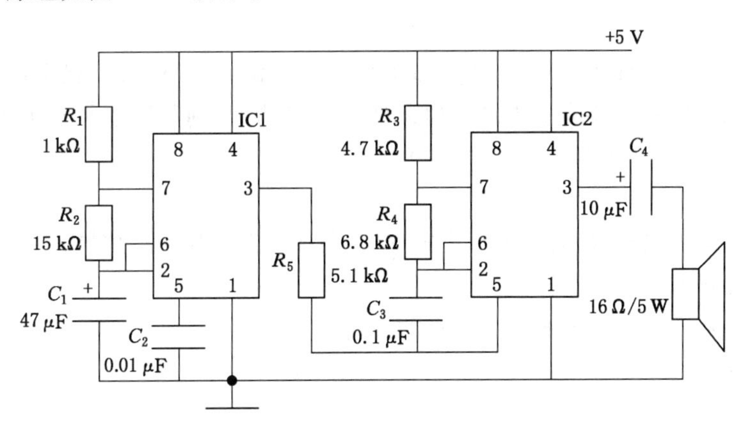

图 11-24　用 555 定时器制作门铃原理图

二、选择元器件

根据门铃原理图 11-24 选择元器件，具体见表 11-9。

表 11-9　门铃元器件清单

符号	名称	型号规格
R_1	色环电阻	1 kΩ
R_2		15 kΩ
R_3		4.7 kΩ
R_4		6.8 kΩ
R_5		5.1 kΩ
C_1	电解电容	47 μF/16 V
C_4		10 μF/25 V

续表 11-9

符号	名称	型号规格
C_2	涤纶电容	0.01 μF
C_3		0.1 μF
IC1	集成电路	NE555
IC2		
—	集成电路插座	8 脚
—	扬声器	16 Ω/0.5 W
V_{CC}	直流稳压电源	5 V

三、制作步骤

根据原理图绘制布线图→清点元器件→元器件检测→插装和焊接→通电前检查→通电调试→数据记录。

四、调试

检查元器件安装正确无误后，才可以接通电源。调试时，先连线后接电源（或断开电源开关），拆线或改线时一定要先关电源。电源线不能接错，否则将可能损坏元器件。若电路工作正常，扬声器就会产生双音交替的铃声。

五、注意事项

(1) 电阻采用卧式安装，电容采用立式安装，集成电路采用底座安装。

(2) 注意电解电容、扬声器的正负极性。

(3) 正确识别 555 定时器的 8 个引脚的排列。

六、技能评价

见附表 2 和附表 3。

思考与练习

一、判断题

1. 脉冲跃变后的值比初始值高，则为正脉冲。 (　　)
2. 多谐振荡器输出的信号为正弦波。 (　　)
3. 单稳态触发器只有一个稳态，没有暂稳态。 (　　)
4. 施密特触发器的状态转换及维持取决于外加触发信号。 (　　)
5. 对初学者来说，可把 555 集成电路等效为一个带放电开关的 RS 触发器。 (　　)
6. 555 定时器是用 CMOS 工艺制作的集成电路。 (　　)

二、选择题

1. 多谐振荡器是一种自激振荡器，能产生(　　)。

A. 矩形脉冲波　　B. 三角波　　C. 正弦波　　D. 尖脉冲

2. 单稳态触发器一般不适合应用于(　　)。

A. 定时　　B. 延时

C. 脉冲整形　　　　　　　　　　D. 自激振荡产生脉冲波

3. 单稳态触发器的输出脉冲的宽度取决于(　　)。

A. 触发信号的周期　　　　　　　B. 触发信号的幅度

C. 电路的 RC 时间常数　　　　D. 触发信号的波形

4. 施密特触发器一般不适合用于(　　)。

A. 延时　　　B. 波形变换　　　C. 波形整形　　　D. 幅度鉴别

三、填空题

1. 多谐振荡器能输出__________信号，该电路的输出不停地在__________状态和__________状态间翻转，没有__________状态，所以又称__________。

2. 单稳态触发器在触发脉冲的作用下，从__________转换到__________；依靠__________作用，自动返回到__________。

3. 单稳态触发器 74LS123 的 A 引脚功能是__________，B 引脚的功能是__________，$\overline{R_D}$引脚功能为__________。

4. 施密特触发器有__________稳态，电路从__________翻转到__________，然后再从__________翻转到__________，两次翻转所需的__________是不同的。

5. 555 定时器电路是因为内部输入端设计有三个__________而得名。

四、综合题

1. 图 11-25 所示是 74LS00 的引脚排列，定时元件 $R=1\ \text{k}\Omega$，$C=2\ 200\ \text{pF}$，使用 +5 V 工作电源，试画出由 74LS00 接成的多谐振荡器电路，并计算其振荡频率。

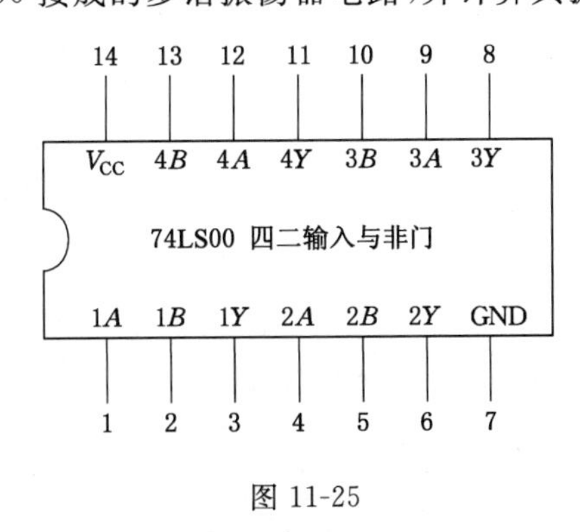

图 11-25

2. 图 11-26 所示是由 74LS123 芯片组成的单稳态触发器。试问：

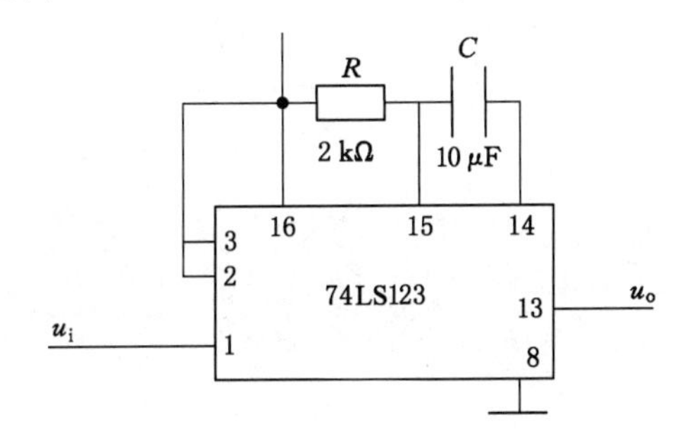

图 11-26

(1) 电路采用的是上升沿触发还是下降沿触发？

(2) 电路中的 R、C 的作用是什么？

(3) 出发后输出脉冲的宽度为多少？

3. 图 11-27 所示为某一报警电路。

(1) 试分析其工作原理。

(2) 当按下按钮 S 后，计算报警器的振荡频率。

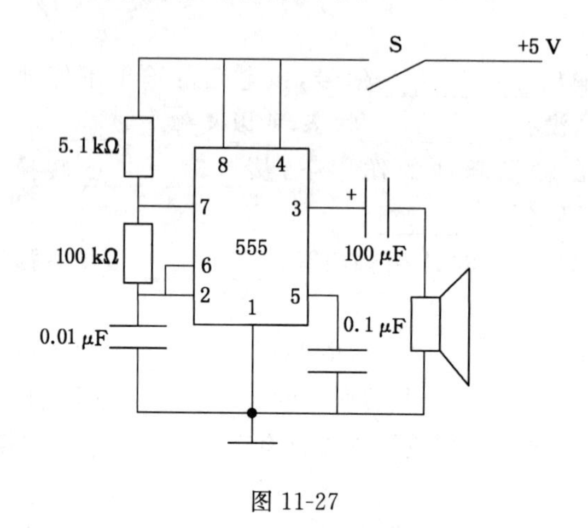

图 11-27

项目十二　直流数字电压表的设计

【知识要点】 理解模拟量与数字量的对应关系；理解数模转换和模数转换的原理。

【技能目标】 会使用数模转换集成电路；会使用模数转换集成电路。

当前，数字技术已经渗透到各行各业，如数字仪表、自动控制、数字通信、图像处理等，生活和生产的方方面面已经离不开数字技术了。但是，自然界提供的信息却不是以数字信号的方式出现的，而几乎都是以模拟信号的方式出现，如语音、温度、湿度、位移、压力、流量等。所以，要想用数字技术对这些信号进行加工和处理，就必须先把模拟信号转换成数字信号，这就是模数转换(A/D)；另一方面，数字设备处理后的数字信号必须再转换成模拟信号，才能去控制执行机构，这就是数模转换(D/A)。在许多情况下为了显示直观，也必须将数字量转换成模拟量。

模数转换器和数模转换器是计算机用于工业控制的关键部件，也是数字设备与控制对象之间的重要接口。实际数字控制系统框图如图 12-1 所示。

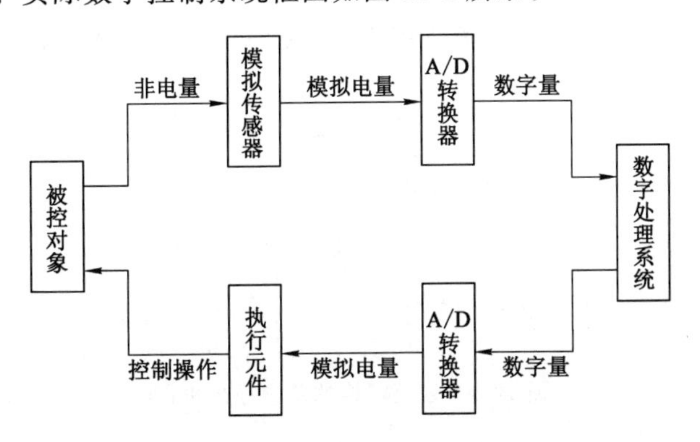

图 12-1　实际数字控制系统框图

下面我们就来设计一个直流数字电压表，要求：输入为直流模拟电压值，范围在 0～+5 V 之间；经 A/D 转换后变为数字量，并显示出来。

直流数字电压表是一种十分常见的数字产品，它的实现方法不唯一，可选用的芯片也有多种，电路连接也并不复杂。直流数字电压表的核心器件是模数转换芯片，本设计选用 ADC0808。输入 ADC0808 的模拟量用电位器 RV1 来实现，调节电位器可使输入电压在 0～+5 V 之间变化。模拟电压量经 A/D 转换，变成数字电压量，以十进制数的形式实时显

示在数码管上。该电路的总体框图如图 12-2 所示。

图 12-2　直流数字电压表的总体框图

由于 D/A 转换的工作原理比 A/D 转换的工作原理简单，且有些 A/D 转换器中常常要用到 D/A 转换器作为反馈电路，因此本书先介绍 D/A 转换器。

任务一　数模(D/A)转换

一、数模转换的概念

数字量转换成模拟量的过程就是数模(D/A)转换。能完成数模转换的电路叫作数模转换器，简称 DAC。

二、数模转换的原理

基本指导思想：将数字量转换成与之成正比的模拟量。具体而言，将数字量按权展开相加，即得到与数字量成正比的模拟量。

例如，某数字量为 $D_3D_2D_1D_0$，它对应的模拟量应该这样计算的：

$$(D_3D_2D_1D_0)_2=(D_3\times 2^3+D_2\times 2^2+D_1\times 2^1+D_0\times 2^0)_{10} \tag{12-1}$$

图 12-3 所示为数模转换的基本原理框图，输入是 n 位二进制数 $D_{n-1},\cdots,D_0$，输出是与之大小成比例的模拟电压 u_o。

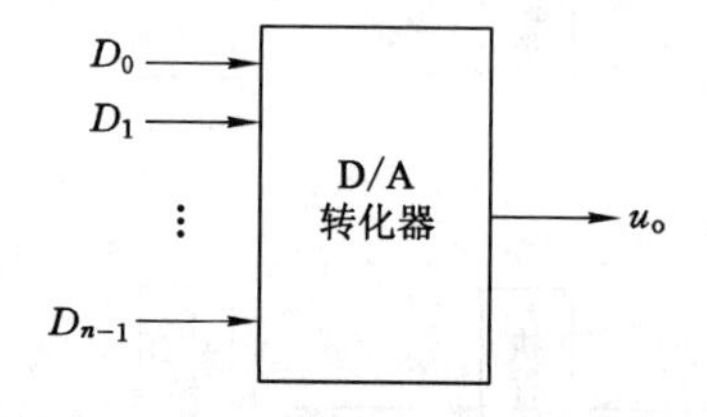

图 12-3　数模转换的基本原理框图

三、数模转换的方法

数模转换的方法有很多，常见的有权电阻网络 DAC、T 形电阻网络 DAC、倒 T 形电阻网络 DAC、权电流型 DAC、权电容型 DAC、开关树形 DAC 等。下面介绍倒 T 形电阻网络 DAC。

倒 T 形电阻网络 DAC 由全电阻网络、模拟开关、求和放大器和基准电压 U_{REF} 四部分组成，如图 12-4 所示。电子开关 S_3、S_2、S_1、S_0 分别受 D_3、D_2、D_1、D_0 控制，当 $D_i=0$ 时，S_i 接地，该支路电流为零；当 $D_i=1$ 时，S_i 接到 U_{REF} 上，有支路电流流入集成运放的反相输入端。

由图 12-4 可知，求和放大器的反相输入端的电位始终接近于零，无论开关 S_3、S_2、S_1、S_0 倒向哪一边，都相当于接在零电位上，流过每一条支路的电流始终不变，因此可将图 12-4 的电阻网络等效为图 12-5 所示。

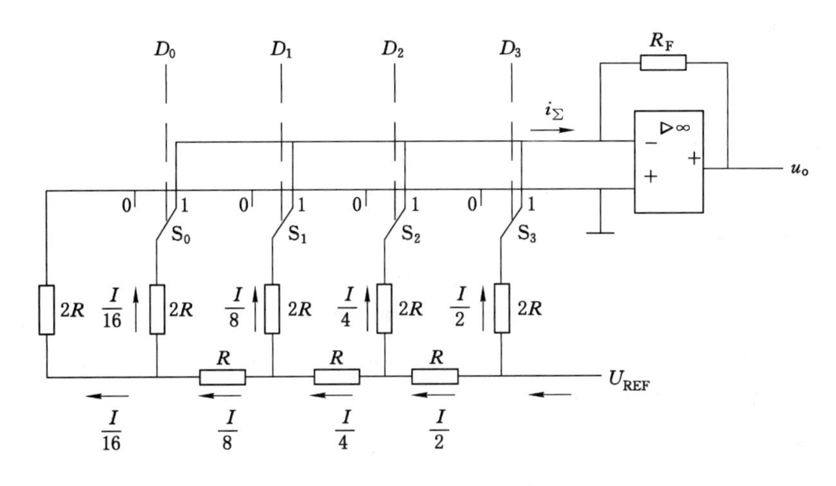

图 12-4　倒 T 形电阻网络 DAC

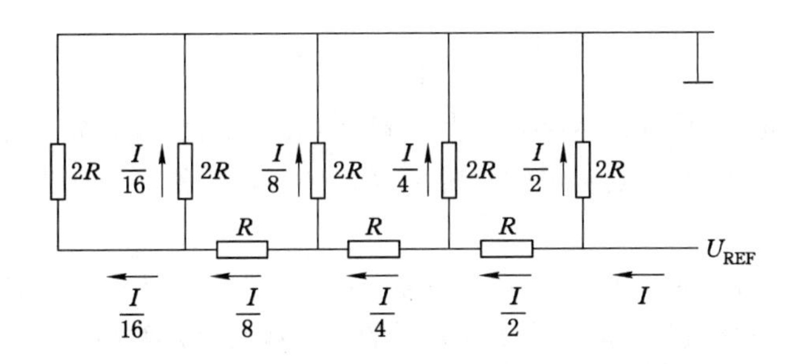

图 12-5　倒 T 形电阻网络的电阻换算过程

根据电路理论可知，该电阻网络的任意一个节点对地的等效电阻都为 R，U_{REF} 对地的负载也为 R，故有：

$$I=\frac{U_{REF}}{R} \tag{12-2}$$

总电流为：

$$\begin{aligned}I_{\Sigma}&=\frac{I}{16}D_0+\frac{I}{8}D_1+\frac{I}{4}D_2+\frac{I}{2}D_3\\&=\frac{U_{REF}}{R}\left(\frac{D_0}{2^4}+\frac{D_1}{2^3}+\frac{D_2}{2^2}+\frac{D_3}{2^1}\right)\\&=\frac{U_{REF}}{2^4\times R}(D_0\times2^0+D_1\times2^1+D_2\times2^2+D_3\times2^3)\\&=\frac{U_{REF}}{2^4\times R}\sum_{i=0}^{3}(D_i\times2^i)\end{aligned} \tag{12-3}$$

输出的模拟电压为：

$$U_o=-R_FI_{\Sigma}=-R_F\times\frac{U_{REF}}{2^4\times R}\sum_{i=0}^{3}(D_i\times2^i)=-\frac{R_F}{R}\times\frac{U_{REF}}{2^4}\sum_{i=0}^{3}(D_i\times2^i) \tag{12-4}$$

将输入的数字量扩展到 n 位可得：

$$U_o=-\frac{R_F}{R}\times\frac{U_{REF}}{2^n}\sum_{i=0}^{n-1}(D_i\times2^i) \tag{12-5}$$

当 $R_F = R$ 时，

$$U_o = -\frac{U_{REF}}{2^n}\sum_{i=0}^{n-1}(D_i \times 2^i) \tag{12-6}$$

倒T形电阻网络DAC的优点是结构简单，转换时间短，转换速度快；缺点是对基准电压的要求较高，要求基准电压稳定性好，对电阻精度的要求高，以保证比值的精度高，每个模拟开关的开关电压降要相等。

倒T形电阻网络DAC的解码网络仅有 R 和 $2R$ 两种规格的电阻，对于集成工艺是相当有利的。另外，各支路的电流直接加到运算放大器的输入端，它们之间不存在传输上的时间差，故该电路具有较高的工作速度。因此，这种形式的DAC目前被广泛采用。

四、数模转换的主要技术指标

1. 分辨率

分辨率是指电路所能分辨的最小输出电压（输入的数字量仅最低位为1时的输出电压）与满刻度输出电压（输入的数字量各位均为1时的输出电压）的比值，即：

$$分辨率 = \frac{U_{LSB}}{U_m} = \frac{1}{2^n - 1} \tag{12-7}$$

可见，当 U_m 一定时，输入的数字量位数 n 越多，分辨率就越小，分辨能力就越强。

在实际使用中，通常把 2^n 或 n 叫作分辨率，如8位DAC的分辨率为 2^8 或8位。

2. 转换误差

转换误差是实际输出值与理论计算值之差，这种差值不仅与D/A转换器中元件参数的精度有关，而且还与环境温度、求和运算放大器的温度漂移、转换器的位数有关。DAC在实际使用中均存在误差。

3. 转换时间

从数字信号送入D/A转换器算起，到输出电压达到稳定值所需的时间称为D/A转换器的转换时间。转换时间越小，转换速度就越高。转换时间一般为几纳秒到几微秒。

五、数模转换集成电路DAC0832

DAC0832是采用CMOS工艺制成的单片电流输出型8位数模转换器。器件的核心部分采用了倒T形电阻网络，图12-6所示为DAC0832的内部结构图和引脚图。DAC0832是一个8位的D/A转换器，它有8个输入端 $D_7, D_6, \cdots, D_0$，一个模拟输出端。输入有256种不同的组合，输出为256个电压之一。

DAC0832的引脚功能说明如下：

$D_0 \sim D_7$：数字信号输入端。

ILE：输入寄存器允许，高电平有效。

$\overline{CS}$：片选信号，低电平有效。

$\overline{WR}_1$：写信号1，低电平有效。由 ILE、$\overline{CS}$、$\overline{WR}_1$ 的逻辑组合产生 $\overline{LE}_1$，当 $\overline{LE}_1$ 为高电平时，数据锁存器的状态随输入数据而变换，$\overline{LE}_1$ 的负跳变时将输入数据锁存。

$\overline{WR}_2$：写信号2，低电平有效。由 $\overline{WR}_1$、$\overline{XFER}$ 的逻辑组合产生 $\overline{LE}_2$，当 $\overline{LE}_2$ 为高电平时，DAC寄存器的输出随寄存器的输入而变化，$\overline{LE}_2$ 为负跳变时数据锁存器的内容进入到DAC寄存器并开始D/A转换。

$\overline{XFER}$：传送控制信号，低电平有效。

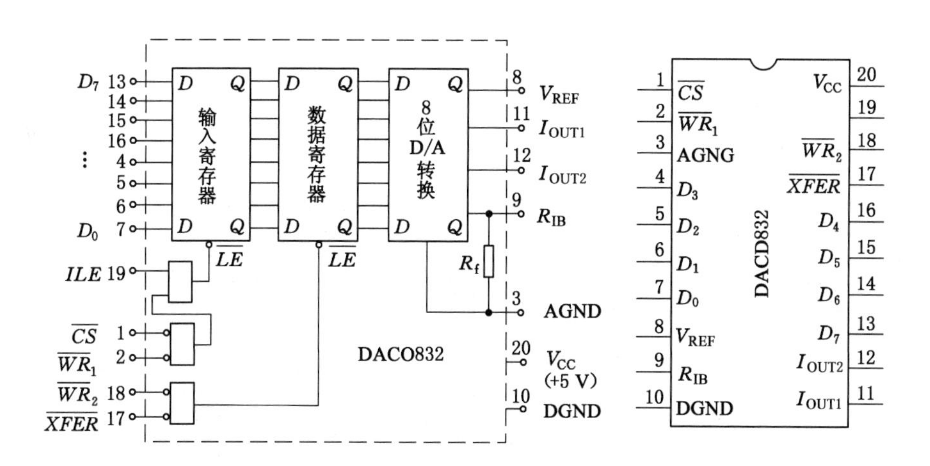

图 12-6　DAC0832 的内部结构图和引脚图

I_{OUT1}:电流输出端 1,其值随 DAC 寄存器的内容线性变化。

I_{OUT2}:电流输出端 2,其值与 I_{OUT1} 值之和为一常数。

R_{fB}:反馈电阻,是集成在片内的外接运放的反馈电阻,改变 R_{fB} 端外接电阻值可调整转换满量程精度。

V_{REF}:基准电压(−10～+10 V)。

V_{CC}:电源电压(+5～+15 V)。

AGND:模拟地,可与 DGND 接在一起使用。

DGND:数字地,可与 AGND 接在一起使用。

技能训练

仿真测试 DAC0832 的逻辑功能

一、实训目的

(1) 掌握数模转换芯片的逻辑功能及测试方法。

(2) 巩固仿真软件 Proteus 7 的使用。

二、实训器材

实训器材	计算机	仿真软件 Proteus 7	其他
数量	1 台	1 套	—

三、实训原理及操作

1. 元件拾取

打开 Proteus 7,在仿真工作窗口分别拾取元件:DAC0832、uA741、开关、电位器、电容、电阻若干、电源、地、直流数字电压表。

2. 测试电路图

测试电路图如图 12-7 所示。

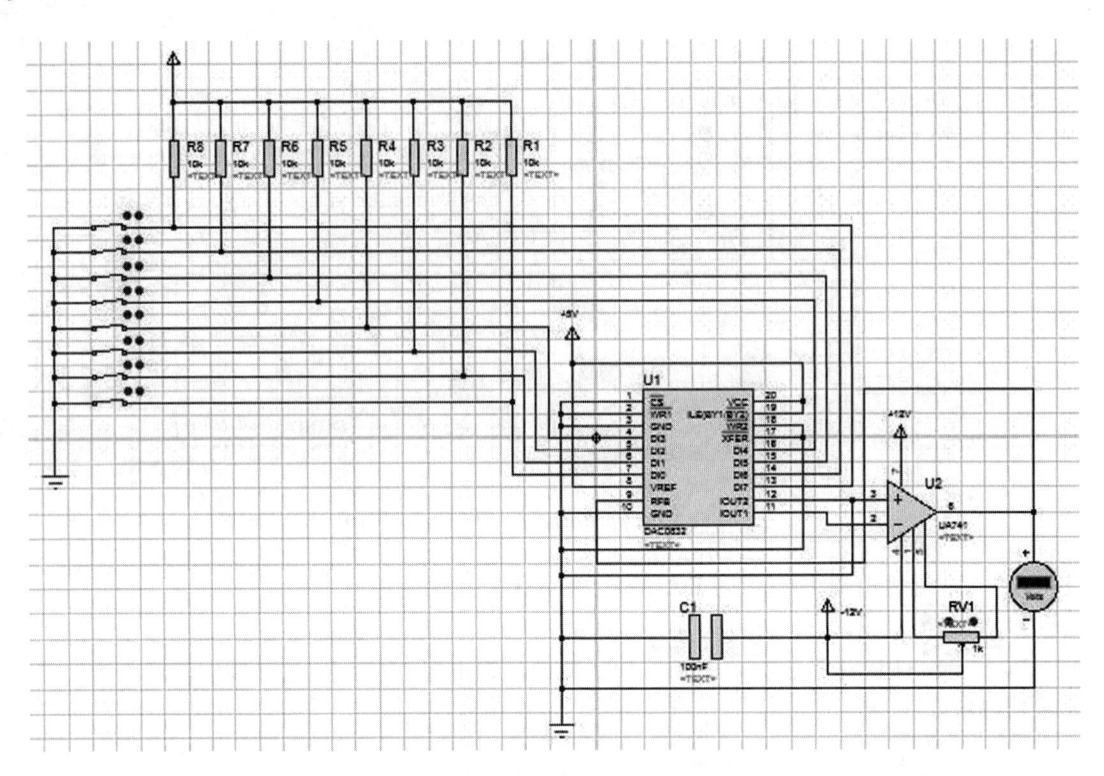

图 12-7　DAC0832 逻辑功能仿真测试电路

3. 测试逻辑功能

(1) 按图 12-7 接线，即$\overline{CS}$、$\overline{WR}_1$、$\overline{WR}_2$、$\overline{XFER}$接地，ILE、V_{CC}、V_{REF}接+5 V 电源，运放电源接±15 V，$D_0 \sim D_7$接输入信号(通过 8 个开关选择高低电平)，输出端接直流数字电压表。

(2) 调零，令 $D_0 \sim D_7$全置 0，调节运放的电位器使 uA741 输出为 0。

(3) 按表 12-1 所列的输入数字信号，用数字电压表测量运放的输出电压 u_o，将测量结果填入表中，并与理论值比较。

表 12-1　　DAC0832 的逻辑功能测试表

输入数字量								输出模拟量 u_o(V)
D_7	D_6	D_5	D_4	D_3	D_2	D_1	D_0	$V_{CC}=+5$ V
0	0	0	0	0	0	0	0	
0	0	0	0	0	0	0	1	
0	0	0	0	0	0	1	0	
0	0	0	0	0	1	0	0	
0	0	0	0	1	0	0	0	
0	0	0	1	0	0	0	0	
0	0	1	0	0	0	0	0	
0	1	0	0	0	0	0	0	
1	0	0	0	0	0	0	0	
1	1	1	1	1	1	1	1	

四、实训预习要求

(1) 复习 D/A 转换的工作原理。

(2) 熟悉 DAC0832 的引脚功能和使用方法。

五、实训考核

见附表 1。

任务二　模数(A/D)转换

一、模数转换的概念

模拟量转换成数字量的过程叫作模数转换,能完成模数转换的电路叫作模数转换器,简称为 ADC。

二、模数转换的原理

在模数转换器中,输入的模拟信号在时间上是连续的,输出的数字信号在时间上是离散的,所以进行模数转换时只能在一系列特定的时间点上对模拟信号进行采样,然后再把采样值转换成相应的数字量。通常将模拟信号转换成数字信号需要经过采样、保持、量化、编码四个步骤,前两步在采样和保持电路中完成,后两步在模数转换电路中完成。

1. 采样和保持

所谓采样,就是把时间上连续的信号变成时间上离散的信号,如图 12-8 所示。采样的过程要遵循采样定理。

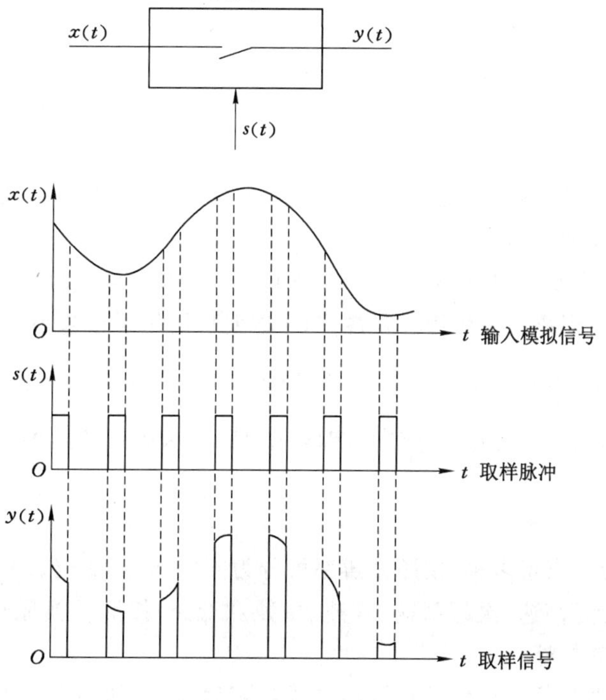

图 12-8　采样过程波形图

采样定理：设采样脉冲 $s(t)$ 的频率为 f_s，输入模拟信号 $x(t)$ 的最高频率分量为 f_{max}，则采样频率必须满足：

$$f_s \geqslant 2f_{max}$$

输出信号 $y(t)$ 才能正确地反映输入信号 $x(t)$ 的变化，从而能不失真地恢复出原模拟信号。

由于采样时间极短，所以采样的输出是一串窄脉冲；而采样信号数字化的过程需要一定的时间，所以每次采样后都需要把采样电压暂时存储起来，以便将它们数字化。每次的采样值储存到下一个采样脉冲到来之前的过程叫作保持，如图 12-9 所示。

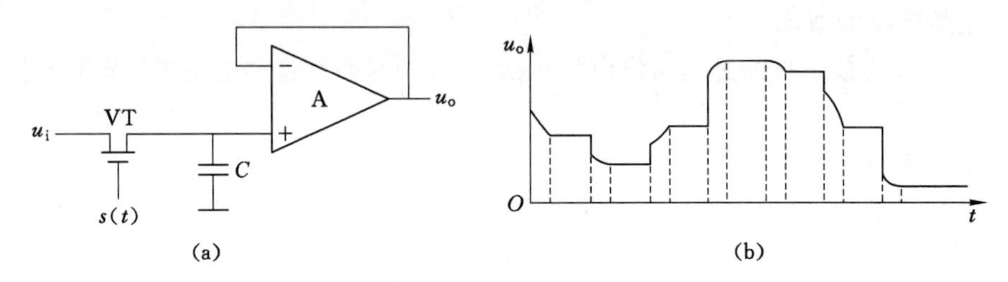

图 12-9　采样和保持电路及波形图

$s(t)$ 有效期间，开关管 VT 导通，u_i 向 C 充电，$u_o(=u_C)$ 跟随 u_i 的变化而变化；$s(t)$ 无效期间，开关管 VT 截止，$u_o(=u_C)$ 保持不变，直到下次采样到来。由于集成运放 A 具有很高的输入阻抗，故在保持阶段电容 C 上存储的电荷不易泄放。

2. 量化和编码

采样和保持电路的输出信号虽然已经是阶梯状了，但其幅值仍然是连续的。要把幅值也离散化，就得预先规定一个最小的数量单位，然后再把幅值等效成数量单位的整数倍。这个最小的数量单位称为量化单位，用 Δ 表示。任何一个数字量都是用 Δ 的整数倍来表示的。

把采样后的电压值转换为量化单位的整数倍的过程叫作量化。量化的方法有：只舍不入法和有舍有入法，如图 12-10 所示。

由于一个 n 位二进制数只能表示 2^n 个量化电平，所以量化过程不可避免地会产生误差，这种误差称为量化误差。量化级分得越多（n 越大），量化误差越小。从图 12-10 可以看出，只舍不入法的最大量化误差为 $\Delta=(1/8)$ V，有舍有入法的最大量化误差为 $\frac{\Delta}{2}=(1/15)$ V。

用二进制代码表示各个量化电平的过程叫作编码。编码后的结果就是 A/D 转换的最终输出。

三、模数转换器的分类

模数转换器的分类有很多种，按照分辨率可分为 4 位、6 位、8 位、10 位、14 位、16 位等；按照转换速度可分为超高速、次超高速、高速、中速和低速；按照转换原理可分为直接 A/D 转换器和间接 A/D 转换器。

直接 A/D 转换器是把模拟信号直接转换成数字信号，比如逐次逼近型和并联比较型。间接 A/D 转换器是先把模拟量转换成中间量（时间或频率），然后再转换成数字量，比如电压/时间转换型、电压/频率转换型、电压/脉宽转换型等。

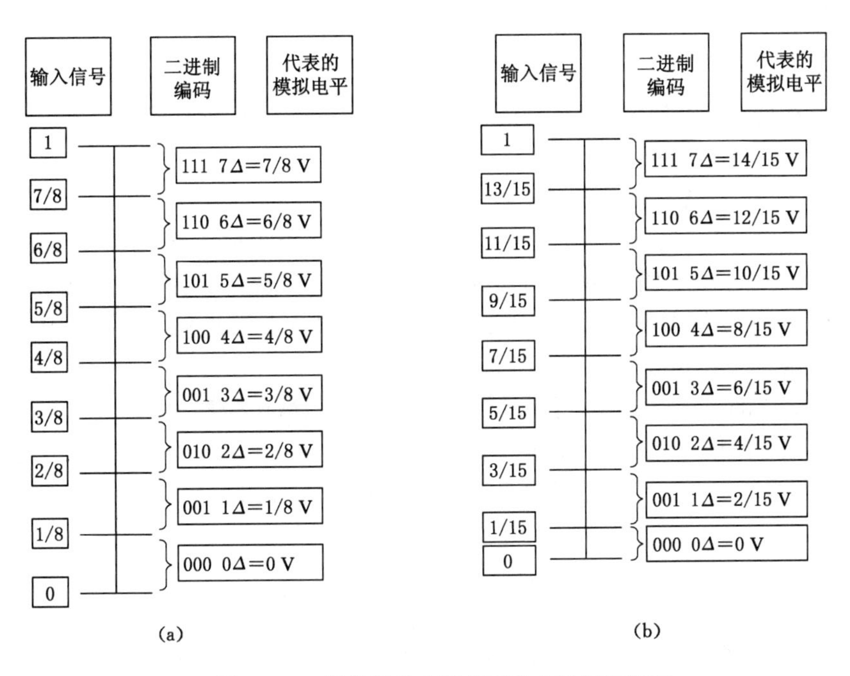

图 12-10　划分量化电平的两种方法及其编码

(a) 只舍不入法；(b) 有舍有入法

有些转换器还将多路开关、基准电压源、时钟电路、译码器和转换电路集成在一个芯片内，已经超出了单纯 A/D 转换的功能，使用起来十分方便。

四、模数转换的方法

1. 逐次逼近型 ADC

逐次逼近型 ADC 是直接式 ADC 中最常见的一种，其框图如图 12-11 所示。

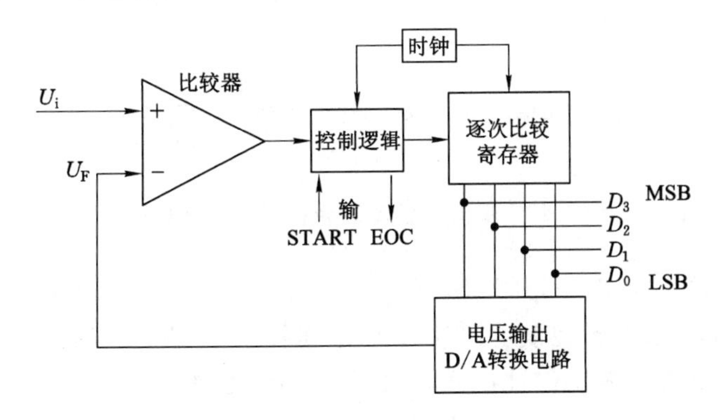

图 12-11　逐次逼近型 ADC 框图

转换开始前，先将逐次比较寄存器清零。转换开始后，控制逻辑将逐次比较寄存器的最高位置 1，使其输出为 10，…，00。这个数码被 D/A 转换器转换成相应的模拟电压 U_F，送到比较器与输入电压 U_i 进行比较。若 $U_F>U_i$，说明逐次比较寄存器输出的数码大了，应将最高位改成 0，同时设置次高位为 1；若 $U_F<U_i$，说明逐次比较寄存器输出的数码还不够大，应将最高位的 1 保留，同时设置次高位为 1。接下来用上述方法继续比较，从而确定次高位的

1是舍还是留;以此类推,直到所有数位都比较完,这时逐次比较寄存器中的数码就是模数转换后的输出。

这种转换器具有转换速度快、转换精度高、价格适中的特点,且易于用集成工艺实现,故目前集成化 A/D 芯片中大多采用这种。

2. 双积分型 A/D 转换器

双积分型 ADC 属于电压/时间转换型 ADC。它先将模拟电压转换成与之成比例的时间 T,再在时间段 T 内对固定频率的计数脉冲进行计数,计数所得的数字量就正比于模拟电压的平均值,其组成框图如图 12-12 所示。图中 S_1 由逻辑控制电路进行控制,以便将待转换的模拟电压 u_i 和基准电压 $-U_{REF}$ 分别接入积分器 A 中进行积分。过零比较器 C 用来监测积分器输出电压的过零时刻。当积分器的输出 $u_o \leqslant 0$ 时,比较器的输出 u_C 为高电平,时钟脉冲 CP 被送入计数器进行计数;当 $u_o > 0$ 时,比较器的输出 u_C 为低电平,计数器停止计数。双积分型 ADC 在一次转换过程中要进行两次积分,故而得名。

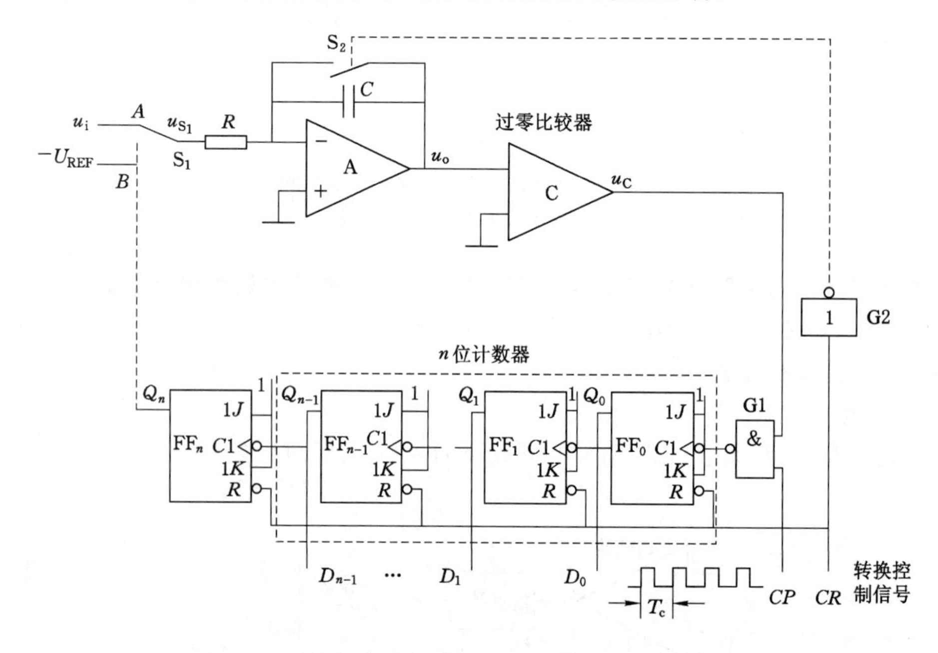

图 12-12 双积分型 A/D 转换器的原理框图

转换开始前,$CR=0$,$G2=1$,开关 S_2 闭合,让电容 C 充分放电,积分器复位,$u_o=0$,同时触发器置零,$Q_n=0$,通过逻辑控制电路使开关 S_1 连接至 u_i 侧。然后让 $CR=1$,开关 S_2 断开,ADC 对 u_i 进行积分。其工作过程分为如下两个阶段:第一次积分为采样阶段,第二次积分为比较阶段。在采样阶段,积分器 A 对 u_i 在固定时间 T_1 内进行积分,得到 U_P($U_P \propto u_i$)。采样结束时,通过逻辑控制电路使开关 S_1 改接到基准电压 $-U_{REF}$ 上。在比较阶段,积分器对 $-U_{REF}$ 进行反向积分,积分器的输出由 U_P 线性减小,经过时间 T_2 后回到 0,因此 $T_2 \propto U_P \propto u_i$。在 T_2 内计数器所计的数为 N,则有 $N \propto T_2 \propto U_P \propto u_i$。整个过程如图 12-13 所示。

双积分型 ADC 的性能比较稳定,转换精度高,具有很高的抗工频干扰能力,电路结构简单;其缺点是转换速度慢。因此,双积分型 ADC 大多用于精度较高而转换速度要求不高的仪器仪表(如数字万用表)中。

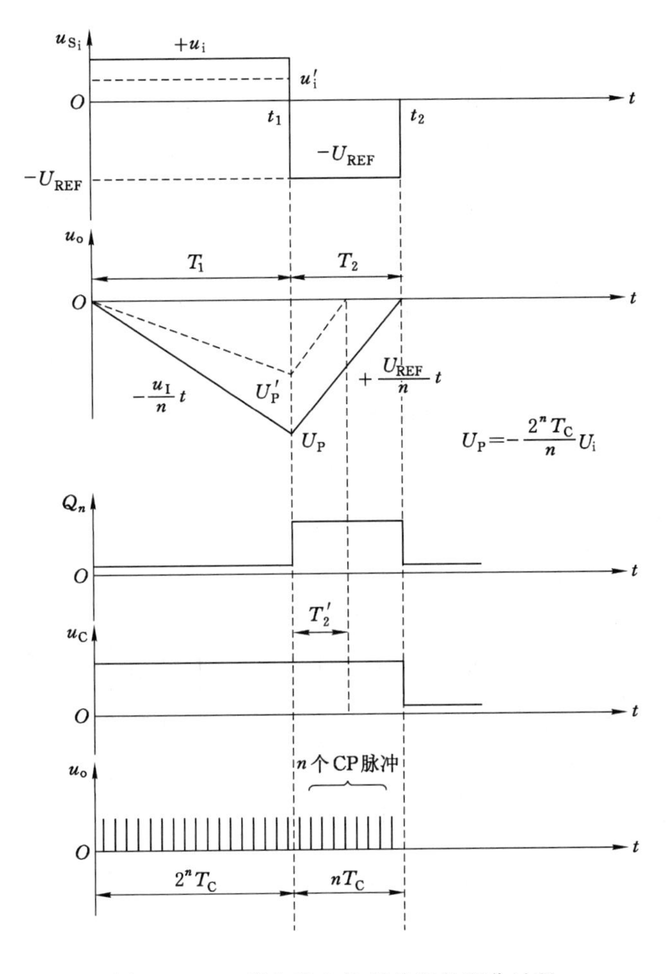

图 12-13　双积分型 A/D 转换器的积分过程

五、模数转换的主要技术指标

1. 分辨率

分辨率是指 A/D 转换器输出数字量的最低位变化一个数码时，对应输入模拟量的变化量。通常用 ADC 输出数字量的位数表示分辨率的高低，位数越多，分辨率越高。

例如，输入的模拟电压满量程为 10 V，若用 8 位 ADC 转换时，其分辨率为$\frac{10}{2^8}\approx 39$ mV，若用 10 位 ADC 转换时，其分辨率为$\frac{10}{2^{10}}\approx 9.77$ mV。

2. 转换误差

转换误差也叫相对误差，它指的是 ADC 实际输出的数字量与理论上输出的数字量之间的差别。

转换误差常用最低有效位的倍数来表示。例如，某 ADC 的相对精度为$\pm(1/2)LSB$，这说明理论上应输出的数字量与实际输出的数字量之间的误差不大于最低位为 1 时的一半。

3. 转换时间

完成一次 A/D 转换所需要的时间叫作转换时间，转换时间越短，说明转换速度越快。

双积分 ADC 的转换时间在几十毫秒至几百毫秒之间。

六、模数转换集成电路 ADC0808/0809

ADC0808 和 ADC0809 除精度略有差别外(前者精度为 8 位、后者精度为 7 位),其余方面完全相同。它们都是 CMOS 器件,不仅包括一个 8 位的逐次逼近型 ADC 部分,还提供一个 8 通道的模拟多路开关和通道寻址逻辑,因而有理由把它们作为简单的“数据采集系统”,利用它们可以直接输入 8 个单端的模拟信号分时进行 A/D 转换。在多点巡回检测、过程控制、运动控制中,这两种芯片的应用十分广泛。

ADC0808/0809 的内部结构和外部引脚分别如图 12-14 和图 12-15 所示,其内部各部分的作用和工作原理在图中已一目了然,在此不再赘述,下面仅把各引脚的定义分述如下:

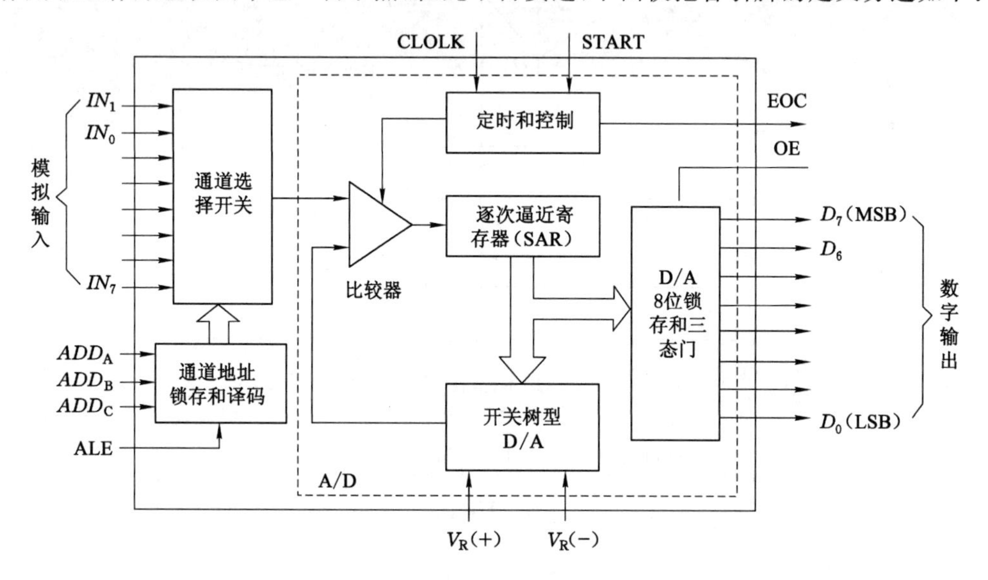

图 12-14 ADC0808/0809 的内部结构图

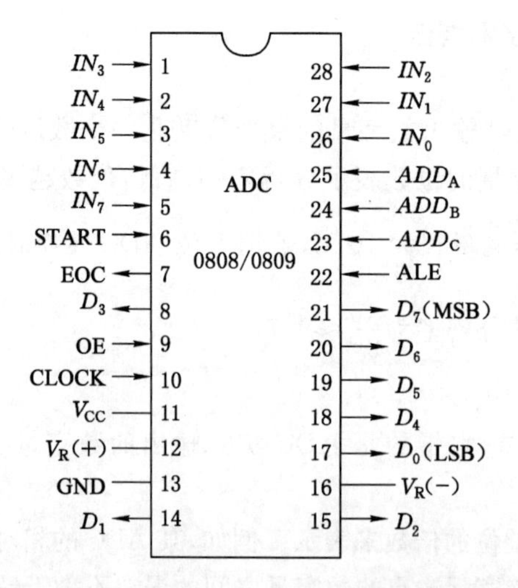

图 12-15 ADC0808/0809 的外部引脚图

(1) $IN_0 \sim IN_7$:8 路模拟信号输入,通过 3 根地址线 ADD_A、ADD_B、ADD_C 选通其中的一路。

(2) $D_7 \sim D_0$:转换后的数据输出端,为三态可控输出,故可直接和微处理器的数据线连接。其中 D_7 为最高位,D_0 为最低位。

(3) ADD_A、ADD_B、ADD_C:模拟通道的地址选择信号输入端,ADD_A 为低位,ADD_C 为高位。地址信号与选中通道的对应关系见表 12-2。

表 12-2　地址信号与选中通道的对应关系

地址			选中通道
ADD_C	ADD_B	ADD_A	
0	0	0	IN_0
0	0	1	IN_1
0	1	0	IN_2
0	1	1	IN_3
1	0	0	IN_4
1	0	1	IN_5
1	1	0	IN_6
1	1	1	IN_7

(4) $V_R(+)$、$V_R(-)$:正、负参考电压输入端,用于提供片内 DAC 电阻网络的基准电压。单极性输入时,$V_R(+)=+5$ V,$V_R(-)=0$ V;双极性输入时,$V_R(+)$、$V_R(-)$分别接正、负极性的参考电压。

(5) ALE:地址锁存允许信号,高电平有效。当此信号有效时,三位地址信号被锁存,译码选通对应的模拟通道。使用时,该信号常常和 START 信号连在一起,以便同时锁存通道地址和启动 A/D 转换。

(6) START:A/D 转换启动信号,正脉冲有效。加在该端的脉冲的上升沿使逐次逼近寄存器清零,下降沿开始 A/D 转换。注意:如果正在进行转换时又接到新的启动脉冲,则原来的转换进程被中止,重新开始转换。

(7) EOC:转换结束信号,高电平有效。该端在 A/D 转换过程中为低电平,其余时间为高电平。该端可作为被 CPU 查询的状态信号,也可作为对 CPU 的中断请求信号。当需要对某个模拟量进行不断采样、转换的情况下,EOC 也可作为启动信号接到 START 端,但在刚加电时需由外电路第一次启动。

(8) OE:输出允许信号,高电平有效。当微处理器送出该信号时,ADC0808/0809 的输出三态门被打开,转换结果通过数据总线被读走。在中断工作方式下,该信号往往是 CPU 发出的中断请求响应信号。

任务实施

一、电路原理图

直流数字电压表可采用单片机配合模数转换芯片 ADC0808 来实现。ADC0808 的输入电压用电位器 RV1 来实现，调节电位器可使其输出电压在 0～+5 V 之间变化。模拟电压量经 A/D 转换后变成数字电压量，以十进制数的形式实时显示在数码管上。该电路的原理图如图 12-16 所示，读者可忽略单片机部分。

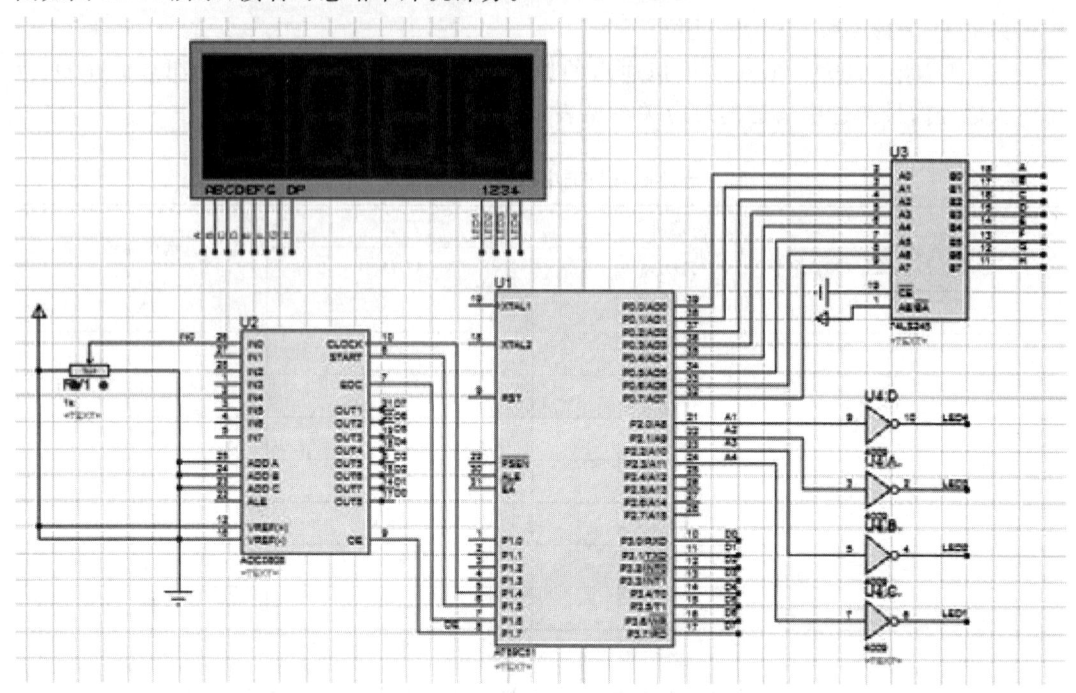

图 12-16 直流数字电压表的原理图

二、元器件清单

根据原理图选择元器件，具体见表 12-3。

表 12-3 元器件名称、型号及数量

代号	名称	型号	数量
U_1	单片机	AT89C51	1
U_2	模数转换器	ADC0808	1
U_3	数据缓冲器	74LS245	1
U_4	反相器	4009	1
RV1	电位器	POT-HG	1
LED	数码显示器	7SEG-MPX4-CA	1

三、制作步骤

根据原理图绘制布线图→清点元器件→元器件检测→插装和焊接→通电前检查→通电调试→数据记录。

四、安装与调试

根据原理图，按常规工艺安装好电路，先不通电，检查稳压电源是否为+5 V。确认无误后，接通电源，逐级调试。

(1) 先检查 ADC0808 工作是否正常，输出信号正确与否。

(2) 检查 AT89C51 的接线是否正确。

(3) 接通电源，查看 LED 显示屏上的显示是否正常。可用万用表测量输入的模拟电压值，并将输出的数字电压值与之比较。

整机出现故障后，首先应检测有无元器件过热痕迹或损伤情况，有无脱焊、短路、断脚和断线情况；然后可借助万用表和仪器仪表查找故障发生的部位及原因。

五、技能评价

见附表 2 和附表 3。

思考与练习

一、填空题

1. 将模拟量转换为数字量，应采用__________转换器；将数字量转换为模拟量，采用________转换器。

2. 模数转换器由________、________、________和________四部分组成，这也是 A/D 转换的过程步骤。

3. 如果分辨率用 D/A 转换器的最小输出电压与最大输出电压之比来表示，则 8 位 D/A转换器的分辨率为________。

4. A/D 转换器采样过程要满足采样定理，理论上采样频率要________倍输入信号的最高频率。

5. 理想的 DAC 转换特性应是使输出模拟量与输入数字量成________，转换精度是指 DAC 输出的实际值与理论值________。

6. A/D 转换器按信号转换形式可分为________A/D 型和________A/D 型。

二、选择题

1. 有一个 4 位的 D/A 转换器，设它的满刻度输出电压为 10 V，当输入数字量为 1101 时，输出电压为(　　)。

A. 8.125 V　　B. 4 V　　C. 6.25 V　　D. 9.375 V

2. DAC0832 输入为(　　)，输出为(　　)。

A. 数字电压信号　　B. 数字电流信号　　C. 模拟电压信号　　D. 模拟电流信号

3. DAC0832 有(　　)个选通端。

A. 2　　B. 3　　C. 4　　D. 5

4. 下列类型 A/D 转换器中，(　　)属直接转换型。

A. 逐次比较型　　B. 单积分型　　C. 双积分型　　D. V-F 变换型

5. 下列类型 A/D 转换器中，(　　)属间接转换型。

A. 并联比较型　　B. 反馈比较型　　C. 双积分型　　D. 逐次比较型

6. ADC0809 能对(　　)路模拟信号进行 A/D 转换。

A. 1　　B. 3　　C. 4　　D. 8

7. 一个 8 位 D/A 转换器的最小电压增量为 0.01 V，当输入代码为 10010001 时，输出电压为(　　)V。

A. 1.28 B. 1.54 C. 1.45 D. 1.56

三、判断题

1. 数字电路和计算机只能处理数字信号，不能处理模拟信号。 ( )
2. D/A 转换器是将模拟量转换成数字量。 ( )
3. A/D 转换器是将数字量转换成模拟量。 ( )
4. D/A 转换器的位数越多，能够分辨的最小输出电压变化量就越小。 ( )
5. D/A 转换器的分辨率越高，则转换精度相同。 ( )
6. A/D 转换器的量化误差是因转换器位数有限而引起的。 ( )
7. ADC0809 只能对 4 路模拟信号进行 A/D 转换。 ( )

四、计算题

1. 已知下列数字量，试将其转换为相应的模拟量。（近似值取 3 位有效数字）

(1) $D_1=(10101100)_2$，$U_{REF1}=10$ V；

(2) $D_4=(0110011101)_2$，$U_{REF4}=5$ V。

2. 已知下列模拟电压，试将其转换为相应 8 位数字量。

(1) $U_1=7.5$V，$U_{REF}=10$ V；

(2) $U_2=4.2$ V，$U_{REF}=5$ V。

3. 试分别计算 8 位、10 位、12 位 D/A 转换器的分辨率。

4. 已知某 DAC 电路输入 10 位二进制数，最大满刻度输出电压 $U_m=5$ V，试求分辨率和最小分辨电压。

5. 要求某 DAC 电路输出的最小分辨电压 V_{LSB} 约为 5 mV，最大满刻度输出电压 $U_m=10$ V，试求该电路输入二进制数字量的位数 N 应是多少？

6. 基准电压为下列数值时，试求 8 位 A/D 转换器的最小分辨率电压 U_{LSB}。

(1) 5 V；

(2) 9 V。

参 考 文 献

[1] 陈志武.数字电子技术基础辅导讲案[M].西安:西北工业大学出版社,2007.
[2] 程勇,方元春.数字电子技术基础[M].北京:北京邮电大学出版社,2013.
[3] 华成英,童诗白.模拟电子技术基础[M].4 版.北京:高等教育出版社,2006.
[4] 李华.模拟电子技术项目化教程[M].北京:电子工业出版社,2017.
[5] 梅开乡,朱海洋,梅军进.数字电子技术[M].3 版.北京:电子工业出版社,2011.
[6] 潘明,潘松.数字电子技术基础[M].北京:科学出版社,2008.
[7] 曲昀卿,杨晓波.模拟电子技术基础[M].北京:北京邮电大学出版社,2012.
[8] 王微,王计波,郝敏钗.电子技能与工艺[M].北京:国防工业出版社,2009.
[9] 王卫东,李旭琼.模拟电子技术基础[M].2 版.北京:电子工业出版社,2016.
[10] 阎石.数字电子技术基本教程[M].北京:清华大学出版社,2007.
[11] 杨承毅.电子技能实训基础——电子元器件的识别和检测[M].2 版.北京:人民邮电出版社,2007.
[12] 张海燕,曾晓宏.数字电子技术[M].2 版.北京:机械工业出版社,2014.
[13] 张建华.数字电子技术[M].2 版.北京:机械工业出版社,2006.
[14] 张金华.电子技术基础与技能[M].2 版.北京:高等教育出版社,2014.
[15] 张名忠,韩建萍.数字电子技术[M].北京:煤炭工业出版社,2008.
[16] 朱清慧,张凤蕊,翟天嵩,等.Proteus 教程——电子线路设计、制版与仿真[M].3 版.北京:清华大学出版社,2016.

附　　录

附表1　元器件功能仿真测试评价

<table>
<tr><td>班级</td><td></td><td>姓名　　　　</td><td>组号　　　　</td><td rowspan="2">扣分
记录</td><td rowspan="2">得分</td></tr>
<tr><td>项目</td><td>配分</td><td>考核要求</td><td>评分细则</td></tr>
<tr><td>正确连接电路</td><td>30分</td><td>能使用仿真软件，并能正确连接电路</td><td>(1) 不会使用仿真软件，扣10分；
(2) 未能正确选用元件，扣10分；
(3) 连接方法不正确，每处扣5分</td><td></td><td></td></tr>
<tr><td>仿真过程</td><td>40分</td><td>能正确进行仿真，能满足本题目的要求</td><td>(1) 不能正确进行仿真，扣5分；
(2) 读数不准确，每次扣5分</td><td></td><td></td></tr>
<tr><td>能正确记录实训数据</td><td>20分</td><td>能正确记录相关数据并分析</td><td>(1) 不能正确记录相关数据，每次扣5分；
(2) 不能进行相关数据分析，扣10分</td><td></td><td></td></tr>
<tr><td>安全文明操作</td><td>10分</td><td>(1) 安全用电，无人为损坏仪器、元件和设备；
(2) 保持环境整洁，秩序井然，操作习惯好；
(3) 小组成员协作和谐，态度端正；
(4) 不迟到、早退、旷课</td><td>(1) 违反操作规程，每次扣5分；
(2) 工作场地不整洁，扣5分</td><td></td><td></td></tr>
<tr><td colspan="5">总分</td><td></td></tr>
</table>

附表2　电路安装布线图设计评价

班级		姓名		学号		得分	
考核时间		实际时间：自　时　分起至　时　分					

评价项目	评价内容	配分/分	评价标准	扣分
设计布局	(1) 元器件排列应按电路信号流向布放，输入、输出部分不要交叉； (2) 相关电路部分不允许走远路、绕弯路、交叉穿插； (3) 元器件布置合理，排列整齐，疏密得当	50	(1) 不符合评价内容(1)，扣3～20分； (2) 不符合评价内容(2)，扣3～15分； (3) 不符合评价内容(3)，扣3～15分	
布线	(1) 在通用印制电路板上单面走线； (2) 接线连接正确； (3) 走线排列整齐，有规则	50	(1) 不符合评价内容(1)，扣3～15分； (2) 不符合评价内容(2)，扣3～20分； (3) 不符合评价内容(3)，扣3～15分	
合计		100		
教师签名：				

附表3　电路装接、调试评价

班级		姓名		学号		得分	
考核时间		实际时间：自　时　分起至　时　分					

评价项目	评价内容	配分/分	评价标准	扣分
元器件识别与检测	按电路要求对元器件进行识别与检测	20	(1) 元器件识别错一个，扣1分； (2) 元器件检测错一个，扣2分	
元器件成形及插装	(1) 元器件按工艺表要求成形； (2) 元器件插装符合工艺要求； (3) 元器件排列整齐，标志方向一致	20	(1) 元器件成形不符合工艺要求，每处扣1分； (2) 插装位置、极性错误，每处扣1分； (3) 排列不整齐，标志方向混乱，每处扣1分	
焊接	(1) 焊点表面光滑、大小均匀、无针孔、无起泡、无溅锡等； (2) 无虚焊、漏焊、桥焊等现象； (3) 印制线路板导线和焊盘无断裂、翘起、脱落等现象； (4) 工具、图纸、元器件放置有规律，符合安全文明生产要求	30	(1) 不符合评价内容(1)，每点扣1分； (2) 不符合评价内容(2)，每处扣3分； (3) 不符合评价内容(3)，每处扣5分； (4) 不符合评价内容(4)，扣2～10分	

续附表3

评价项目	评价内容	配分/分	评价标准	扣分
测量	(1) 正确使用测量仪表； (2) 能正确读数； (3) 正确做好记录	15	(1) 测量方法不正确，扣2～6分； (2) 不能正确读数，扣2～6分； (3) 不会正确做记录，扣3分； (4) 损坏测量仪表，扣10分	
测试	能正确按操作指导对电路进行调试	15	(1) 调试失败，扣15分； (2) 调试方法不正确，扣2～10分	
合计		100		
教师签名：				